全国高职高专机电类专业规划教材

电力系统自动装置

（第2版）

主　编　陈金星
副主编　丁官元
主　审　甘齐顺

黄河水利出版社
·郑州·

内 容 提 要

本书是全国高职高专机电类专业规划教材，是根据教育部对高职高专教育的教学基本要求及中国水利教育协会全国水利水电高职教研会制定的电力系统自动装置课程标准编写完成的。本书共分7章，主要内容包括：同步发电机自动并列、备用电源自动投入装置、输电线路自动重合闸、同步发电机自动调节励磁装置、按频率自动减负荷装置、故障录波装置、水电站自动控制技术。本书以微机型自动装置为线索，讲述了电力系统自动装置的构成原理，注重基本知识、基本理论、基本技能，突出了电力系统自动装置中应用的新技术、新知识、新方法，内容编排上由浅入深，每章后均附有习题，可读性强。

本书可作为高职高专院校发电厂及电力系统、水电站动力设备与管理或机电设备运行管理专业的教材，也可供相关工程技术人员阅读参考。

图书在版编目(CIP)数据

电力系统自动装置/陈金星主编. —2版. —郑州：黄河水利出版社，2014.6 (2019.1 重印)
全国高职高专机电类专业规划教材
ISBN 978-7-5509-0818-5

Ⅰ.①电… Ⅱ.①陈… Ⅲ.①电力系统-高等职业教育-教材 Ⅳ.①TN

中国版本图书馆CIP数据核字(2014)第200386号

组稿编辑：王路平 电话：0371-66022212 E-mail：hhslwlp@163.com
简 群 66026749 w_jq001@163.com

出 版 社：黄河水利出版社
地址：河南省郑州市顺河路黄委会综合楼14层 邮政编码：450003
发行单位：黄河水利出版社
发行部电话：0371-66026940、66020550、66028024、66022620(传真)
E-mail：hhslcbs@126.com
承印单位：河南承创印务有限公司
开本：787 mm×1 092 mm 1/16
印张：12.5
字数：290千字 印数：4 101—7 100
版次：2014年6月第1版 印次：2019年1月第2次印刷

定价：25.00元

再版前言

本书是根据《教育部关于全面提高高等职业教育教学质量的若干意见》(教高〔2006〕16号)、《教育部关于推进高等职业教育改革创新引领职业教育科学发展的若干意见》(教职成〔2011〕12号)等文件精神,由全国水利水电高职教研会拟定的教材编写规划,在中国水利教育协会指导下,由全国水利水电高职教研会组织编写的机电类专业规划教材。该套规划教材是在近年来我国高职高专院校专业建设和课程建设不断深化改革和探索的基础上组织编写的,内容上力求体现高职教育理念,注重对学生应用能力和实践能力的培养;形式上力求做到基于工作任务和工作过程编写,便于"教、学、练、做"一体化。该套规划教材是一套理论联系实际、教学面向生产的高职高专教育精品规划教材。

本书紧密结合专业的生产实际,以微机型自动装置为线索,讲述了电力系统自动装置的构成原理,注重基本知识、基本理论、基本技能,突出了微机技术在电力系统自动装置中应用的新技术、新知识、新方法,力求概念清楚,由浅入深,便于阅读。

《电力系统自动装置》(第2版)在原版基础上增加了水电站自动控制技术内容,为水电站动力设备与管理或机电设备运行管理专业必须选择的内容,也可供发电厂及电力系统专业选择参考。同时,原版主编甘齐顺担任第2版的主审,陈金星担任第2版的主编。

本书编写人员及编写分工如下:绪论、第1章、第3章、第7章、每章课后习题由福建水利电力职业技术学院陈金星编写;第2章由福建水利电力职业技术学院雷志勇编写;第4章、第5章、第6章由湖北水利水电职业技术学院丁官元编写。本书由陈金星担任主编,丁官元担任副主编,全书由陈金星负责统稿,由湖北水利水电职业技术学院甘齐顺担任主审。主审对书稿认真把关,在审阅过程中提出了许多宝贵的意见,在此深表感谢。

编写过程中虽然参考了本领域许多著作及文献资料,但由于作者水平有限,书中的错误和不足在所难免,请读者批评指正。

编　者

2014年4月

目　录

绪 论

0.1 现代电力系统及其运行

随着三峡工程和一大批大型水电、火电工程的开发建设,我国电力工业进入以三峡水电站为中心,辐射四方,西电东送,南北互供,全国联网,在更大范围内重新优化资源配置的阶段。在西北地区建成的750 kV 输变电系统,成为西北电力网的主网。随着晋东南—南阳—荆门1 000 kV 特高压交流线路、云南至广州与向家坝至上海 ±800 kV 特高压直流输电线路投运,国家电力公司1 000 kV 级交流和 ±800 kV 直流输电等特高压电网建设正在进行中,特高压电力系统将对电力系统自动化、电网安全稳定等提出更高的要求。为了更好地保证安全、经济运行以及保证电能质量,电力系统设备的运行越来越依赖于自动控制技术的提高,从而促进了电力系统自动控制技术的不断发展。

随着单机容量越来越大、电网规模越来越大,为了合理利用能源、提高经济效益,一些孤立的、较小的系统也逐步联合形成联合的电力系统。如目前我国的东北、华北、华东、华中、西北、西南、南方电网等跨省的区域联合电力系统,今后将逐步形成全国性的联合电力系统。

联合电力系统的建立,不仅规模巨大,而且使系统结构越来越复杂、电站类型增多。同时一些电站远离负荷中心,要采用特高压交流或直流远程输电,形成特高压交流、直流混合系统;另外电压等级层次增加,构成系统部件数量增多,环网重叠等。所以,对电力系统运行水平的要求越来越高。

电能在生产、传输和分配过程中遵循着功率平衡的原则,所以由发电厂、变电站、输电线路和用户构成的电力系统是一个联系十分紧密的有机整体,任何一个环节发生故障都会影响到电力系统的稳定运行,严重时还会造成恶性事故,导致系统崩溃。大规模电力系统结构的复杂性必然导致系统运行的复杂性和多变性。从经济运行的角度来看,电网越大,经济运行的问题越复杂,所以不能靠调度人员的经验和直观判断来处理复杂多变的突发事件,必须借助计算机系统、相应理论及相关自动装置来实现。由于实现系统经济运行能带来巨大的经济效益,因此利用计算机控制系统来实现电力系统在线经济调度能达到预期的效果。从安全方面看,大规模电力系统的结构复杂,出故障概率增加、故障影响面广,也要求利用计算机进行实时事故处理。

电力系统的组成如图0-1 所示。发电厂转换、生产电能,按一次能源的不同又分为火电厂、水电厂、核电厂、潮汐发电厂、风力发电厂、光伏发电厂、抽水蓄能电站等。各类电厂的生产过程各不相同,控制规律各异,它们在电力系统运行中的任务也有所侧重,但是安全、经济地完成给予的发电任务是对各类电厂共同的要求。

配电网是直接向用户供电的地区电网。随着经济的发展,对供电可靠性也提出了更高的要求。调度控制中心对所管辖的电力系统进行监视和控制,其主要任务是利用电网调度自动化技术合理地调度各发电厂的出力，制定运行方式，及时处理电力系统运行中所发生的问题，确保系统安全、经济地运行。

电网调度自动化是借助现代化的通信技术，将电力系统各种运行方式的实时数据传送到调度中心，利用计算机进行处理，实现电力系统的状态估计，满足实时调度需要，保证电力系统运行的稳定性，保证电能质量；可以实现电力系统经济出力的实时调度，在有功功率平衡的基础上，不断跟踪系统负荷的变化，进行功率的合理分配，实现电力系统的经济调度，合理利用能源。

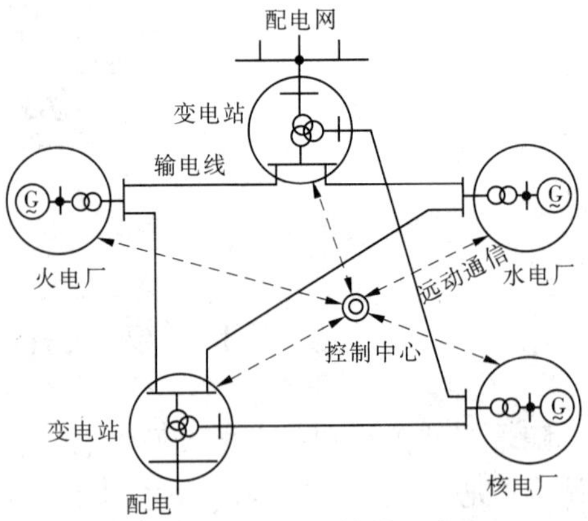

图 0-1　电力系统的组成

0.2　现代电力系统自动控制的主要内容

电力系统自动控制是指应用各种自动检测、决策和控制功能的装置，通过信号和数据传输系统对电力系统各元件、局部系统或全系统运行进行就地或远方的自动监测、调节和控制。其目的是保证电力系统安全、经济地运行和具有合格的电能质量。根据电力系统运行特点，电力系统自动控制大致分为以下四个不同内容的系统。

0.2.1　电力系统调度自动控制系统

电力系统调度自动控制系统，主要是为了合理监视、控制和协调日益扩大的电力系统的运行状态，及时处理影响整个系统正常运行的事故和异常现象，提高电力系统的安全、经济运行水平。电力系统中各发电厂、变电站把反映电力系统运行状态的实时信息，由远动终端装置和通信装置传送到调度中心的计算机系统，由计算机信息处理系统及时地对电力系统的实时运行状态进行分析计算，通过人机联系系统向运行人员显示完整而准确的信息；同时，由调度中心根据系统运行的要求做出对电力系统实施的控制决策，再通过远动的下行通道送到各个厂站；最后由现场的自动装置按调度指令对电力系统进行控制和调节。

0.2.2　电厂动力机械自动控制系统

该控制系统主要是为电厂的动力机械自动控制服务的。电厂的动力机械随电厂类型不同而有很大的差别，其控制要求和控制规律也有很大差别。火电厂需要控制的是锅炉、汽轮机等热力设备，大容量火力发电机组自动控制系统主要有机炉协调主控系统、锅炉自动控制系统、汽轮机自动控制系统、发电机电气控制系统以及辅助设备自动控制系统等。水电厂需要控制的是水轮机、调速器以及水轮发电机励磁系统等。葛洲坝水电厂和三峡水电厂的自动化水平较高，可以实现全自动。除火电和水电外，目前核电也是我国正在大力发展的能源之一，我国自主设计建造的秦山核电厂（300 MW 压水堆机组）也于 1997 年底并网发电，以后相继建成和正建设的核电厂有大亚湾核电厂（2 台 944 MW 压水堆机组），秦山第二、第三核电厂，核电的自动控制系统将更先进、更可靠。

0.2.3 变电站自动控制系统

变电站自动控制系统是在原来常规变电二次系统的基础上发展起来的。随着微机监控技术在电力系统和电厂自动化系统中的不断发展，远动和继电保护已实现了微机化，目前各地正在大力开展无人值班变电站设计改造工作。无人值班变电站将会使变电站综合自动化程度推向一个更高的阶段，其功能包括远动、保护、远方开关操作、测量及故障显示、事故顺序记录和运行参数自动打印等。

0.2.4 电力系统自动装置系统

对发电厂、变电站运行进行控制与操作的自动装置，是保证电力系统安全、经济运行和保证电能质量的基础自动化设备。电气设备的自动操作分为正常操作和反事故操作两种类型。发电机按运行计划并网的操作称为正常操作；电网突然发生事故，为防止事故扩大的紧急操作称为反事故操作。针对电力系统的系统性事故采取相应对策的自动操作装置称为电力系统安全自动控制装置。

自动操作装置包括发电机组的自动并列、自动解列、自动切机、自动按频率减负荷、备用电源自动投入装置等。电气设备的自动调节装置是保证电力系统正常、稳定运行，保证电网电能质量符合指标，进而实现电网经济运行的重要自动化装置。图 0-2 所示的同步发电机有两个可控输入量——动力元素和励磁电流，其输出量为有功功率和无功功率，它们还分别与电网的频率和发电机端电压的电能质量有关。因此，图 0-2 中的 $P—f$ 控制器和 $Q—U$ 控制器就是电力系统维持电能质量的自动频率调节系统和自动励磁控制系统。

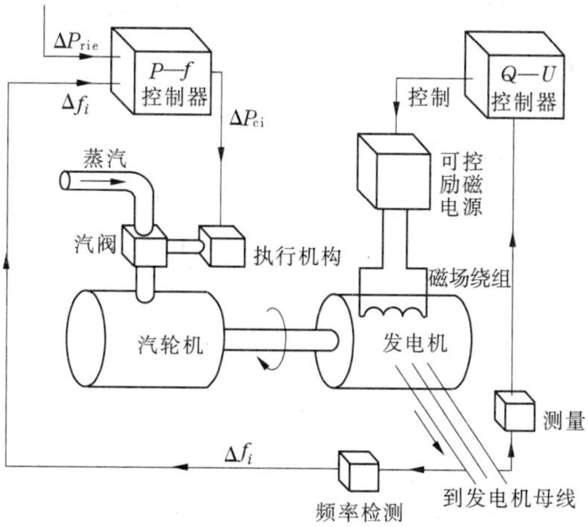

图 0-2 自动调节（控制）装置控制示意图

0.3 电力系统自动装置的内容

电力系统自动装置，在通常情况下指的是备用电源自动投入、输电线路自动重合闸、同步发电机自动并列、同步发电机自动调节励磁、按频率自动减负荷、故障录波装置等。

备用电源自动投入、输电线路自动重合闸与继电保护配合可提高供电的可靠性；同步发电机自动调节励磁装置可保证系统运行时的电压水平，提高电力系统的稳定性以及加快故障切除后电压的恢复过程；按频率自动减负荷装置可防止电力系统因事故发生功率缺额时频率的过度降低，保证了电力系统的稳定运行和重要负荷的正常工作。同步发电机自动并列装置不仅保证了同步发电机并列操作的正确性和操作安全性，而且减轻了运行人员的劳动强度，也加快了发电机并列的过程。

上述这些自动装置在电力系统中应用相当普遍，直接为电力系统安全、经济运行和保证电能质量服务，发挥着极其重要的作用。

水电站自动化就是使水电站生产过程的操作、控制和监视，能够在无人（或少人）直接参与的情况下，按预定的程序自动地进行。它包括自动控制水轮发电机组的运行方式，自动维持水轮发电机组的经济运行，完成对机组及其辅助设备运行工况的监视和对辅助设备的自动控制。

电力系统自动装置经历了从电磁型、晶体管型到数字型的发展历程。随着计算机技术和现代控制技术、信息技术的不断发展，电力系统自动装置技术的指标和功能的提升发生了质的飞跃，由单个装置独立工作到具备接入发电厂分布式控制系统和变电所微机监控系统的功能。

微机型自动装置具有可靠性高、准确度高、速度快等许多优点，它操作简单、调试方便。由于微机型自动装置的优势显著，现已取代模拟式自动装置，并随着现代计算机技术和控制技术的发展而不断更新。

第 1 章　同步发电机自动并列

教学要求

了解同步与并列操作的基本概念、并列操作方法及特点、同步点设置；理解准同步并列条件；简介模拟自动准同步装置构成；分析微机自动准同步装置的工作原理、特点，并介绍 SID－2V 型自动准同步装置硬件组成、软件流程、二次接线等。

1.1　并列操作简述

1.1.1　电力系统并列操作的意义

在电力系统中，各发电机是并列运行的。并列运行的同步发电机，其转子以相同的电角速度旋转，每个发电机转子的相对电角速度都在允许的极限值以内，称之为同步运行。一般来说，发电机在没有并入电网之前，与系统中的其他发电机是不同步的。

电力系统中的负荷是随机变化的，为保证电能质量，并满足安全和经济运行的要求，需要经常将发电机投入和退出运行。将同步发电机投入电力系统并列运行的操作称为并列操作。在某些情况下，还要求将已解列为两部分运行的系统进行并列，同样也要满足并列运行条件才能进行断路器操作。这种操作也是并列操作，其并列操作的基本原理与发电机并列相同，但调节比较复杂，且实现的具体方式有一定差别。图 1-1(a)表示发电机通过断路器 QF 与系统进行并列操作，图 1-1(b)表示系统的两个部分 S1 和 S2 通过断路器 QF3 实现并列操作。

同步发电机的并列操作最为频繁和常见，不但在正常运行时需要它，在系统发生某些事故时，也常常要求将备用发电机组迅速投入电力系统运行，从而恢复整个系统的安全供电。在发电机并列瞬间，往往伴随着冲击电流和冲击功率，这些冲击将使系统电压瞬间下降。如果并列操作不当，将产生过大的冲击电流，还可能引起机组大轴发生机械损伤，或者引起机组绕组发生电气损伤。特别是随着电力系统容量的不断增大，同步发电机的单机容量也越来越大，大型机组不恰当的并列操作将导致更加严重的后果。因此，对同步发电机的并列操作进行研究，提高并列操作的准确性和可靠性，对系统的可靠、安全运行具有很大的现实意义。

为了避免因并列操作不当而影响电力系统的安全运行，同步发电机的并列操作应满足以下的要求：

(1)发电机组并列瞬间，冲击电流应尽可能小，其瞬时最大值不应超过规定的允许值，一般不超过 1 ~2 倍的额定电流；

(2)发电机组并入电力系统后，应能迅速进入同步运行状态，其暂态过程要短，以减

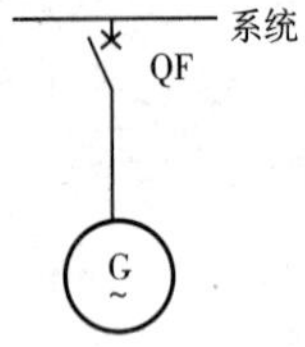

(a)发电机并列

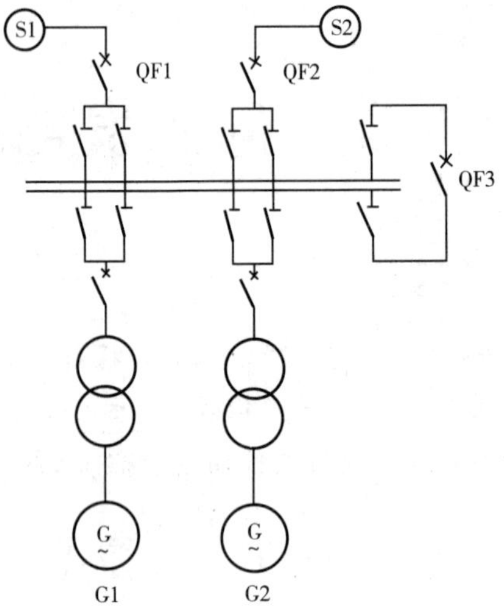

(b)系统两个部分并列

图 1-1　电力系统并列操作的基本方式

小对电力系统的扰动。

采用自动并列装置进行并列操作，不仅能减轻运行人员的劳动强度，也能提高系统运行的可靠性和稳定性。

1.1.2　同步发电机并列操作的方法

在电力系统中，并列方法主要有准同步并列和自同步并列两种。

1.1.2.1　准同步并列

先给待并发电机加励磁，使发电机建压，调整发电机的电压和频率，当与系统电压和频率接近相等时，在发电机电压与系统电压之间的相角差接近 0°时合上并列断路器，将发电机并入电网。这种并列方式称为准同步并列。

准同步并列的优点是并列时产生的冲击电流较小，不会使系统电压降低，并列后容易拉入同步。缺点是在并列操作过程中需要对发电机电压和频率进行调整，捕捉合适的合闸时机，所需并列时间较长。

1.1.2.2　自同步并列

自同步并列是将未加励磁电流的发电机的转速升到接近额定转速，首先投入断路器，然后立即合上励磁开关供给励磁电流，将发电机拉入同步。

自同步并列的优点是操作简单、并列速度快，在系统发生故障、频率波动较大时，发电机组仍能并列操作并迅速投入电网运行，可避免故障扩大，有利于处理系统事故，但因合闸瞬间发电机定子吸收大量无功功率，系统电压瞬间下降较多，所以自同步并列很少应用。

根据《继电保护和安全自动装置技术规程》规定："在正常运行情况下，同步发电机的并列应采用准同步方式；在故障情况下，水轮发电机可以采用自同步方式。"自同步并列方式不适用于两系统间的并列操作。

本章重点讨论同步发电机的准同步并列装置。

1.1.3 准同步装置的分类

准同步可用手动准同步和自动准同步两种方法实现。

1.1.3.1 手动准同步装置

手动准同步装置是由运行操作人员手动调整发电机的电压和频率,并监视电压差、频率差和整步表,靠经验判断合闸时间,操作断路器合闸。

手动准同步装置主要存在以下问题:

(1)存在重大的安全隐患。由于操作人员技术不娴熟,加之紧张,经常出现在相角差较大的情况下并网的现象,不仅给机组带来冲击,有时更为严重的是会诱发扭振。

(2)延误并网时间。手动同步操作复杂,靠人的感觉来操作,延误很长时间。由于误并列所带来的严重后果是众所周知的,因而运行操作人员存在恐惧感,导致紧张、犹豫,以致延误并网时机。

(3)手动准同步装置一般是几台机组共用一套,各机组的控制电缆较多,接线较复杂。

因此,在控制回路中装设了非同步合闸闭锁装置,即同步检查继电器,允许在相角差不超过整定值条件下操作才能合上断路器,用于防止运行人员误发合闸脉冲所造成的非同步合闸。

1.1.3.2 自动准同步装置

自动准同步装置分为半自动准同步装置和自动准同步装置。

半自动准同步装置不设转速与电压调节单元,发电机的电压和频率的调整由手动进行;只设合闸命令控制单元,同步装置能自动检查频率差、电压差,当其满足要求时,选择合适时间发出合闸脉冲,将断路器合闸。

自动准同步装置是专用的自动装置,自动监视电压差、频率差及选择理想的时间发出合闸脉冲,使断路器在相角差为0°时合闸。同时设有自动调节电压和频率单元,在电压差和频率差不满足条件时发出控制脉冲。若频率差不满足要求,自动调节原动机的转速,增加或减小频率,即通过控制原动机的调速器实现;若电压差不满足要求,自动调节发电机的电压,使其接近系统的电压,即通过控制发电机励磁调节装置实现。

自动准同步装置具有均压控制、均频控制和自动合闸控制的全部功能,将待并发电机和运行系统经电压互感器的二次电压接入自动装置后,由它实现监视、调节并发出合闸脉冲,实现同步操作的全过程。

有关规程规定,当采用准同步方式时,一般应装设自动准同步装置和手动准同步装置,并均应设置带非同步合闸闭锁装置。

1.1.4 线路型同步并列

图1-1(a)中发电机通过断路器QF与系统实现准同步并列,同步对象是发电机,属机组型同步。在机组型同步中,作为自动准同步装置,当频率差超出设定的频率差时,装置应发出增速或减速脉冲,使发电机频率尽快跟踪系统频率,使频差尽快进入设定频率差范

围内；当频率差过小时，自动准同步装置自动发出增速脉冲，打破这种近似同频不同相的局面，缩短同步并列的时间。当电压差超出设定电压差时，装置应发出升压或降压脉冲，使发电机电压尽快跟踪系统电压，使电压差尽快进入设定电压差范围内。如果频率差、电压差均在设定范围内，则装置自动发出合闸脉冲命令，在相角差为0°时并列断路器主触头正好闭合，完成自动准同步并列。

发电厂与系统或两个系统间一般通过线路联系，所以这种情况下的同步称线路型同步。图1-1(b)表示系统的两个部分，在线路型同步中，自动准同步装置不发出增速或减速、升压或降压脉冲，因为脉冲的发出是无效的。

线路型同步实现准同步并列，但自动准同步装置不发出调速、调压脉冲，只能等待频率差、电压差满足要求，在满足要求情况下实现自动准同步并列。因此，线路型同步实质上是等待同步，处于被动状态，若满足同步条件，就在相角差为0°时实现两个系统间并列；若不满足频率差、电压差条件，只能处于等待状态。等待同步也称"捕捉同步"。机组型同步时是不会出现等待同步状态的。

1.2 准同步并列条件分析

1.2.1 同步电压及同步点

目前，同步装置均采用单相同步接线，交流电压多为100 V或$100/\sqrt{3}$ V。下面分析同步点的电压取得方式及要求。

1.2.1.1 中性点直接接地系统的同步点电压取得方式

110 kV及以上的中性点直接接地系统，电压互感器通常采用三个单相式组成，一次侧相电压为$U_A=U_{AB}/\sqrt{3}=110/\sqrt{3}$ kV。该电压互感器有多个二次绕组，其中主二次绕组的相电压为$100/\sqrt{3}$ V，辅助二次绕组的相电压为100 V，同步系统接入主二次绕组或辅助二次绕组，接线及电压相量如图1-2所示。

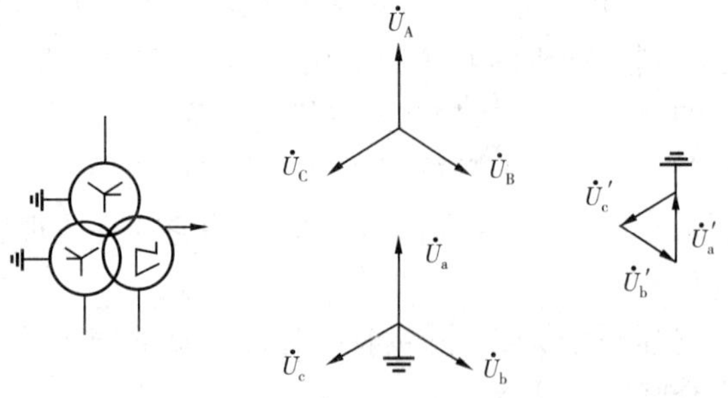

图1-2 中性点直接接地系统的电压互感器

1.2.1.2 中性点不接地系统的同步点电压取得方式

以35 kV系统为例，如果该系统要获得三相电压，电压互感器通常采用三相式或三个单相式组成，一次侧相电压为$U_A=U_{AB}/\sqrt{3}=35/\sqrt{3}$ kV。该电压互感器有两个二次绕组，主二次绕组的相电压为 $100/\sqrt{3}$ V，辅助二次绕组的相电压为 100/3 V。因为中性点不接地系统发生接地时，中性点电压会产生位移，所以同步系统不能用相电压，必须用线电压。为简化接线，通常电压互感器主二次绕组采用 b 相接地方式，同步系统接入主二次绕组的线电压，接线及电压相量如图 1-3 所示。

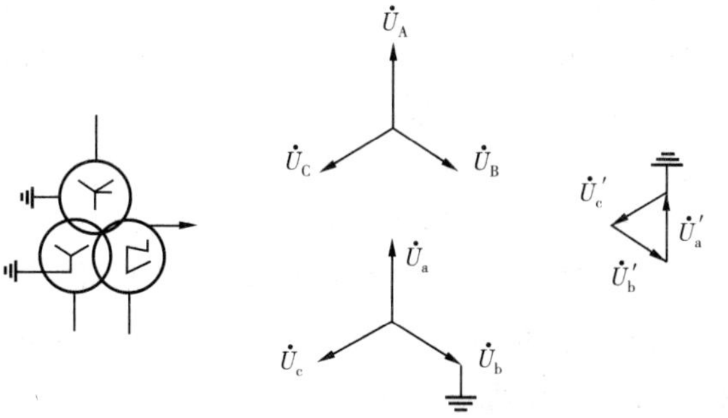

图 1-3　中性点不接地系统的电压互感器

1.2.1.3　变压器高、低压侧同步电压的取得方式

因主变压器多采用 Y，d11 接线，变压器高压侧相电压滞后于低压侧 30°，为使两侧同步电压的相位和数值相同，应根据同步装置的需要进行接线。如果同步装置需要接入的电压为 100 V，高压侧电压互感器辅助二次绕组可接入相电压 $\dot{U}_c$，低压侧则应接入电压互感器主二次绕组的相间电压 $\dot{U}'_{cb}$，如图 1-4 所示。如果高压侧也用主二次绕组的相间电压，则需经过转角变压器接入。

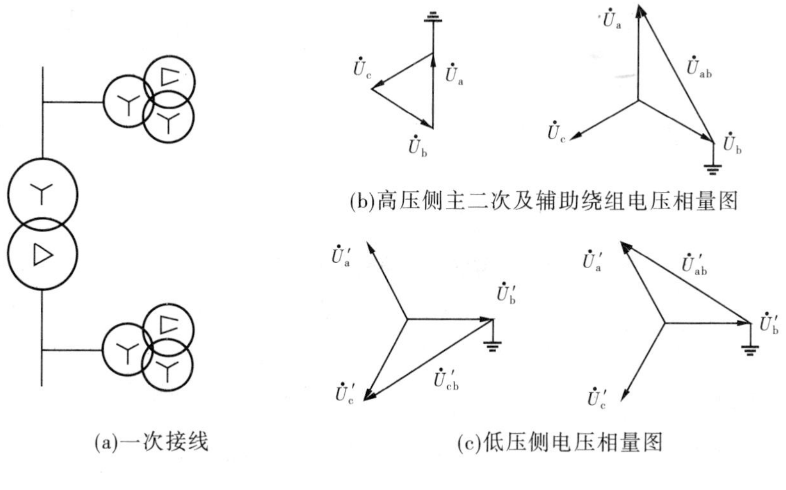

图 1-4　Y，d11 变压器两侧电压相量图

目前，有些自动准同步装置输入电压可为 $100/\sqrt{3}$ V，中性点直接接地系统母线之间、线路断路器并列可利用电压互感器主二次绕组相电压。

1.2.1.4　同步点及同步方式

在发电厂内，凡可以进行并列操作的断路器，都称为电厂的同步点。中、小型发电厂，在主控制室装设带同步闭锁的手动准同步装置和自动准同步装置。如图 1-5 所示,图中 1 表示装设自动准同步,2 表示装设手动准同步。通常发电机的出口断路器都是同步点;三绕组变压器的任一侧断路器断开后,为了减少倒换母线的操作,保证迅速、可靠地恢复供电,三侧断路器都应设为同步点;双绕组变压器可只在低压侧断路器设同步点,但合闸时要保证高压侧先投入,低压侧进行同步并列。各级母联断路器及 6 ~ 10 kV 分段断路器均考虑装设手动准同步装置和自动准同步装置,以提高母线倒换操作的灵活性。35 kV 线路断路器可作为同步点,但需在线路断路器外侧装设一个单相式电压互感器。110 kV 及以下线路,对于接在双母线上的线路,可利用母线联络断路器的同步装置,线路不单独装设同步点;对于带有旁路母线的线路,旁路母线上装有单相式电压互感器,当需要同步操作的线路不多时,可只在旁路断路器上设同步点,线路上不设同步点。220 kV 及以上双母线系统的线路,可按 110 kV 线路的同步方式原则设计,如果线路重要,为减少同步操作的复杂性,可将线路断路器作为同步点。

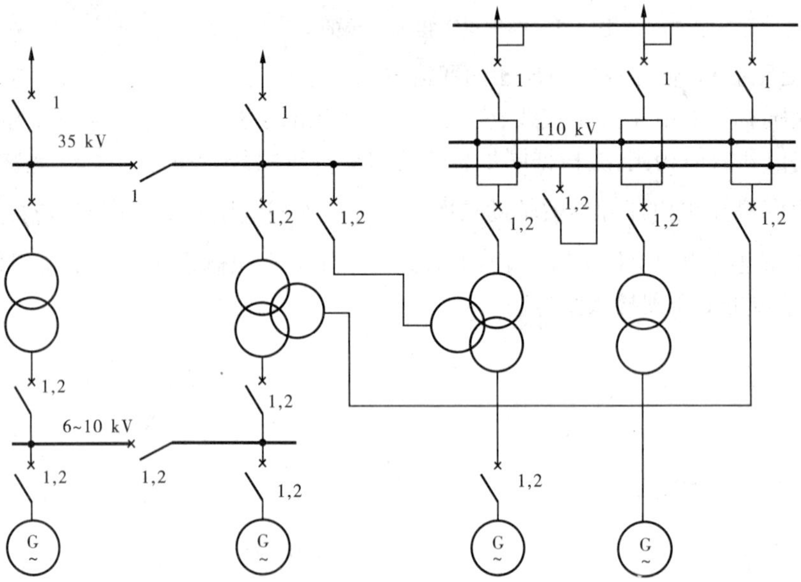

图 1-5　中、小型发电厂的同步点及同步方式

1.2.2　准同步并列条件分析

要使一台发电机以准同步方式并入系统,进行并列操作,最理想的状态是在并列断路器主触头闭合的瞬间,断路器两侧电压相等,频率相等,相角差为零。即

(1)待并发电机电压与系统电压相等。

(2)待并发电机频率与系统频率相等。

(3)并列断路器主触头闭合瞬间,待并发电机电压与系统电压间的相角差为零。

符合上述三个理想条件,并列断路器主触头闭合瞬间,冲击电流为零,待并发电机不会受到任何冲击,并列后发电机立即与系统同步运行。但是,在实际运行中,同时满足以上三个条件几乎是不可能的,事实上也没有必要。只要并列时冲击电流小,不会危及设备安全，且在发电机并入系统、拉入同步过程中，对待并发电机和系统影响小，不致引起不良后果，是允许并列操作的。因此，在实际运行中，上述三个理想条件允许有一定的偏差，但偏差值要控制在一定的允许范围内。

现以图 1-6 所示电路来讨论非理想条件下并列操作的情况。

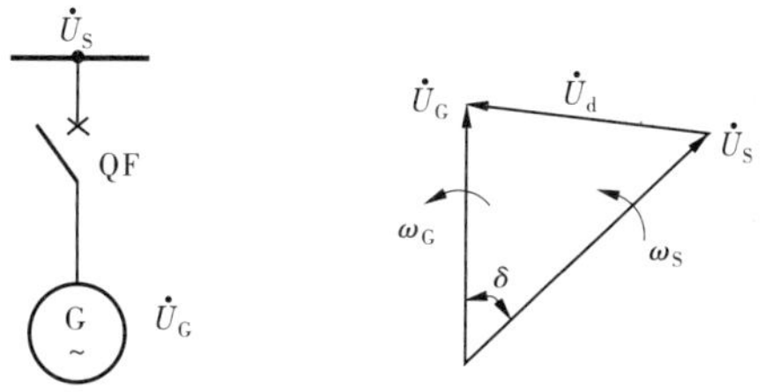

(a)一次系统图　　(b)相量图

图 1-6　发电机并列示意图

1.2.2.1　发电机并入系统时的冲击电流和冲击功率

发电机并列前处于空载运行状态。设转子电流产生的磁链为 ψ_{fd}，ψ_{fd}所产生的电动势即为发电机端电压 U_G，作出相量图如图 1-7 所示。

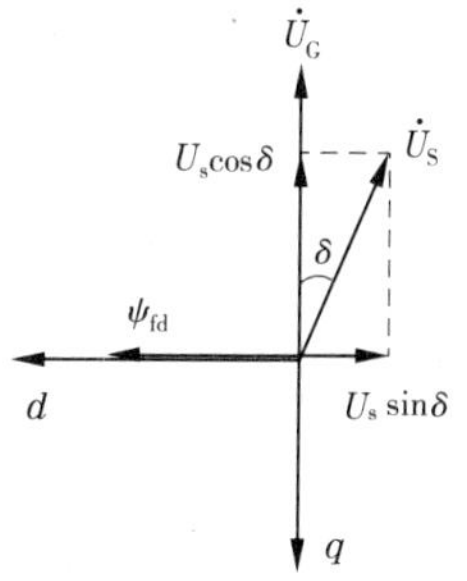

图 1-7　冲击电流的产生

在合闸瞬间，如 $\dot{U}_S$ 与 $\dot{U}_G$ 的相角差为 δ，则在交轴 q 方向上的电压差为 $U_G - U_S\cos\delta$，因相应的磁链作用在直轴 d 上，发电机的电抗为 X''_d（假设系统容量为无穷大），所以产生的冲击电流周期分量有效值为$\dfrac{U_G - U_S\cos\delta}{X''_d}$；在直轴 d 方向上电压差为 $0 - U_S\sin\delta$，相应的磁链作用在交轴 q 方向，发电机的电抗为 X''_q，所以产生的冲击电流周期分量有效值为$\dfrac{0 - U_S\sin\delta}{X''_q}$。流过发电机的冲击电流为上述两部分的相量和，则冲击电流周期分量有效值为

$$I_{ip} = \sqrt{\left(\frac{U_G - U_S\cos\delta}{X''_d}\right)^2 + \left(\frac{U_S\sin\delta}{X''_q}\right)^2} \tag{1-1}$$

由式(1-1)可见，在并列瞬间，只要相角差 δ 不等于零或 $U_G \neq U_S$，就会产生冲击电流。

并列时若相角差 δ 不等于零，还会产生冲击电磁力矩，相应的冲击功率 P_{ip}（隐极机）为

$$P_{ip} = \frac{U_G U_S}{X_d}\sin\delta \tag{1-2}$$

式中　X_d——发电机直轴同步电抗。

当 $\dot{U}_G$ 超前 $\dot{U}_S$ 时，$\delta > 0°$，发电机发出电功率 P_{ip}，对发电机起制动作用；当 $\dot{U}_G$ 滞后 $\dot{U}_S$ 时，$\delta < 0°$，发电机吸收电功率 P_{ip}，对发电机起加速作用。

作为自动准同步装置，引起并列时 $\delta \neq 0°$ 的主要原因是设定的导前时间与并列断路器合闸总时间不相等；误发合闸脉冲命令时 δ 角变大。电磁冲击力矩过大必然危害发电机。

1.2.2.2　电压幅值差的影响

电压差对同步的影响主要表现在对冲击电流数值的影响。如果发电机并列时发电机频率等于系统频率，即 $f_G = f_S$，且合闸瞬间相角差 $\delta = 0°$，而两电压有效值（或幅值）不相等，即 $U_G \neq U_S$，则电压差 $\dot{U}_d = \dot{U}_G - \dot{U}_S$，产生冲击电流的有效值为

$$I_{ip}=\frac{U_G-U_S}{X''_d} \tag{1-3}$$

可见，冲击电流在数值上与电压差 $\dot{U}_d=\dot{U}_G-\dot{U}_S$ 成正比。为防止冲击电流过大危及定子绕组，应限制电压差大小，一般情况下电压差限制在额定电压的10%以下，可取5%左右。

当 $U_G>U_S$ 时，$\dot{I}_{ip}$滞后 $\dot{U}_G$ 的相角为90°，如图1-8(a)所示，$\dot{I}_{ip}$为感性电流，起去磁作用，发电机发出感性无功电流；当 $U_G<U_S$ 时，$\dot{I}_{ip}$超前 $\dot{U}_G$ 的相角为90°，如图1-8(b)所示，$\dot{I}_{ip}$为容性电流，起助磁作用，发电机发出容性无功电流（吸收感性无功功率）。可见，$\dot{I}_{ip}$不产生电磁力矩，所以只要 $\dot{I}_{ip}$不超过安全值，$\dot{I}_{ip}$对发电机不会造成危害。

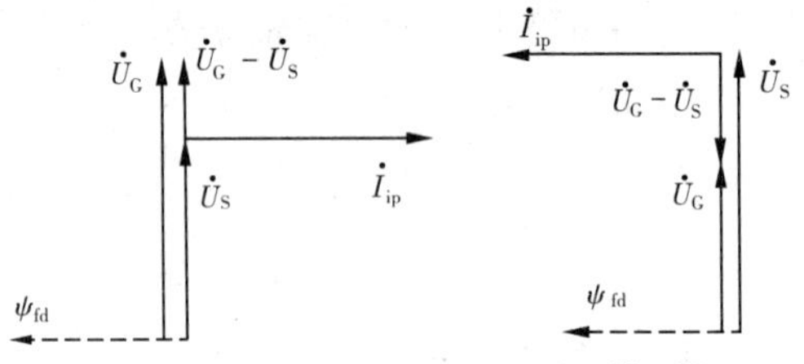

图1-8　压差引起的冲击电流性质

1.2.2.3　相角差的影响

发电机并列合闸时存在相角差，对同步的影响主要表现在电磁冲击力矩和冲击电流两方面。假设发电机并列时发电机频率等于系统频率，即 $f_G=f_S$；电压有效值（或幅值）相等，即 $U_G=U_S$；合闸瞬间存在相角差，即 $\delta\neq 0°$；如图1-9所示。由于此时相当于发电机空载运行，电动势即为端电压，且与系统侧电压幅值相等，则产生冲击电流的有效值为

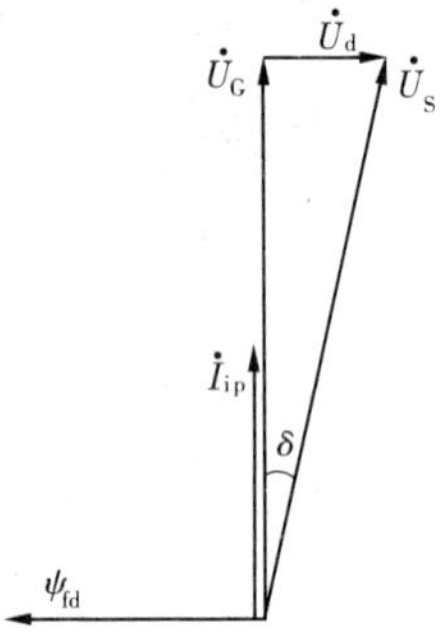

图1-9　合闸瞬间存在相角差的相量

$$I''_{ip}=\frac{2U_G}{X''_q+X_S}\sin\frac{\delta}{2} \tag{1-4}$$

式中　X''_q——待并发电机交轴次暂态电抗。

冲击电流最大瞬时值为

$$I''_{ip.max}=\frac{1.9\times\sqrt{2}\times 2U_G}{X''_q+X_S}\sin\frac{\delta}{2} \tag{1-5}$$

当 δ 很小时，$2\sin\frac{\delta}{2}\approx\sin\delta$，则冲击电流最大瞬时值可表示为

$$I''_{ip.max}=\frac{2.69U_G}{X''_q+X_S}\sin\delta \tag{1-6}$$

当相角差较小时，冲击电流主要为有功电流分量，发电机突然与系统有功功率交换，即有输出，使发电机联轴受到突然冲击，这对机组和系统运行都是非常不利的。为了保证

机组的安全运行,应将冲击电流限制在较小数值。通常要求冲击电流不超过发电机出口三相短路电流的0.1倍,要求合闸时相角差不超过10°。

1.2.2.4 频率差值的影响

假设发电机并列时发电机电压有效值与系统电压有效值相等,即 $U_G = U_S$;频率不相等,即 $f_G \neq f_S$。此时必然会导致合闸瞬间相角差不为零,滑差电压 u_d 作周期性变化,如图1-10所示。

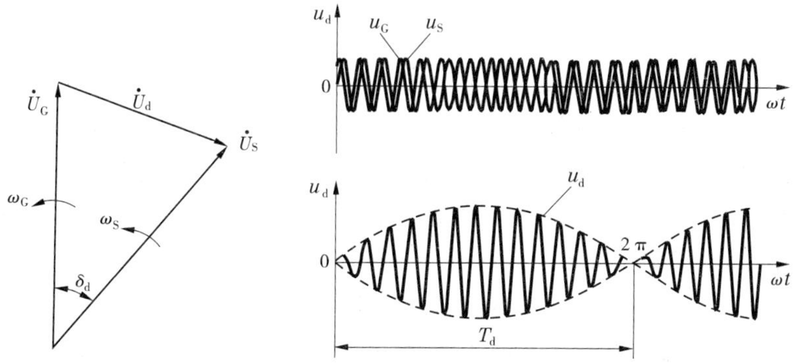

(a)相量图　　　　(b) u_d波形图

图1-10　准同步时频差条件分析

并列断路器两侧间的电压差 u_d 可表示为

$$u_d = U_G \sin(\omega_G t + \varphi_{G0}) - U_S \sin(\omega_S t + \varphi_{S0}) \tag{1-7}$$

式中　U_G——待并发电机的电压幅值;

U_S——系统侧的电压幅值;

ω_G——待并发电机电压的角频率;

ω_S——系统侧电压的角频率;

φ_{G0}——待并发电机电压的初相角;

φ_{S0}——系统侧电压的初相角。

将此电压称为滑差电压 u_d。假设初相角 $\varphi_{G0} = \varphi_{S0} = 0°$,则

$$u_d = 2U_G \sin(\frac{\omega_G - \omega_S}{2}t)\cos(\frac{\omega_G + \omega_S}{2}t) \tag{1-8}$$

令 $U_d = 2U_G \sin(\frac{\omega_G - \omega_S}{2}t)$ 为滑差电压幅值,则

$$u_d = U_d \cos(\frac{\omega_G + \omega_S}{2}t) \tag{1-9}$$

由式(1-8)可知,滑差电压 u_d 的波形是幅值为 U_d、频率接近于工频的交流电压波形。$\omega_d = \omega_G - \omega_S$ 称为滑差角频率,由图1-10所示的两电压相量间的相角差为

$$\delta_d = \omega_d t \tag{1-10}$$

于是滑差电压的幅值可表示为

$$U_d = 2U_G \sin\frac{\omega_d}{2}t = 2U_G \sin\frac{\delta_d}{2} = 2U_S \sin\frac{\delta_d}{2} \tag{1-11}$$

由分析可见，u_d 为正弦脉动波，其最大幅值为 $2U_G$（或 $2U_S$），所以滑差电压 u_d 又称为脉动电压。用相量分析时，可将系统电压 u_S 设为参考轴，则待并发电机电压 u_G 将以滑差角频率 ω_d 相对 u_S 旋转，当相角差 δ_d 从 0 到 π 时，u_d 相应地从零变到最大值；δ_d 从 π 变到 2π（重合），U_d 从最大值又回到零，旋转一周的时间为滑差周期 T_d。

滑差角频率 ω_d 与滑差频率 f_d 的关系为

$$\omega_d = 2\pi f_d \tag{1-12}$$

所以，滑差周期为

$$T_d = \frac{1}{f_d} = \frac{2\pi}{\omega_d} \tag{1-13}$$

滑差周期 T_d、滑差频率 f_d 和滑差角频率 ω_d 都可用来表示待并发电机与系统间频率相差的程度。同步合闸时的相角差 δ_d 与对断路器发出合闸命令的时刻有关。如果发出合闸命令的时刻不恰当，就有可能在相角差较大时合闸，从而引起较大的冲击电流。此外，如果在频率差较大时并列，频率较高的一方在合闸瞬间将多余的动能传递给频率较低的一方，即使合闸时的 δ_d 不大，当传递能量过大时待并发电机需经历一个暂态过程才能拉入同步运行，严重时甚至导致失步。因此，从并列后迅速进入同步运行的角度出发，应控制并列瞬间的频率差，一般控制在 0.25 Hz 以内。

由以上分析可知，在发电机同步并列时，频率差、电压差和相角差都是直接影响发电机运行、寿命及系统稳定的因素。实际上在准同步并网的三个条件中，电压差和频率差不像人们想象的那样是伤害发电机的重要原因，真正伤害发电机的是相角差。在两电源间存在着电压差和频率差的情况下，并列会造成无功功率和有功功率的冲击，也就是在断路器合闸瞬间，电压高的那一侧向电压低的那一侧输送一定数值的无功功率，频率高的那一侧向频率低的那一侧输送一定数值的有功功率。但在发电机空载的情况下，即使存在较大的电压差和较大的频率差，其所对应的无功功率和有功功率也是有限的，不会伤害发电机。这是因为发电机在正常运行中本来就能承受较大的负荷波动，例如线路的跳闸或线路的重合闸都是较大的负荷波动。

但是，在具有相角差的情况下并网的后果就完全不同了。当合闸瞬间存在相角差时，将对发电机转子轴系绕组及机械体系运行产生巨大的伤害，有时还可能造成次同步谐振，此种情况后果最为严重。因此，在准同步并列时，严格控制相角差是同步条件中最重要的一环。

1.3　自动准同步装置的基本构成

1.3.1　自动准同步装置的功能

采用准同步并列方法将待并发电机组投入电力系统运行，在满足并列条件的情况下，产生的冲击电流很小且对电力系统扰动甚微，所以准同步并列是电力系统运行的主要并列方式。

自动准同步装置具有以下功能：

（1）自动检测待并发电机与运行系统之间的电压差、频率差是否符合并列条件，在满足这两个条件时，自动地发出合闸脉冲，使并列断路器主触头在相角差为零的瞬间闭合。

（2）当电压差、频率差不满足并列条件时，能对待并发电机自动地进行调压、调速，以加快进行自动并列的过程。

典型的模拟式自动准同步装置是阿城继电器厂生产的 ZZQ－3 自动准同步装置和许昌继电器厂生产的 ZZQ－5 自动准同步装置，曾广泛用于电力系统中。自动准同步装置具有均压控制、均频控制和合闸控制的全部功能，将待并发电机和运行系统的 TV 二次电压接入装置后，由它实现监视、调节并发出合闸脉冲，完成同步操作的全过程。

1.3.2 自动准同步装置的组成

图 1-11 为典型自动准同步装置构成原理图，自动准同步装置主要由合闸信号控制单元、频差控制单元、压差控制单元和电源四部分组成。

合闸信号控制单元的任务是自动检测待并发电机和运行系统间频率差、电压差是否满足并列要求。频差和压差均满足时，在发电机和系统电压相位重合前提前一定时间发合闸脉冲，当频差、压差有一个条件不满足时，则闭锁合闸脉冲。

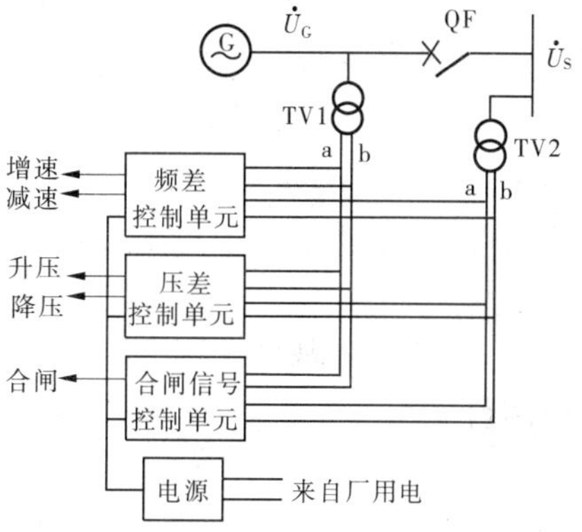

图 1-11 典型自动准同步装置构成原理图

频差控制单元的任务是自动检测待并发电机和运行系统间的滑差角频率，且自动调节发电机转速，使发电机的频率接近于系统频率。

压差控制单元的任务是自动检测待并发电机和运行系统间的电压差，且自动调节发电机电压，使发电机电压与系统电压间的压差小于规定允许值。

在准同步并列操作中，合闸信号控制单元是准同步并列装置的核心部件，其控制原则是当频率差和电压差都满足并列条件时，在 $\dot{U}_G$ 与 $\dot{U}_S$ 重合之前发出合闸信号。$\dot{U}_G$ 与 $\dot{U}_S$ 重合之前的信号称为提前量信号。

按提前量的不同，准同步并列装置在原理上可分为恒定导前相角式和恒定导前时间式两种。

1.3.3 模拟式自动准同步装置存在的问题

1.3.3.1 导前时间不恒定

导前时间脉冲是利用线性整步电压获得的，由于低通滤波器误差及二极管、三极管及小集成块的参数不稳定等原因，最后输出的三角波电压波形变形和理想的三角波有差异，导致导前时间不恒定。控制频差回路中用微分运算电阻、电容来实现，由于阻容电路的时间常数不准确，造成导前时间不准确和较大频差下工作产生很大的冲击。

1.3.3.2 同步操作速度慢

模拟式自动准同步装置受电路原理限制，既无法做到精确同步，也无法做到快速同步。如果同步时间过长，不能及时满足系统增加出力的需求，特别是在系统出现事故需要快速投入备用发电容量时更为严重，同时也增加了发电成本。

为了优化同步装置在同步过程中的均频及均压控制品质，所用的数学模型必须计及原动机运动规律，捕获第一次出现的同步时机。同时也要按严格的自动控制准则，使均频和均压控制过程既快又稳，而模拟式自动准同步装置仅靠电子电路是无法实现精确计算的。

1.3.3.3 元件参数变化的影响

模拟式自动准同步装置所使用的电阻、电容及二极管、三极管等晶体管元器件，其参数都与温度、湿度和时间有关，而装置的特性及精度取决于这些元件的参数，显然模拟式自动准同步装置出现误差是无法避免的。

由于模拟式自动准同步装置在原理上存在缺陷，因而会使并列时间延长，有时甚至出现危及发电机安全的误并列。随着微处理器的发展，由微机构成的数字式准同步装置，由于硬件简单、编程方便、运行可靠，技术上已日趋成熟，成为准同步并列装置的发展方向。

1.3.4 微机型自动准同步装置的主要特点及要求

(1)高可靠性。自动准同步装置的原理和判据正确，采用先进、可靠的微机装置，在硬件和软件上具备很大的冗余度，确保没有误动的可能。

(2)高精度。装置的高精度是发电机和系统安全运行的保障。同步装置应确保在相角差为零时完成并网操作，同时能自动测量合闸回路的合闸时间。捕捉零相角差要有严格的数学模型，考虑到并网过程中影响机组运行的各种因素，如气温、气压、水头变化及调速器的扰动等。

(3)高速度。同步装置的并网速度不仅关系到系统的运行稳定性及电能质量，还关系到电厂的运行经济性。同步操作是基于系统的需求，尽快接入发电机有利于系统的功率平衡，同时尽快完成并网操作将节约可观的空载能耗。

提高同步并网速度的途径有两种：一种是以优化的控制算法确保同步装置能既快速又平稳地将发电机的电压和频率调整到整定值；另一种是以精确的预测算法确保在电压差和频率差满足定值要求后，能捕捉到第一次出现的零相角差时刻并将发电机并入运行系统。

(4)能融入分布式控制系统(DCS)。同步装置应是DCS的一个智能终端，通过与上位机的通信完成开机过程的全盘自动化。上位机也需获得同步装置的静态定值、动态参数及并网过程状况的信息。

(5)操作简单、方便，有清晰的人机界面。同步装置的面板应能提供运行人员在并网过程中所需的全部信息，如定值、压差、频差及相角差的动态显示等。这些信息也可通过现场总线传送到上位机，制造商应提供装置的通信协议。

(6)二次接线设计简单、清晰。同步装置接入TV二次电压、断路器操作机构合闸线圈、调速器装置、励磁调节装置回路等的接线应正确、明晰。

(7)调试方便。装置调试简单，引出线方便，电压差、频率差、相角、合闸时间的整定在面板上进行，有明显的标识。

目前,国内研制的微机型自动准同步装置有 SID－2 系列、MAS 型、MCF2051－1 型、WX 型和 W2Q3 型等。

1.4 微机自动准同步装置的工作原理

1.4.1 频差及频差方向测量

在发电机的同步并列过程中,如果频差不满足要求,则自动准同步装置应能自动检测频差方向,检测出发电机频率高还是系统频率高。当发电机频率高时,应发出减速脉冲;当系统频率高时,应发出增速脉冲。要求发电机频率跟踪系统频率,尽快使频率差进入设定范围,以缩短发电机同步并列的时间。

自动准同步装置发出调速脉冲时,脉冲宽度应与频差成正比,比例系数可设定或直接设定脉冲宽度;调速脉冲的周期也可设定。这样可适应不同机组的调速器特性。在同步并列过程中,当出现频差过小的情况时,自动准同步装置应自动发出增速脉冲,以缩短同步并列的时间。

1.4.1.1 频率的测量

频差、相角差鉴别电路用以从外界输入装置的两侧 TV 二次电压中提取与相角差有关的量,进而实现对准同步三要素中频差及相角差的检查,以确定是否符合同步条件。此外,压差和频差的测量也作为机组电压调整和调速器调节转速的依据。

来自并列点断路器两侧 TV_S 和 TV_G 的二次电压经过隔离电路隔离后通过相敏电路将正弦波转换为相同周期的矩形波,通过矩形波电压的过零点检测,即可从频差、相角差鉴别电路中获取计算待并发电机频率 f_G 及运行系统频率 f_S 的信息,获取频差 f_d、角频率差 ω_d。这些值可以在每一个工频信号周期获取一个,在随机存储器中始终保留一个时段。

数字电路测量频率的基本方法是测量交流信号波形的周期 T。测频原理框图如图 1-12 所示。

把交流电压正弦信号转换成方波,经二次分频后,它的半波时间即为交流电压的周期 T。利用正半周高电平作为可编程定时/计数器开始计数的控制信号,至下降沿即停止计数并作为中断申请信号,由 CPU 读取其中的计数值 N,并使计数器复位,以便为下一周期计数做好准备。

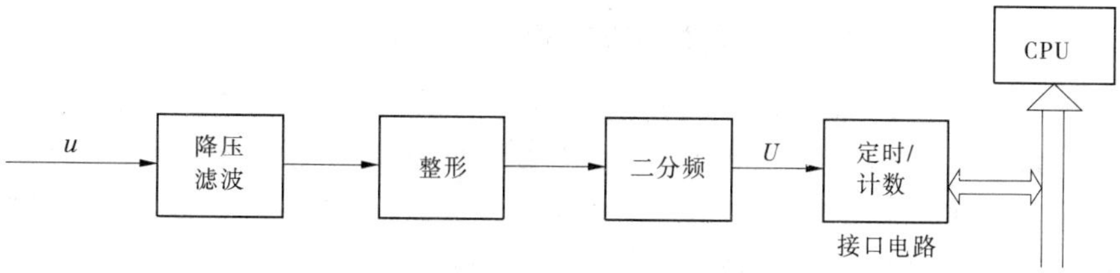

图 1-12　测频原理框图

假设可编程定时/计数器的计时脉冲频率为f_c，则交流电压的周期为$T=N/f_c$，交流电压的频率为$f=f_c/N$。

1.4.1.2　**频差大小的测量**

发电机频率和系统频率分别由可编程定时/计数器计数，主机读取计数脉冲N_G、N_S后，求取f_G、f_S，将其绝对值与设定的允许频率偏差整定值Δf_{set}进行比较，作出是否允许并列的判断。

当$|f_G-f_S|\leqslant\Delta f_{set}$时，说明频差已经满足要求；当$|f_G-f_S|>\Delta f_{set}$时，说明频差不满足要求，检测出频差的大小。

1.4.1.3　**频差方向的测量**

频差方向指的是发电机频率高于还是低于系统频率，从而确定调速脉冲的性质。

自动准同步装置测量频差可由软件实现，根据$T=N/f_c$可测出频差方向。当$f_G>f_S$时，判断发电机频率高于系统频率；当$f_G=f_S$时，判断发电机频率与系统频率相等；当$f_G<f_S$时，判断发电机频率低于系统频率。

1.4.1.4　**关于调速脉冲**

发电机在同步并列过程中，频差越限就应发出调速脉冲，使发电机频率跟踪系统频率，以最快的速度使频差进入设定范围。当频差越限并且发电机频率低于系统频率时，应发出增速脉冲；当频差越限并且发电机频率高于系统频率时，应发出减速脉冲。

调速脉冲宽度应与频差成正比，或根据发电机调速系统特性直接设置脉冲宽度。调速周期可设定在一定范围（如2～5 s），或者为一定值。

自动准同步装置在发电机同步并列过程中对发电机进行调频时，不断测量发电机的频率，并与系统频率比较，然后形成调速脉冲，通过调速器改变汽轮发电机组进汽量（水轮发电机组进水量），实现对发电机频率的调整。实际上，整个调频系统是一个闭环负反馈自动调节系统，被调量为发电机频率，目标频率为系统频率，如图1-13所示。

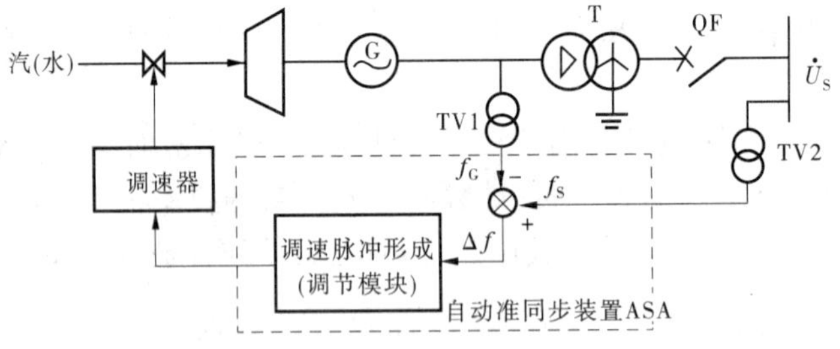

图1-13　自动准同步装置构成的闭环自动调频系统

图1-14所示为频率调节程序示意框图。由图可知，只要频差不满足要求就对发电机进行调频；当频差满足要求但频差甚小（如0.05 Hz）时发出增速脉冲。调速脉冲经输出电路通过继电器触点作用于调速回路实现调速。按发电机频率高于或低于系统频率来选择输出减速或增速脉冲信号，选择相角差δ(0°～180°)发出调速脉冲，调节量按与频差整定值Δf_{set}成正比比例调节。

1.4.2 压差及压差方向测量

在发电机的同步并列过程中，如果压差不满足要求，则自动准同步装置应能自动检测压差方向，发电机电压与系统电压进行幅值比较。当发电机电压高时，应发出降压脉冲；当系统电压高时，应发出升压脉冲。要求发电机电压自动跟踪系统电压，尽快使电压差进入设定范围，以缩短发电机同步并列的时间。

自动准同步装置发调压脉冲时，脉冲宽度应与压差成正比，比例系数可设定，或直接设定脉冲宽度；调压脉冲的周期也可设定，或者固定调压周期。

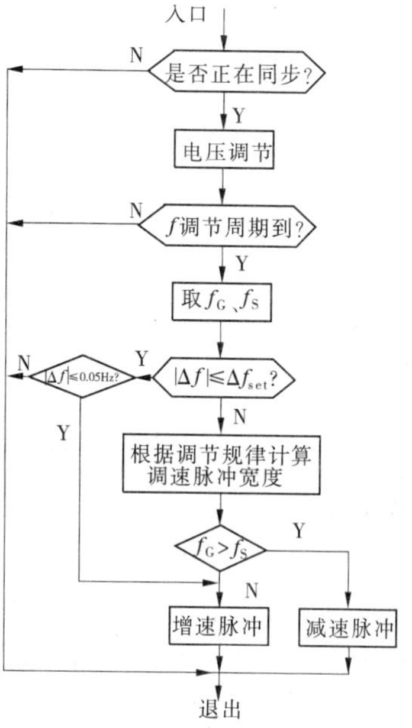

图 1-14 频率调节程序示意框图

1.4.2.1 交流电压幅值测量

交流电压幅值的测量有两种方法：一种是电量变送器法，另一种是交流采样法。

(1)电量变送器法。把交流电压信号转换成直流电压，输出的直流电量与其交流输入电量，经 A/D 转换接口电路进入主机，其原理图如图 1-15(a)所示。CPU 读得的数值直接反映了 U_S 和 U_G 的有效值。这种方法简单、易实现，也可保证足够的精度，但是变送器把交流电量转换成直流电量时往往需要滤波，还要对滤波电路作相应的设计。

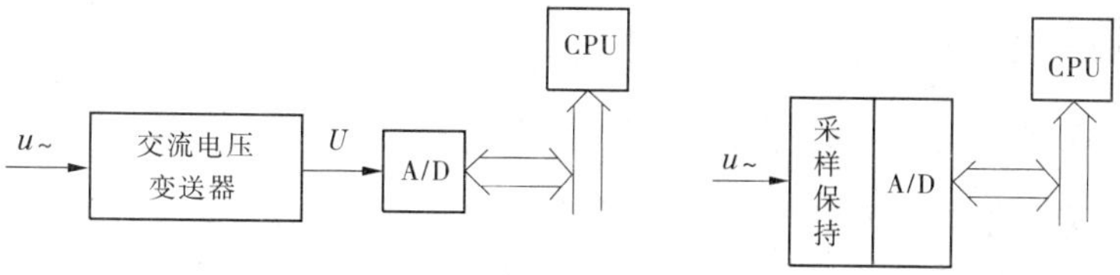

(a)电量变送器法 (b)交流采样法

图 1-15 交流电压幅值测量

(2)交流采样法。不用变送器把交流电压信号转换成直流量，而是直接对交流电压信号进行采样，其原理图如图 1-15(b)所示。CPU 对这些采样值，用傅里叶算法算出电压信号的实部和虚部，进一步可求得电压的有效值或幅值。这种测量发电机电压的方法不仅硬件少，时间常数也较小，由可编程定时/计数器可实现对采样间隔的控制。在计算机运算能力允许的条件下交流采样是可取的方案。

1.4.2.2 电压差的大小检测和方向控制

压差鉴别电路用以从外部输入装置的 TV_S 和 TV_G 两电压互感器二次侧提取压差超出整定值的数值及极性信号。微机系统能把交流电压转变为直流电压，其输出的直流电压大小与输入的交流电压成正比。CPU 从 A/D 转换接口读取的数字电压量 D_S、D_G 分别代表 U_S、U_G 的有效值。机组并列时，允许电压偏差设定的门坎值为 $D_{\Delta U}$。

当$|D_S - D_G| > D_{\Delta U}$时，不允许合闸信号输出；$D_S > D_G$时，并行口输出升压信号；$D_S < D_G$时，并行口输出降压信号。当$|D_S - D_G| \leqslant D_{\Delta U}$时，允许合闸信号输出。

1.4.2.3 关于调压脉冲

发电机在同步并列过程中，压差越限就应发出调压脉冲，使发电机电压跟踪系统电压，以最快的速度调整压差进入设定范围。当压差越限并且发电机电压低于系统电压时，应发出升压脉冲；当压差越限并且发电机电压高于系统电压时，应发出降压脉冲。

调压脉冲宽度应与压差成正比，或直接设置脉冲宽度。调压周期可设定在一定范围(如3～8 s)，或者为一定值。

自动准同步装置输出的调压脉冲，作用于发电机的自动调节励磁装置(AER)，改变励磁电压，达到调节发电机电压的目的。实际上，自动准同步装置输出的调压脉冲，改变的是自动调节励磁装置的目标电压。发电机同步并列过程中的调压系统同样是一个闭环负反馈自动调节系统，与图1-13类似，被调量为发电机电压，目标电压为系统电压。

图1-16所示为电压调节程序示意框图。调压脉冲经输出电路通过继电器触点输出，作用于发电机的自动调节励磁装置，改变自动调节励磁装置的目标电压，通过自动调节励磁装置的调节，使压差快速进入设定范围。

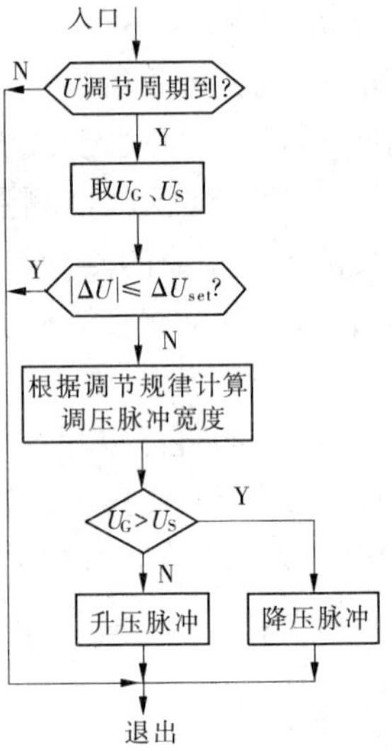

图1-16 电压调节程序示意框图

1.4.3 合闸命令的发出

发电机在同步并列过程中，自动准同步装置应在同步点(即$\dot{U}_S$与$\dot{U}_G$重合的同相点)导前一个时间发出命令脉冲(即导前时间脉冲$U_{d.t}$)，导前时间t_d等于并列断路器总合闸时间，这样才能保证同步电压同相时刻并列断路器主触头正好接通。当压差或频差不满足要求时，导前时间脉冲被闭锁；当压差、频差均满足要求时，导前时间脉冲有输出，即自动准同步装置发出合闸命令脉冲。

1.4.3.1 同步电压间的相角差测量

导前时间脉冲是通过测量同步电压间的相角差变化实现的，因而需测量同步电压间的相角差。

相角差测量框图如图1-17所示。发电机电压和系统电压通过电压变换和整形为方波，将这两个方波加至异或门的相敏电路，当两个方波输入电平不同时，异或门输出为高电平。将两个方波的图形合成为一个方波图形，该方波的宽度与相角差δ之间有一定的对应关系。

u_G和u_S的两个方波加到异或门后，在异或门的输出端也是一系列宽度不等的矩形波。图1-18所示为相角差δ_d的变化。通过定时/计数器和CPU可读取方波的宽度的大小，求得两电压间的相角差δ_d的变化轨迹。为了叙述方便起见，设系统频率为50 Hz，待并发电机的频率低于50 Hz。从电压互感器二次侧来的电压u_S、u_G的波形如图1-18(a)

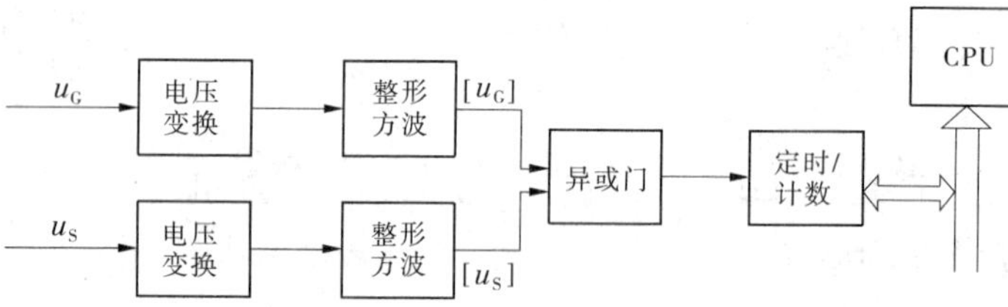

图 1-17　相角差的测量框图

所示，经削波限幅后得到图 1-18(b)所示的方波，两方波异或就得到图 1-18(c)中的一系列宽度不等的矩形波。

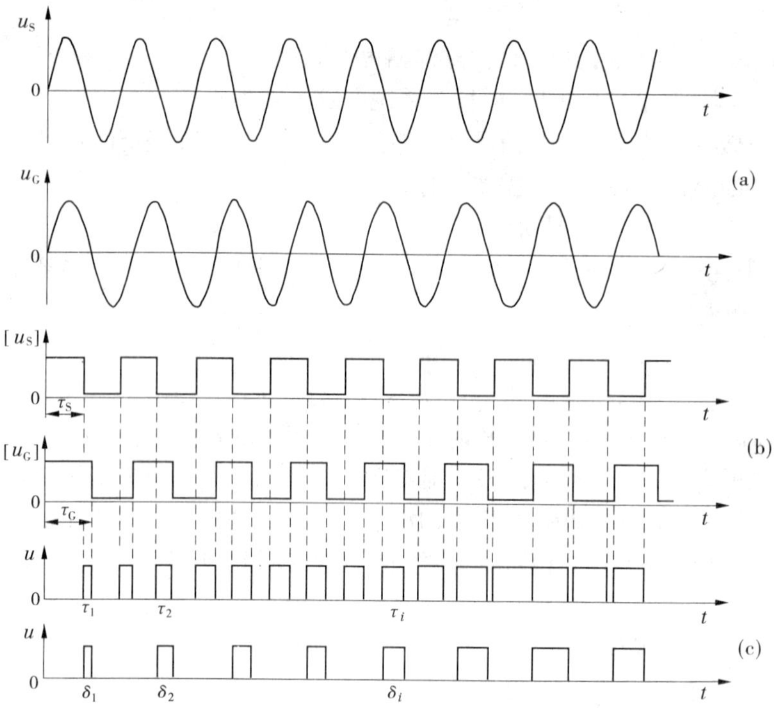

(a)原始波形；(b)削波限幅后的方波；(c)矩形波

图 1-18　相角差 δ_d 测量波形分析

显然，这一系列矩形波的宽度 τ_i 与相角差 δ_i 相对应。系统电压方波的宽度 τ_S 为已知，它等于 $T_S/2$(或 180°)，因此可求得

$$\delta_i = \begin{cases} \dfrac{\tau_i}{\tau_S}\pi & (\tau_i \geqslant \tau_{i-1})(0 < \delta < \pi)\ \text{矩形波逐渐变宽} \\ \left(2\pi - \dfrac{\tau_i}{\tau_S}\pi\right) = \left(2 - \dfrac{\tau_i}{\tau_S}\right)\pi & (\tau_i < \tau_{i-1})(\pi < \delta < 2\pi)\ \text{矩形波逐渐变窄(图中未画出)} \end{cases} \tag{1-14}$$

对上式中 τ_i 和 τ_S 的值，CPU 可从定时/计数器读入求得。如每一工频周期(约 20 ms)作一次计算，CPU 可记录下 δ_i 随时间变化的轨迹 $\delta(t)$。

通过计算已知时段 Δt、始末 ω_d 的差值 $\Delta\omega_d$ 得到 ω_d 的一阶倒数$\frac{\Delta\omega_d}{\Delta t}$，即$\frac{d\omega_d}{dt}$。同样也可计算出已知时段 Δt、始末$\frac{\Delta\omega_d}{\Delta t}$的差值，得到 ω_S 的二阶导数$\frac{d^2\omega_d}{dt^2}$。这样就为计算理想导前合闸角创造了条件，于是有：

$$\begin{cases} t_y = t_o + t_{op} \\ \omega_d = \frac{\Delta\delta}{\Delta t} = \frac{\delta_i - \delta_{i-1}}{2\tau_S} \\ \delta_y = \omega_d t_y + \frac{1}{2}\cdot\frac{d\omega_d}{dt}\cdot t_y^2 + \frac{1}{6}\cdot\frac{d^2\omega_d}{dt^2}\cdot t_y^3 \end{cases} \tag{1-15}$$

式中 δ_i、δ_{i-1}——本计算点和上计算点的相角差值；

τ_S——两计算点之间的时间，即为系统电压周期 T_S；

t_y——微处理器发出合闸信号到断路器主触头闭合时需经历的时间；

t_o——断路器主触头闭合需要的时间；

t_{op}——装置出口继电器动作时间。

在实际中，由于两相邻计算点间的 ω_d 变化很小，因此 $\Delta\omega_d$ 一般可经若干计算点后才计算一次，所以有：

$$\frac{d\omega_d}{dt} \approx \frac{\Delta\omega_d}{\Delta t} = \frac{\omega_{di} - \omega_{d(i-n)}}{2\tau_S \cdot n} \tag{1-16}$$

式中 ω_{di}、$\omega_{d(i-n)}$——本次计算点和前 n 个计算点求得的 ω_d 值。

同样，也可方便地从两个电压互感器二次侧电压间相邻同方向的过零点找到两电压的相角差 δ，在一个工频周期中由于有二次过零点，因此每半个周期就可取得一个实时的相角差值。该值与式(1-16)计算出的最佳的合闸导前相角差值 δ_y 进行比较，有：

$$|(2\pi - \delta_i) - \delta_y| \leq \varepsilon \tag{1-17}$$

式中 ε——计算允许误差。

若式(1-17)成立，则表明相角差符合要求，允许发出合闸信号。若 $|(2\pi - \delta_i) - \delta_y| > \varepsilon$ 且 $(2\pi - \delta_i) > \delta_y$ 时，则继续进行下一点计算，直至 δ_i 逐渐逼近 δ_y，符合式(1-17)为止。

在实际装置中，有了每一个工频周期计算出来的理想导前合闸角 δ_y，又有了每半个工频周期测量出来的实时相角差 δ，只要不断搜索 $\delta = \delta_y$ 的时机，一旦出现，同步装置即可发出合闸命令，使待并发电机恰好在 $\delta = 0°$时并入系统。

ω_d 和 $d\omega_d/dt$ 也是同步装置按模糊控制原理实施均频控制的依据，装置在调频过程中不断检测这两个量，进而改变控制脉冲宽度及间隔，以期用快速而又平稳的力度使待并发电机进入允许同步条件。

1.4.3.2 导前时间脉冲的形成条件

(1)不论频差方向如何，导前时间脉冲应在 $180° < \delta < 360°$区间内形成，即在 $\dot{U}_S$ 与 $\dot{U}_G$ 相量即将重合的半个周期内形成；

(2)在相角差的限值区间内形成，即 $\delta \leq \delta_{set}$(δ_{set} 角限值在装置内部固定，如取 δ_{set} =

10°)；

(3)压差满足要求；

(4)频差满足要求。

1.4.3.3 并列断路器合闸时间测量

并列断路器总的合闸时间是自动准同步装置设置的一个重要参数,所以必须正确测量并列断路器总的合闸时间。并列断路器在停电检修状态下测量总的合闸时间比较容易,如要带电测量,则可采用如下方法:

采用自动准同步装置发合闸脉冲时开始计时、并列断路器常开辅助触点闭合时停止计时的方法,同样可测量到并列断路器总的合闸时间。这种测量方法要求断路器主触头与常开辅助触点之间要同步,时差不能太大。此外,常开辅助触点可通过控制电缆引至自动准同步装置。

1.5 微机型自动准同步装置

用微机实现同步可以采用两种方式:一种是设置独立的微机准同步装置;另一种是将同步并列功能附设在机组控制中,把机组的启动、同步并列操作合为一个完整的过程。

1.5.1 硬件原理框图

微机型自动准同步装置形式较多,但其功能及装置原理是相似的,逻辑框图如图1-19所示。主要由同步电压输入回路、CPU系统、压差鉴别、频差及相角差鉴别、开关量输入/输出回路、定值输入及显示、电源、试验装置等组成。

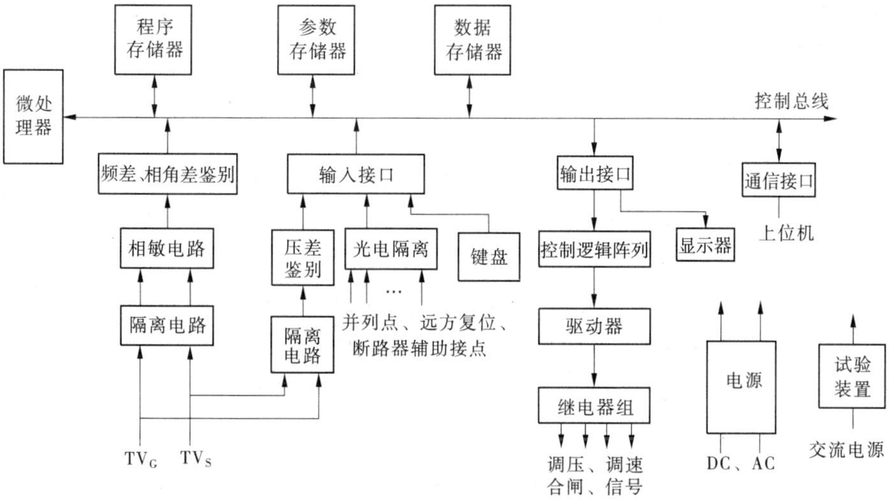

图1-19 微机自动准同步装置逻辑框图

1.5.1.1 同步电压输入回路

按发电机并列条件,要采集发电机和系统的电压幅值、频率和相角差等三种信号,作为并列操作的依据。

同步电压输入回路由电压形成和同步电压变换组成。同步电压经隔离、变换及有关抗干扰回路变换成较低的适合工作的电压；再经整形电路、A/D 变换电路，将同步电压的幅值、相位变换成数字量，供 CPU 系统识别，以便 CPU 系统判断同步条件。

1.5.1.2　CPU 系统

CPU 系统由微处理器、存储器及相应的输入、输出接口组成。同步装置运行程序存放在只读存储器 EPROM 中，同步参数整定值存放在可擦写参数存储器 EPROM 中。装置运行过程中的采集数据、计算中间结果及最终结果存放在随机存储器 RAM 中。输入/输出接口电路为可编程并行接口，用以采集并列点选择信号、远方复位信号、断路器辅助触点信号、键盘信号、电压差越限信号等开关量，并控制输出继电器实现调压、调速、合闸、报警等功能。

1.5.1.3　开关量输入回路

自动准同步装置的输入信号除并列点两侧的 TV 二次电压外，还要采集如下开关量信号。

1. 并列点选择信号

装置的参数存储器中预先存放好各台发电机的同步参数整定值，如导前时间、允许频差、均频控制系数、均压控制系数等。在确定并列点后，从同步装置的并列点选择输入开关量信号，将调出相应的整定值，进行并列条件检测。

2. 断路器辅助触点信号

并列点断路器辅助触点是用来实时测量断路器合闸时间（含中间继电器动作时间）的，同步装置的导前时间整定值越接近断路器的实际合闸时间，并列时的相角差就越小。应该注意，断路器辅助触点与主触点不一定同步，若测量采用发出合闸命令启动计时，断路器辅助触点变位后停止计时的测量方法，将出现误差。

3. 远方复位信号

“复位”是使微机重新执行程序的一项操作。同步装置在自检或工作过程中出现硬件、软件问题或受干扰都可能导致出错或死机。此时可通过按一下装置面板上的复位按钮或设在控制台上的远方复位按钮使装置复位，复位后装置可能又正常工作了，也可能仍旧显示出错或死机。前者说明装置受短暂的干扰而本身无故障，后者则说明装置有故障需要检查。

“复位”的另一个作用是，当同步装置处于经常带电工作方式时，如果要求其再启动，则需通过进行一次“复位”操作。因同步装置在上次完成并列后，程序进入循环显示断路器合闸时间状态，直至接到命令后才能开始新一轮的并列操作。

4. 面板按键和开关

同步装置面板上装有若干按键和开关，开关按键也是开关量形式的输入量，是由装置面板直接输入到并行接口电路，分别实现均压功能、均频功能、同步点选择、参数整定、频率显示以及外接信号源等功能。

1.5.1.4　开关量输出回路

微机自动准同步装置输出回路的作用：实现对发电机组的均压、均频和合闸控制；装置异常或电源消失时报警；提供反映同步过程的电量进行录波；提供运行人员监视装置工况、实时参数、整定值及异常情况等信息。

控制命令由加速、减速、升压、降压、合闸、同步闭锁等继电器执行。同步装置任何软件和硬件故障都将启动报警继电器，触发中央音响信号，故障类型同时在显示器上显示。

1.5.1.5 定值输入及显示

自动准同步装置每个同步对象的定值输入通过面板上的按键实现，或者通过面板上的专用串口由手提电脑输入实现。前者可通过按键修改定值，后者按键不能修改定值，只能查看定值，这可防止其他工作人员修改定值。定值一经输入不受装置掉电的影响。显示屏除可以显示每个同步对象的定值参数外，还可显示同步过程中的实时信息、装置告警时的具体内容、每次同步时的同步信息等。

每个同步对象的定值输入有以下内容：

(1)同步对象类型。确定是机组还是线路。

(2)导前时间。导前时间等于同步装置发合闸脉冲命令到并列断路器主触头闭合的时间。

(3)频差。如设定 $-0.2\ \text{Hz} < \Delta f_{set} < 0.2\ \text{Hz}$。

(4)系统侧电压。需设置的内容如下：

①系统侧电压上限值，如 115 V。

②系统侧电压下限值，如 80 V。

③系统侧频率上限值，如 51 Hz。

④系统侧频率下限值，如 49 Hz。

应当指出，由于系统侧电压设置了下限值，在同步过程中一旦出现电压互感器二次回路断线，则同步装置测到的系统侧电压必低于 80 V，同步装置立即闭锁，发出警告信号并在显示屏上显示“系统侧电压过低”的信息。

(5)待并侧电压。需设置的内容如下：

①待并侧电压上限值，如 110 V。

②待并侧电压下限值，如 80 V。

③待并侧频率上限值，如 50.5 Hz。

④待并侧频率下限值，如 49 Hz。

同样，在同步过程中若发生待并侧电压互感器二次回路断线，则装置测到的待并侧电压必低于 80 V，装置立即闭锁，发出警告信号并在显示屏上显示“待并侧电压过低”的信息。

(6)压差。当同步对象为机组时，压差可设定 $-4\ \text{V} < \Delta U < 4\ \text{V}$ 或 $-5\ \text{V} < \Delta U < 5\ \text{V}$；当同步对象为线路时，因电压不受同步装置控制，电压值变化可能较大，压差设定相对较大，如 $-7\ \text{V} < \Delta U < 7\ \text{V}$ 或 $-9\ \text{V} < \Delta U < 9\ \text{V}$，在这种情况下压差设定过小，会闭锁同步装置，使线路同步难以成功。

在显示屏上可查看定值情况以及定值是否有变化；在同步过程中，显示屏上可显示同步实时信息，如同步电压值、频率值、相角差等实时信息；发出告警时，显示屏上显示告警的具体信息；同步成功或失败，均在显示屏上显示具体内容。此外，还可显示同步成功时并列断路器的实际合闸时间。

1.5.1.6 通信及 GPS 对时

同步装置在工作过程中,通过装置上的通信口(RS485 或 RS232)将同步实时信息传送到监控计算机上(通过视频转换器,还可传送到 DCS 系统画面上)。显示的实时信息有实时同步表(反映实时相角差)、增速或减速、升压或降压、系统侧电压和频率、待并侧电压和频率、合闸脉冲发出情况等。如装置告警,则显示告警的具体信息。

GPS 对时可使装置内部时钟或系统时钟同步,在装置显示屏上或传送的同步实时信息中显示具体的时间。

1.5.1.7 电源

自动准同步装置使用专门设计的交直流两用高频开关电源。电源可由 48 ~250 V 交直流电源供电。装置内部因电路隔离的需要,使用了若干不共地的直流电源。选择并列点的外部同步开关触点(或继电器触点),用装置中的一个不与其他电源共地的直流电源作驱动光电隔离的电源,以免产生干扰。

1.5.1.8 调试模块

同步装置内设调试模块,提供两路变频、变幅的模拟量同步电压,可在任何时候对同步装置进行试验。

当试验开关置"试验"位置时,可对装置进行升压、降压、增速、减速试验;当两路同步电压调节的频率相同时,可以进行移相,对装置环并角进行试验;两路同步电压满足同步条件时,装置会自动发出合闸脉冲,试验时同步过程中的实时信息与真实同步完全相同,通过通信口可上传,在装置上也可同时显示。

试验模块的设置可及时发现同步装置的问题,不影响下次同步并列工作。处于"试验"位置时,同步装置出口自动断开,以免发出不必要的调速、调压、合闸命令。至于试验时装置是否正常,根据在面板上发出的指示灯信息完全可判断出来。

试验完毕,应将试验开关置于"运行"状态,实际上调试模块处于不工作状态。

1.5.2 软件原理

1.5.2.1 主程序框图

图 1-20 所示为微机自动准同步装置的主程序框图。同步装置未启动时,装置工作于自检、数据采集的循环中,当某一元件发生故障或程序出现了问题时,装置立即发出告警并闭锁同步装置工作。同步装置启动后,如果同步对象为机组,则对机组进行调压、调频,当压差、频差满足同步条件时,发出导前时间脉冲命令,将并列断路器合闸,合闸后在显示屏上显示同步成功时的同步信息;如果同步对象为线路,则不发出调压、调频脉冲,在压差、频差满足要求的情况下,进行捕捉(等待)同步合闸,完成同步并列。

在同步过程中,若出现同步电压参数超限、调压或调速脉冲发出后在一定时间内调压机构或调速机构不响应等情况,则闭锁同步装置并同时发出告警信号;同步装置启动后,如果因故要退出装置工作,则只要输入复位信号即可。

1.5.2.2 模拟量采集

数据采集有模拟量采集和开关量采集两种。模拟量采集指的是同步电压 u_G、u_S 的大小、频率以及相角差 δ 的采集。

模拟量的采集是否准确对装置的工作十分重要。为了提高装置的安全性和可靠性，同步电压均要经电压输入回路后才能进行采集，见图 1-20。因两路同步电压输入回路不可能有完全相同的电压传输系数和相位移动，所以在采集前必须对同步电压的大小及其相位差进行调整。调整的依据是同步电压输入回路的传输误差固定不变。

调整前先测量同步电压输入回路的电压调整系数和相角补偿值，测量是自动的。测量方法是：将两同步电压并接，施加 100 V、50 Hz 的标准正弦波形电压，在显示屏主菜单中选取“自校”，确认后装置自动将两路同步电压输入回路的电压调整系数、相角补偿值测量出来，并将其存储起来，用作调整补偿。

图 1-21 所示为模拟量采集功能性程序示意框图。图中，对同步电压 u_G、u_S 的大小进行二次调整，第一次调整是对同步电压输入回路引起的误差进行调整，第二次调整是对主变压器变比、电压互感器变比引起的幅值调整。对相角差 δ 同样进行了二次调整，第一次调整是对两个同步电压输入回路相位不同进行的调整，第二次调整是由于主变压器连接组引起的相位补偿的调整。经过上述的两次调整，CPU 系统采集到的同步电压大小、相角差可完全反映并列点两侧电压的大小及相角差，达到了模拟量准确采集的目的。

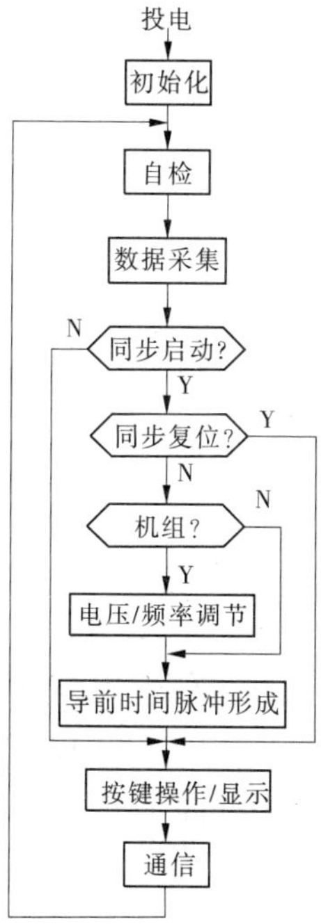

图 1-20　微机自动准同步装置的主程序框图

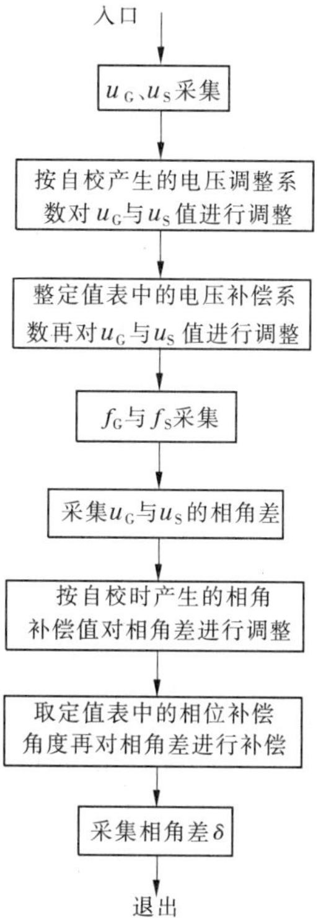

图 1-21　模拟量采集功能性程序示意框图

1.5.2.3　开关量采集

开关量采集指的是同步启动、同步对象、无压同步等的采集。图 1-22 所示为开关量采集功能性程序示意框图。装置在无告警且不在同步过程中才可采集开关量。装置一经启动，立即采集同步对象，并判断是否合理，当同步对象重选（选择两个及以上）或漏选

(没有同步对象选择输入)时,报同步对象重选或漏选的错误信息,装置发出告警信号;当仅有一个同步对象选择信号时,对象选择合理,此时提取该对象号的整定参数,供同步时使用。

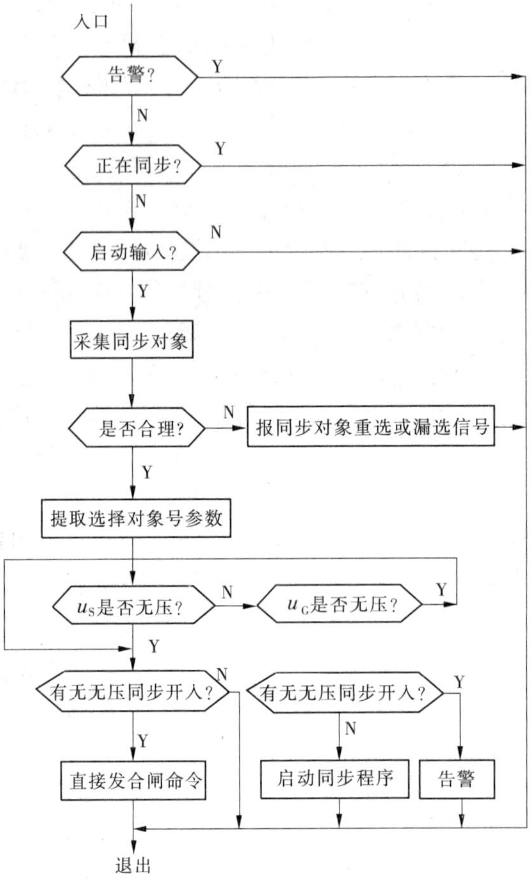

图 1-22　开关量采集功能性程序示意框图

并列点两侧均无压或任一侧无压时,在有无压同步开关量的情况下,才能进入无压同步状态完成并列合闸;无压同步开关量信息不加入时,装置不会发出合闸命令。当并列点两侧有电压时,只有在无无压同步开关量的情况下,才能进入准同步并列程序;如果错误地加入无压同步信息,装置立即发出告警并退出工作。

由图 1-22 可知,无压同步只有在无压同步开关量信息存在的情况下才能实现,所以正常准同步过程中发生电压互感器二次断线失压时,装置不可能发出合闸脉冲命令,此时装置自动闭锁发出告警信号,显示断线侧同步电压过低的信息。因此,不会出现装置具有无压同步功能后电压互感器二次回路断线失压带来的误合闸问题。在图 1-23 中,无压同步是不经同步程序判别后直接发合闸脉冲命令的。

1.6 典型的微机自动准同步装置举例

微机自动准同步装置由于硬件简单、编程方便、运行可靠、技术上已日趋成熟,成为当前自动并列装置发展和应用的方向,在电力系统中得以广泛的应用。本节以 SID－2V 型自动准同步装置为例,介绍微机自动准同步装置的接线、原理、技术、性能、二次线配合及使用的有关问题。

1.6.1 SID－2V 型自动准同步装置的应用范围及特点

SID－2V 型自动准同步装置是供给 1 台发电机或不超过 15 台发电机复用进行全自动差频并列的同步装置,也可用于只存在差频并列方式的输电线路检查同步自动并列。

SID－2V 型自动准同步装置的特点是:在结构上采用了全封闭式和严密的磁屏蔽措施;对输入信号采用光电或电磁隔离,并进行数字滤波;按模糊控制算法实施自动均频及均压控制,具有促成同步条件快速实现的良好控制品质;在软件上采用快速求解计算频差及其一阶、二阶导数的微分方程,实现精确的零相角差并列;建立在机组运动方程基础上理想导前合闸角的预测算法,能准确捕捉到第一次出现的同步时机,使准同步并列速度达到自同步的水平;在软件及硬件上对合闸控制采用了多重冗余闭锁,误合闸概率接近于零;装置面板提供的智能化整步表及数码显示器使运行人员能非常直观地监督并列全过程;装置内部自备可调频的工频信号源,简化了调试设备;可接受上位机以开关量形式的投入和切除命令;装置电源交直流两用。

硬件框图如图 1-19 所示。

1.6.2 软件流程

1.6.2.1 主程序

软件流程如图 1-23 所示。装置接入后 CPU 工作,先进行装置主要部件的自检。在装置过程中对全部硬件,包括微处理器、随机存储器、只读存储器、接口电路、继电器等进行自检,任何部位的故障都将在数码显示器上显示,并以继电器空接点输出报警,将闭锁合闸回路,不产生任何对外控制,以杜绝误操作。如各部件正常,则检测工作/设置开关 W/T 的状态,若检测为工作状态 W,则检测外部各并列点同步开关(或由上位机控制的继电器)送来的并列点选择信号。如果无并列点选择信号或选择信号多于一个,则显示器显示出错信号并报警。若检测到一个特定的并列点信号,则打开定时中断程序,装置进入同步工作状态。

在自检后检测到 W/T 开关在参数设置的“T”状态,则程序转向查整定参数的 KG、KP 按键状态。KG 键每闭合一次,就自动调出下一个待整定参数。KP 键每闭合一次,就将待整定参数值增加一个分度(即步距)值。

1.6.2.2 定时中断子程序说明

由于同步装置在并列过程中必须在准同步的三个条件中压差及频差达到允许值时才能去捕捉相角差为零的时机,因此装置需要及时地检测压差及频差,尽管在某时刻压差及

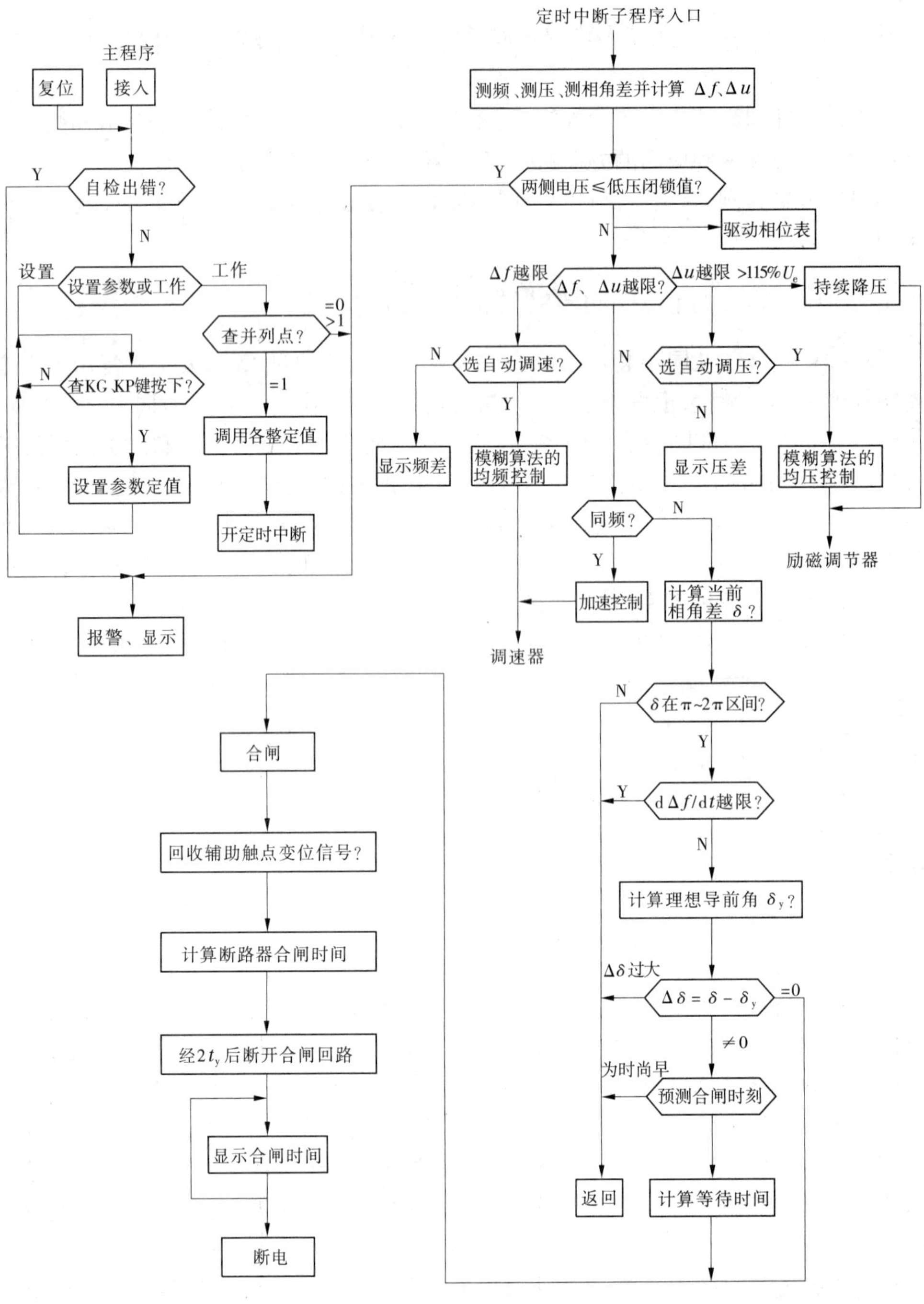

图 1-23　软件流程图

频差已满足要求，程序已进入重新检测压差及频差，以确保在三个条件都同时满足时才进行并列操作。所以，同步装置的并列程序采用定时中断的方式进行。

程序的起始部分是根据外部输入 TV 信号经变换后提取频差、压差及相角差的信息，进而计算出 Δf、ΔU 及 δ。如果发电机侧或系统侧的 TV 二次电压低于整定的低压闭锁值，表明可能是 TV 二次断线或熔断器熔断，或 TV 一次电压本身就很低，这都不适于发电机并列，因此装置将报警并停止执行并列程序。若并列点两侧的 TV 二次电压均高于整定的低压闭锁值，则装置面板上由软件驱动的相位表将按滑差角频率旋转，且程序进入检查 Δf 和 ΔU 是否越限程序段。如任一项或二项越限，且整定时已选择了需要同步装置具备自动调压和自动调频功能，则装置将依据原整定的均压控制系数和均频控制系数按模糊控制算法进行调压和调频。如未选择自动调压和调频，则装置只显示压差及频差的越限提示符，而不进行调压和调频。如 Δf 及 ΔU 均在允许值范围内，程序下一步将检查断路器两侧是否同频（$\Delta f \leqslant 0.05$ Hz），如出现同频，装置将自动发出加速控制命令，使待并发电机加速，以破坏同频的僵持状态，促成同步条件的出现，因同频而引起的加速控制与选择自动调频无关。在 Δf、ΔU 均满足要求后程序准备进入并列阶段，测量当前的相角差 δ，如 δ 处在 $0 \sim \pi$ 区间，则不存在并列机会，直到 δ 进入 $\pi \sim 2\pi$ 区间，就开始检查频差变化率是否越限，如未越限，程序进行理想导前角 δ_y 的计算，并不断查看当前相角差 δ 是否与 δ_y 一致，如出现 $\delta = \delta_y$，即 $\Delta\delta = \delta - \delta_y = 0$ 时，可发出合闸命令，确保在 $\delta = 0°$ 时断路器主触头闭合。如 $\Delta\delta \neq 0$，则进行合闸时机的预测，当预测的时刻到来即发出命令实行并列。这样就能确保捕捉到第一次出现的合闸机会，使并列速度达到极值。发出合闸脉冲后，装置将进行合闸回路的动作时间计算并显示。

从软件流程中可看出，SID－2V 型自动准同步装置主要解决了如下问题：

（1）确保在相角差 $\delta = 0°$ 时并网。采取的措施是：精确掌握发电机组在并网前的运动规律，精确掌握并列断路器的合闸时间。

（2）确保捕获第一次出现 $\delta = 0°$ 的时机。采取的措施是：利用理想合闸角的预测算法，使计算机的离散计算方式能获取连续运算的结果。

（3）快速、平稳的均压和均频控制。采取的措施是：使用模糊控制理论以偏差的绝对值及变化率为变量，进行高速运算获取适应被控对象工况的控制量。

（4）高可靠性。采取的措施是：软件的多重闭锁和硬件超常的冗余设计。

1.6.3 装置的二次接线图

图 1-24 所示为 SID－2V 型自动准同步装置用于发电厂的一个典型的同步二次接线图，分为交流回路和操作控制回路两个部分。SID－2V 型自动准同步装置的全部对外引线都是由背板的 5 个不同型号的航空插座引出的，这样可以避免插头插错和便于取下装置进行检验。插座 JK1 为装置的工作电源插座，可接入 48～220 V 的交流或直流电源；插座 JK2 为装置对外的控制继电器输出插座；插座 JK3 为并列点两侧 TV 二次电压和断路器辅助触点的输入插座；插座 JK4 为并列点选择、远方复位等开关量的输入插座；插座 JK5 为供录波用的脉振电压和合闸继电器触点的信号输出插座。

1.6.3.1 交流回路

交流回路主要是并列点断路器两侧的 TV 二次电压输入回路，两个电压可以有公共端（JK3－5 与 JK3－6 连通），也可没有。图 1-24 中的 SSA 开关可以是手动同步开关，也可以是由上位机控制的继电器组，如同步装置为多个并列点共用，则同步开关 SSA 或继电器组的数量等于并列点数量，编号为 SSA1，SSA2，…，SSA15。

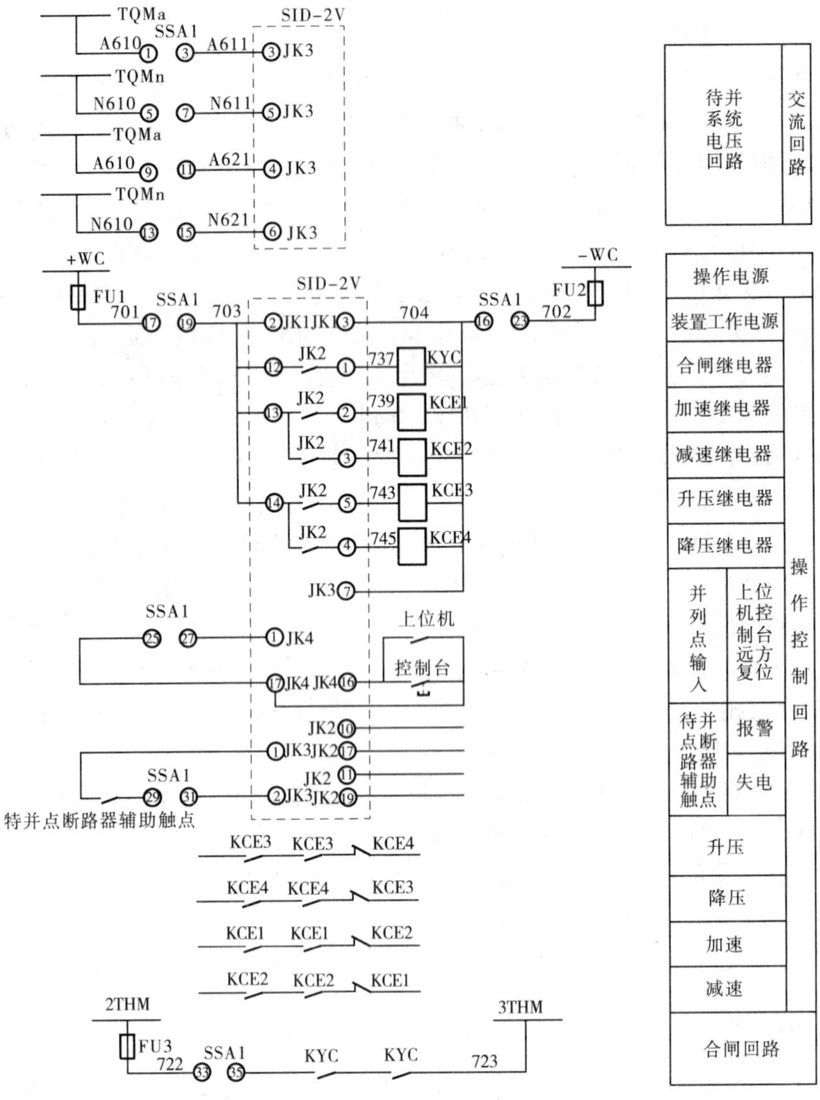

图 1-24　SID－2V 型自动准同步装置二次接线图

（对于多机型 SID－2V 控制器，此部分共有 15 个相似回路，本图只列其一）

1.6.3.2　操作控制回路

操作控制回路可分为供电回路、输出控制回路、并列点选择回路、断路器辅助触点输入回路、信号回路和上位机远方复位控制回路。

1. 供电回路

装置可使用直流或交流电源供电。图 1-24 采用直流电源供电，JK1－2 接正极，由于装置内有为外接电磁中间继电器线圈用的续流二极管，要求 JK1－3（或 JK3－7）接负极。如果装置采用交流电源，且外接中间继电器也是交流的，因不需续流二极管，就没有极性的要求。

2. 输出控制回路

装置是以小型中间继电器作为对外控制的接口，主要进行加速、减速、升压、降压、合闸等控制。小型中间继电器输出的是常开触点，一般老式调速器和励磁调节器是通过驱动电动机进行均频、均压控制的，所以有外接中间继电器的必要，见图 1-25 中的 KYC、KCE1、KCE2、KCE3、KCE4。而微机型调速器和励磁调节器则仅靠一对触点的通、断时间长短进行控制，这种情况下不需要外接中间继电器，可由同步装置直接驱动调速器和励磁调节器。但一般断路器合闸回路的驱动电流较大，需外接大容量的中间继电器。

3. 并列点选择回路及断路器辅助触点输入回路

由于 SID－2V 型自动准同步装置可供多达 15 个并列点进行自动并网用，所以在选择多机共用一台同步装置时就存在并列点的选择问题。这种选择是通过同步小母线来实现的。在同步小母线上接了同步装置的输入 TV 二次电压信号、均频控制信号、均压控制信号、合闸控制信号和装置电源。各个并列点都有一个与之对应的同步开关 SSA（或由上位机控制的继电器组），用来在该并列点实现并网操作时，将相应的 TV 二次电压、均频控制信号、均压控制信号、合闸控制信号和电源送上同步小母线，同时将并列点选择信号、断路器辅助触点信号直接送到同步装置的 JK4－1（或 JK4－2～JK4－15）、JK4－17、JK3－2。各并列点的同步开关 SSA 或继电器组在硬件及软件设计上确保在同一时刻只能有一个接通，保证了同步装置在某时段服务对象的唯一性。

断路器辅助触点是作为测量断路器合闸时间用的，由同步装置的 JK3－1、JK3－2 端子输入。在使用集中同步方式时，需要通过各并列点的同步开关将其辅助触点接入到装置中，如使用一台发电机专用一台同步装置，则可将辅助触点固定接到 JK3－1、JK3－2 上，这种测量合闸时间的方法因断路器主触头和辅助触点的不同期性会带来测量误差。

4. 信号回路

信号回路由报警继电器和失电继电器组成，它们分别由装置的 JK2－10、JK2－17 及 JK2－11、JK2－19 两对触点输出。在装置软件或硬件出现故障或不正常情况时，除在装置面板上的显示器有相应的提示外，还会引起报警继电器启动，以触发中央音响信号，同时切除同步装置的合闸回路。当装置发出报警时就进入死循环程序，只有进行服务操作后装置才可能重新启动，如故障未消除，装置再次进入报警死循环程序，这是为了避免在装置故障时引起误并网。

若装置的其他信号都已施加到装置的相应端子上，而工作电源突然中断，此时失电继电器发出失电信号。

5. 上位机远方复位控制回路

它有两个功能，一是装置发出报警后，重新复位一次，检验装置是永久性故障还是短暂突发性干扰所致；二是在装置按长期带电方式工作时，由上位机通过一个按键型开关量对装置进行复位，启动装置投入工作。复位信号由 JK4－16、JK4－17 输入，信号形式在常开触点短暂闭合后 1～2 s 释放。

1.6.4 SID－2V 型自动准同步装置的电压参数整定

SID－2V 型自动准同步装置的允许压差值及发电机过电压保护电压整定值是通过部

分硬件来完成的，这是因为装置电压定值的改变很容易实现，要求无需太精确，从而大大简化了装置的硬件电路。装置内的输入电路上方设置了4个精密多圈电位器RP1、RP2、RP3、RP4，通过如下步骤可以分步实现发电机过电压保护值、正向允许压差、负向允许压差三个定值的整定，可使用专配的SID－2DS准同步开发试验装置或两个调压器完成整定工作。

1.6.4.1 整定发电机过电压保护定值

调节输入装置的发电机电压为1.15倍额定电压，用直流电压表监视输入电路板上方的“TTV－4”测点对＋5 V电源地端的电压，然后调节电位器RP3直到电压表指示从低电平变为高电平，整定完毕。

1.6.4.2 调节发电机及系统侧TV二次电压差的基准点

由于发电机及系统侧TV二次电压不一定是100 V（或$100/\sqrt{3}$ V）时正好对应一次侧的额定电压，所以必须以对应一次侧额定电压的实际二次侧电压为基准才能整定出合理的允许压差值。为此就要找出作为整定正、负压差允许值的基准点，其办法是先将送入装置系统侧的电压调到实际TV二次侧额定值U_{Se}，再将送入装置发电机侧的电压调到实际TV二次侧额定值U_{Ge}，接着用直流电压表监视输入电路板上方的“TTV－1”与“TTV－7”两测点的电压，调节电位器RP1使该电压向减小方向变化，直到电压为零，基准点整定完毕。

1.6.4.3 整定负向允许压差

保持系统侧输入电压为额定值U_{Se}，将发电机侧电压降到80% U_{Ge}以下，然后逐步将发电机侧电压升到最低允许电压值，此值应是以发电机侧额定电压U_{Ge}为基准的百分值，如－8% U_{Ge}；再调节电位器RP2，直到数码显示器的最右一位刚好稳定地显示“U”，整定完毕。

1.6.4.4 整定正向允许压差

保持系统侧输入电压为额定值U_{Se}，将发电机侧电压升到最高允许电压值，此值应是以发电机侧额定电压U_{Ge}为基准的百分值，如＋7% U_{Ge}；然后调节电位器RP4直到数码显示器的最右两位刚好稳定地显示“－U”，整定完毕。

小 结

并列操作是指将同步发电机投入电力系统并列运行的操作，并列操作方法主要有准同步和自同步两种，准同步并列时产生的冲击电流较小，不会使系统电压降低，并列后容易拉入同步，但并列操作过程较长；自同步并列操作简单，并列速度快，但冲击电流较大。凡断路器断开后两侧均有可能存在电压差的断路器，都应视为同步点。对同步点的同步电压引入，目前常采用单相同步接线，注意同步电压取得方式，对某些同步点需要考虑电压的相位补偿问题，同步操作时可采用手动准同步和自动准同步。

考虑到实际同步发电机并列难以同时满足三个理想并列条件，即会存在电压差或频率差或相位差，所以并列瞬间有冲击电流，且影响并列后发电机进入同步运行的过程。电压的幅值差会产生无功性质的冲击电流，引起定子绕组发热和在定子端部产生冲击力矩；电压的相位差会产生有功性质的冲击电流，在发电机的大轴上产生冲击力矩；频率差产生周期性变化的冲击电流，影响发电机进入同步的过程。

自动准同步装置由合闸信号控制单元、频差控制单元、压差控制单元和电源四部分组成。模拟式自动准同步装置在原理上存在导前时间不恒定、同步操作速度慢、受元件参数变化的影响的特点，会使并列时间延长，已逐渐被微机型自动准同步装置所替代。

分析了自动准同步装置的工作原理；微机型自动准同步装置由同步电压输入回路、CPU 系统、压差鉴别、频差及相角差鉴别、开关量输入/输出回路、定值输入及显示、电源、试验装置等组成，介绍其硬件原理框图、软件原理、装置功能与特点。

以 SID－2V 型自动准同步装置为例，介绍装置硬件组成、软件流程、二次接线等。

习　题

一、填空题

1. 同步发电机并列方式有__________和__________两种，这两种并列方式的最大区别是________________。这两种并列操作方法可以是__________，也可以是__________。

2. 自动准同步装置的主要功能有____________________。

3. 自动准同步装置按合闸脉冲命令发出形式分为__________和__________两种。

4. 恒定导前时间并列装置是指待并发电机电压与运行系统电压两相量重合之前__________发出合闸信号的。

5. 恒定导前相角并列装置是指待并发电机电压与运行系统电压两相量重合之前__________发出合闸信号的。

6. 发电机采用微机准同步并列时，通过直接比较________________鉴别频差方向。

二、判断题

1. 电站里装设了自动准同步装置后，可不必再设手动准同步装置。(　　)

2. 为防止发电机在准同步并列时可能失去同步，因此并列时，频差不应超过 0.1～0.25 Hz。(　　)

3. 导前时间式自动准同步装置和导前相角式自动准同步装置在原理上都能保证准同步并列条件。(　　)

4. 当发电机电压与系统侧电压间频差很小时，将出现同步不同相的现象，为加快并列过程，应自动发减速脉冲。(　　)

5. 为使发电机并列时不产生过大的冲击电流，应在功角接近于 0°时将断路器主触头接通，通常控制功角不大于 20°时就认为符合要求了。(　　)

6. 为防止非同步并列，应装设同步装置及非同步闭锁回路。(　　)

7. 自动准同步装置调速脉冲应作用于机组调速器，其宽度应与机组调速器特性配合。

(　　)

8. 不论手动或自动准同步，都应考虑合闸脉冲在待并系统电压与运行系统电压重合之前一个适当的时间发出。(　　)

9. 自动准同步装置的合闸部分是在频差满足要求时导前一个时间发出合闸脉冲。(　　)

三、选择题

1. 自同步并列操作的合闸条件是(　　)。

(A)发电机已加励磁，接近同步转速　　(B)发电机未加励磁，接近同步转速

(C)发电机已加励磁，任意转速　　(D)发电机未加励磁，任意转速

2. 准同步并列就是发电机在并列前________，当________时，将发电机断路器合闸完成并列操作。(　　)

(A)未加励磁，发电机电压与并列点系统侧电压的幅值、频率、相位接近相等

(B)未加励磁，发电机转速接近同步转速

(C)已加励磁，发电机电压与并列点系统侧电压的幅值、频率、相位接近相等

(D)已加励磁，发电机转速接近同步转速

3. 同步并列点待并发电机的电压与电力系统的电压基本相等，其误差不应超过(　　)额定电压。

(A)2% ~5%　　(B)5% ~10%　　(C)10% ~15%　　(D)15% ~20%

4. 同步并列点待并发电机与电力系统的频率差值要求不超过(　　)Hz。

(A)0.2 ~0.5　　(B) 0.1 ~0.25　　(C) 0.1 ~0.25　　(D) 0.2 ~0.25

5. 手动准同步并列操作时，若同步表指针在零位不稳定地来回晃动，(　　)。

(A)不能进行并列合闸　　(B)应立即进行并列合闸

(C)应慎重进行并列合闸　　(D)可手动合闸

6. 因为线性整步电压________，所以可以通过直接比较发电机电压和系统侧电压________。(　　)

(A)不含有电压差的信息；幅值完成压差检查

(B)含有电压差的信息；幅值完成压差检查

(C)不含有频率差的信息；频率完成频率差检查

(D)含有频率差的信息；频率完成频率差检查

7. 发电机准同步并列后立即带上了无功负荷(向系统发出无功功率)，说明合闸瞬间发电机与系统之间存在(　　)。

(A)电压幅值差，且发电机电压高于系统电压

(B)电压幅值差，且发电机电压低于系统电压

(C)电压相位差，且发电机电压超前系统电压

(D)电压相位差，且发电机电压滞后系统电压

8. 发电机并列后立即从系统吸收有功负荷，说明合闸瞬间发电机与系统之间存在(　　)。

(A)电压幅值差，且发电机电压高于系统电压

(B)电压幅值差，且发电机电压低于系统电压

(C)电压相位差，且发电机电压超前系统电压

(D)电压相位差，且发电机电压滞后系统电压

9. 发电机准同步并列后，经过了一定时间的振荡后才进入同步状态运行，这是由于合闸瞬间(　　)造成的。

(A)发电机与系统之间存在电压幅值差　(B)发电机与系统之间存在频率差

(C)发电机与系统之间存在电压相位差　(D)发电机的冲击电流超过了允许值

四、问答题

1. 电力系统中，同步发电机并列操作应满足什么要求？为什么？

2. 电力系统中，同步发电机并列操作可以采用什么方法？

3. 什么是同步发电机准同步并列？有什么特点？适用什么场合？为什么？

4. 什么是同步发电机自同步并列？有什么特点？适用什么场合？为什么？

5. 在发电厂，哪些断路器可以作为同步点？

6. 自动准同步装置一般由哪几部分组成？各部分的主要作用是什么？

7. 微机自动准同步装置是如何检查频差大小的？

8. 对于微机自动准同步装置，鉴别频差方向用什么方法？试说明其工作原理。

9. 对于微机自动准同步装置，鉴别压差方向用什么方法？试说明其工作原理。

10. 简述微机型自动准装置的优点。

第2章　备用电源自动投入装置

教学要求

了解备用电源自动投入装置的作用和要求，掌握备用电源自动投入装置的一次接线方案，了解微机型AAT装置的工作原理及AAT参数整定。

2.1　备用电源自动投入装置的作用和要求

2.1.1　备用电源自动投入装置的含义和作用

在现代电力系统中、有些情况下，为了节省设备投资、简化电力网的接线及继电保护装置的配置方式，在较低电压等级的电力网（如10～35 kV电网）中或在较高电压等级的电力网（如110 kV电网）中的非主干线，以及在大多数用户的供电系统中，常常采用辐射形网络供电。当某母线或线路供电电源中断时，与其连接的用户和用电设备将失去电源，使正常供电受到破坏，给生产和生活造成不同程度的影响或损失。为了保证用户的连续供电，可采用备用电源自动投入装置。

备用电源自动投入装置是指当工作电源因故障被断开后，能迅速地、自动地将备用电源投入或将用电设备自动切换到备用电源上去，使用户不至于停电的一种自动装置，简称AAT装置。一般在下列情况下应装设AAT装置：

（1）发电厂的厂用电和变电所的所用电。

（2）由双电源供电的变电所和配电所，其中一个电源作为备用电源。

（3）降压变电所内装有备用变压器或互为备用的母线段。

（4）生产过程中某些重要的备用机组。

在电力系统中，不少重要的用户是不允许停电的。因此，常设置两个及以上的独立电源供电，一个工作，另一个备用，或互为备用。

当工作电源消失时，备用电源的投入，可以用手动操作，也可用AAT装置自动操作。手动操作动作较慢，中断供电时间较长，对正常生产有很大影响，故手动投入备用电源不能满足要求。采用AAT装置自动投入，中断供电时间只是自动装置的动作时间，时间很短，对生产无明显影响，故AAT装置可大大提高供电的可靠性。

由于AAT装置结构简单，造价便宜，能较好地提高供电的可靠性，因此在变配电所中得到了广泛应用。

2.1.2　AAT装置的备用方式

AAT装置从其电源备用方式上可分明备用和暗备用两种方式。图2-1（a）中，变压器

T1 和 T2 处于正常工作状态时，断路器 QF1、QF2、QF6、QF7 处于合闸位置，分别向Ⅰ段母线和Ⅱ段母线供电；变压器 T3 处于备用状态，断路器 QF3、QF4、QF5 断开。当 T1 或 T2 发生故障时，变压器保护将其两侧断路器断开，然后由 AAT 装置动作，将 T3 迅速投入合闸，母线恢复供电。这种接线称为"明备用"。

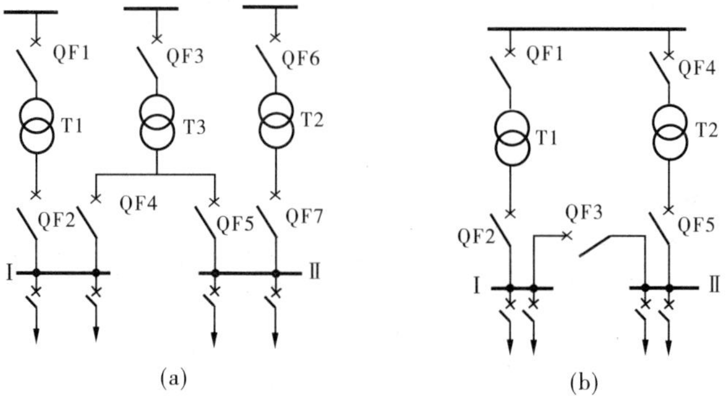

图 2-1　应用 AAT 装置的一次接线示意图

图 2-1(b)中，在正常运行时，断路器 QF1、QF2、QF4、QF5 处于合闸位置，变压器 T1 和 T2 分别向Ⅰ、Ⅱ段母线供电，分段断路器 QF3 断开，母线分段运行。当变压器 T1 故障由保护断开后，由 AAT 装置自动将 QF3 投入，Ⅰ段母线的负荷转移到由 T2 供电；同理，变压器 T2 故障由保护切除后，Ⅱ段母线负荷转移到由 T1 供电。这种靠分段断路器 QF3 取得互为备用的方式称为"暗备用"。

由分析可知，AAT 装置的采用是一种安全、经济的措施。采用 AAT 装置后，有如下优点：

(1)提高供电的可靠性，节省建设投资。

(2)简化继电保护装置。因采用 AAT 装置后，环形网络可以开环运行、变压器可以分裂运行，保护就可以采用比较简单的保护，因此继电保护装置得到简化。

(3)限制短路电流，提高母线残余电压。如图 2-1(b)所示，变压器分裂运行后，将使短路电流受到一定的限制，出线可不装电抗器，既节省投资，又使运行、维护更加方便。

2.1.3　对 AAT 装置的基本要求

(1)工作母线突然失去电源时 AAT 装置应能动作。

工作母线突然失压的主要原因有：工作变压器发生故障，保护将故障变压器切除；接在工作母线上的引出线发生故障，由变压器后备保护切除故障，造成工作变压器断开；工作母线故障；工作电源断路器操作回路故障，将电源断开；工作电源突然停止供电；误操作造成工作变压器退出运行。这些原因都应使 AAT 装置动作，使备用电源迅速投入，恢复供电。

(2)工作电源断开后，备用电源才投入。

其主要的目的是提高备用电源自动投入装置的动作成功率。若故障点未被切除，就投入备用电源，实际上就是将备用电源投入到故障的元件上，将造成事故的扩大。

(3)AAT 装置应保证只能动作一次。

当工作母线发生永久性短路故障时,AAT 装置第一次动作将备用电源投入后,由于故障仍然存在,保护动作,将备用电源断开。若再次将备用电源投入,将对系统造成不必要的冲击,同时还可能造成事故的扩大。

(4) AAT 装置的动作时间以尽可能短为原则。

从工作母线失去电压到备用电源投入为止,其工作母线上有一段停电时间,这段时间为中断供电时间。停电时间愈短,电动机愈容易自启动,对于一般用户影响也小一些,甚至没有影响。

但中断供电时间过短,电动机的残压可能很高,当 AAT 装置动作使备用电源投入时,如果备用电源电压和电动机残压之间的相角差又较大,将会产生很大的冲击电流而造成电动机的损坏。为了减少冲击电流的影响,可采取在母线残压降到较低的数值时,再投入备用电源。而高压大容量电动机因其残压衰减慢,幅值又大,因此其工作母线中断电压的时间应在 1 s 以上。运行实践证明,AAT 装置的动作时间以 1 ~1.5 s 为宜,低电压场合可减小到 0.5 s。

(5) 手动断开工作电源时,备用电源自动投入装置不应动作。

(6) 应具有闭锁备用电源自动投入装置的功能。

设立备用电源自投闭锁功能的目的是防止备用电源投入到故障元件上,造成事故扩大的严重后果。

(7) 备用电源不满足有电压条件,备用电源自投装置不应动作。

(8) 工作母线失去电压还应检查工作电源有无电流,防止电压互感器二次断线造成误动。

2.2 备用电源自动投入的一次接线方案

备用电源自动投入装置主要用于 110 kV 以下的中低压配电系统中,因此备用电源自动投入装置的接线方案是根据发电厂、厂用电及中低压变电所主要一次接线方案设计的。

2.2.1 低压母线分段断路器自投方案

低压母线分段断路器自投方案的主接线如图 2-2 所示。

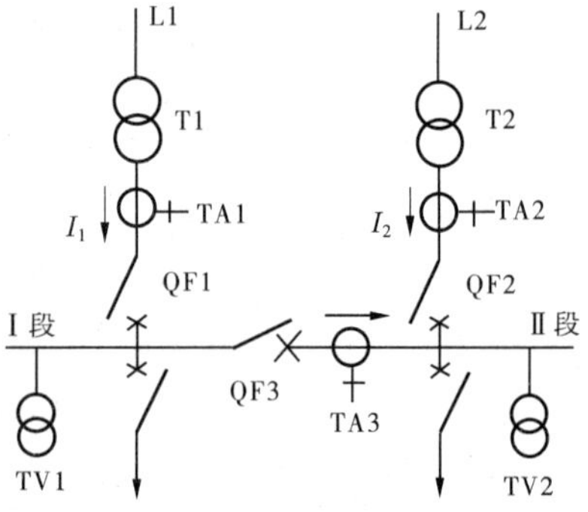

图 2-2 低压母线分段断路器自投方案的主接线

由图 2-2 可知,当主变 T1、T2 同时运行,而分段断路器 QF3 断开时,一次系统中 T1 和 T2 互为备用电源,此方案称为暗备用接线方案。

主变 T1 故障,保护跳开 QF1,或者主变 T1 高压侧失压,都会引起Ⅰ段母线失压,I_1 无电流且Ⅱ段母线有电压,即断开 QF1,合上 QF3。Ⅰ段、Ⅱ段母线上的负荷由主变 T2 供电。自投条件是Ⅰ段母线失去电压,I_1 无电流、Ⅱ段母线有电压、QF1 确已断开。与常规电磁型备用电源自动投入装置相比,多了一

项检查 I_1 无流条件，其目的是防止Ⅰ段母线电压互感器 TV1 断线而引起备用电源自投的误动作。

同样的道理，当发生主变 T2 故障等相类似的原因，Ⅱ段母线失去电压、I_2 无电流且Ⅰ段母线有电压时，即断开 QF2，合上 QF3。自投条件是Ⅱ段母线失去电压，I_2 无电流且Ⅰ段母线有电压，QF2 确已断开。

2.2.2 内桥断路器的自投方案

内桥断路器自投方案的主接线图如图 2-3 所示。

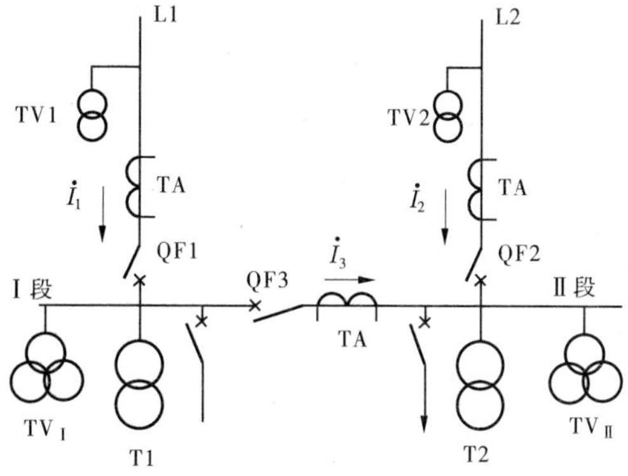

图 2-3 内桥断路器自投方案的主接线图

由图 2-3 可知，当 L1 进线带Ⅰ、Ⅱ段运行，即 QF1、QF3 在合闸位置，QF2 在分闸位置时，线路 L2 是备用电源。若 L2 进线带Ⅰ、Ⅱ段运行，即 QF2、QF3 在合闸位置，QF1 在分闸位置时，线路 L1 是备用电源。显然此两种运行方式都有一个共同的特点，一回线路运行，另一回线路作为备用，称此运行方式为明备用接线方案。

L1 为运行状态、L2 为备用状态的自投条件是：Ⅰ段母线失去电压，I_1 无电流，L2 线路有电压，QF1 确已断开时合 QF2。

L2 为运行状态、L1 为备用状态的自投条件是：Ⅱ段母线失去电压，I_2 无电流，L1 线路有电压，QF2 确已断开时合 QF1。

如果两段母线分列运行，即 QF3 在分闸位置，而 QF1、QF2 在合闸位置，此时 L1 和 L2 成为互为备用电源，显然是暗备用接线方案。此种暗备用方案与低压母线分段断路器自投方案及其运行方式完全相同。

2.2.3 线路备用电源自投方案

线路备用电源自投方案接线如图 2-4 所示。一般在农网配电系统、小型化变电所或在厂用电系统中使用。

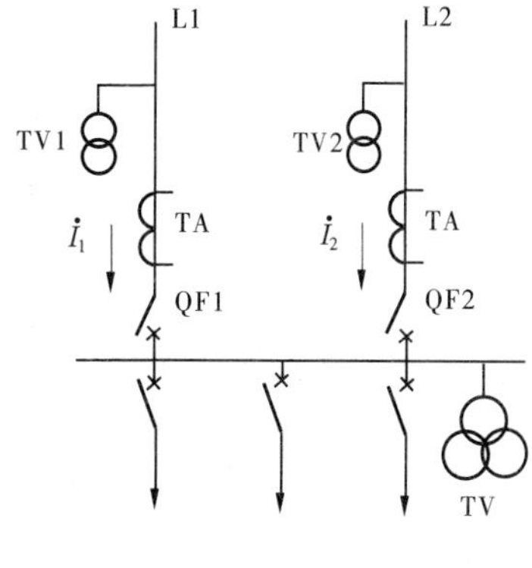

图 2-4 线路备用电源自投方案接线图

图 2-4 所示的备用电源自投方案接线是明备用

方案接线。L1 和 L2 中只有一个断路器在合闸位置，另一个在分闸位置，因此当母线失压，备用线路有电压，并 I_1（或 I_2）无电流时，即可断开 QF1（或 QF2），合上 QF2（或 QF1）。该明备用方案的自投条件类似于内桥断路器自投方案中的明备用方案。即母线无电压，线路 L2 有电压，I_1 无电流，QF1 确已断开，合上 QF2；或者母线无电压，线路 L1 有电压，I_2 无电流，QF2 确已断开，合上 QF1。

2.3 微机型 AAT 装置

微机型 AAT 装置不但重量轻、可靠性高，而且能够根据设定的运行方式自动识别现行运行方案、选择自投方式。自动投入过程还带有过流保护和加速功能及自投后过负荷联切功能。

2.3.1 微机型 AAT 装置的硬件结构

微机型 AAT 装置的硬件结构如图 2-5 所示，装置的输入模拟量包括母线 Ⅰ、Ⅱ 的三相电压幅值、频率和相位，母线 Ⅰ、Ⅱ 的进线电流。模拟量通过隔离变换后经滤波整形，进入 A/D 模数转换器，再送入 CPU 模块。

由于微机型 AAT 装置的功能并不复杂，采样、逻辑功能及人机接口由同一个 CPU 完成。同时装置对采样速度要求不高，因此硬件中 A/D 模数转换器可以不采用 VFC 类型，宜采用普通的 A/D 模数转换器。开关量输入、输出仍要求经光隔处理，以提高抗干扰能力。

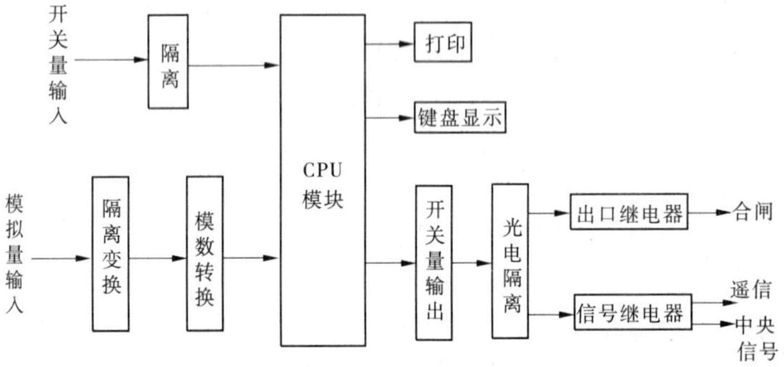

图 2-5 微机型备用电源自动投入装置硬件结构

2.3.2 微机型 AAT 装置软件原理

微机型 AAT 装置软件逻辑框图如图 2-6 所示。下面对图 2-1(b) 暗备用方式进行分析。正常时母线 Ⅰ、Ⅱ 分开运行，QF3 断开。

2.3.2.1 装置的启动方式

方式一：由图 2-6(a) 分析可知，当 QF2 在跳闸状态，并满足母线 Ⅰ 进线无电流，母线 Ⅱ 有电压的条件时，Y4 动作，H2 动作。在满足 Y3 另一输入条件时合上 QF3，此时 QF2 处于跳闸位置，而其控制开关仍处于合闸位置，即当二者不对应时就启动备用电源自动投入装置,这种方式为装置的主要启动方式。

方式二:当电力系统侧各种故障导致工作母线Ⅰ失去电压(如系统侧故障,保护动作使QF1跳闸),此时分析图2-6(b)可知,在满足母线Ⅰ进线无电流,母线Ⅱ有电压的条件时,Y6动作,经过延时,跳开QF2,再由方式一启动备用电源自动投入装置,使QF3合闸。这种方式可看作是对方式一的辅助。

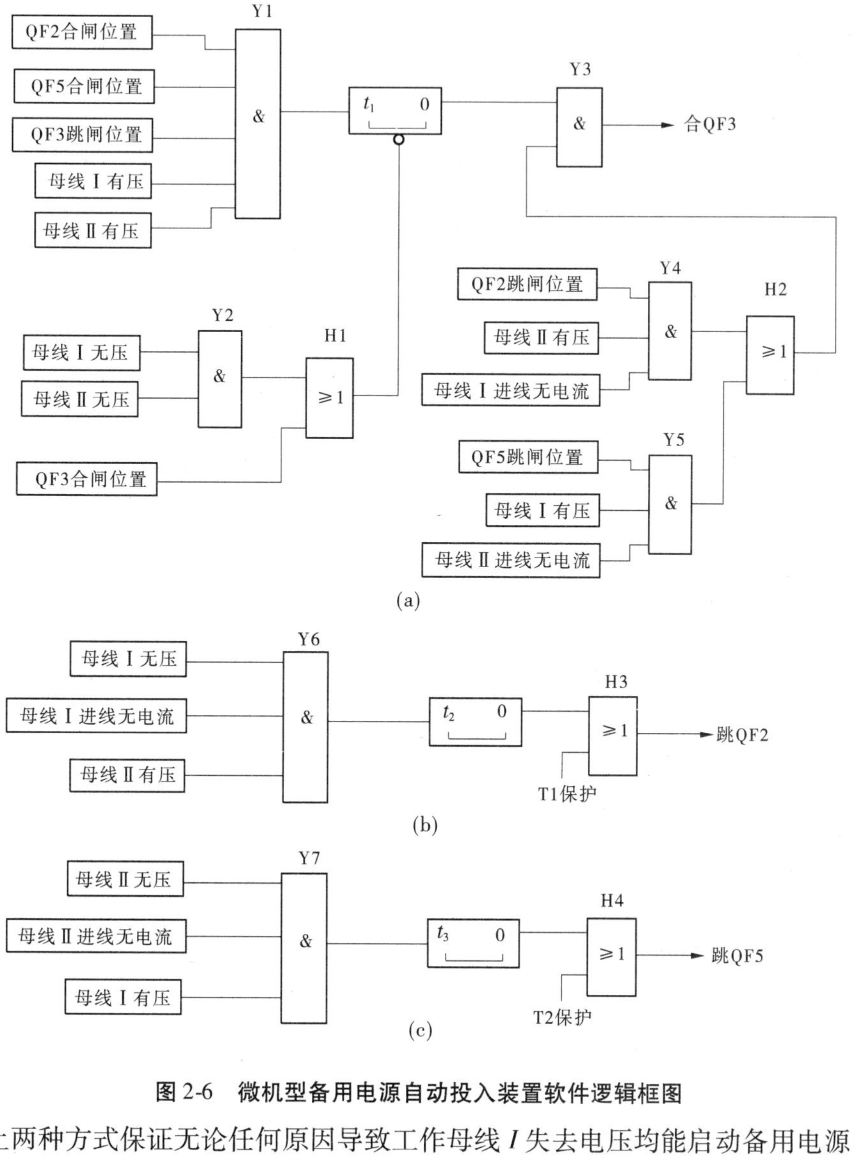

图2-6　微机型备用电源自动投入装置软件逻辑框图

以上两种方式保证无论任何原因导致工作母线Ⅰ失去电压均能启动备用电源自动投入装置,并且保证QF2跳闸后QF3才合闸的顺序,并且从图2-6的逻辑框图中可知,工作母线Ⅰ与备用母线Ⅱ同时失去电压时,装置不会动作;备用母线Ⅱ无电压,装置同样不会动作。

2.3.2.2　AAT装置的闭锁

微机型AAT装置的逻辑回路中设计了类似于电容的“充、放电”过程,在图2-6(a)中

以时间元件 t_1 表示“充、放电”过程，只有在充电完成后，装置才进入工作状态，Y3 才有可能动作。其“充、放电”过程分析如下。

“充电”过程：从图 2-6 (a) 中看到，当满足 QF2、QF5 在合闸状态，QF3 在跳闸状态，工作母线Ⅰ有电压，备用母线Ⅱ也有电压，并且无装置的“放电”信号时，则 Y1 动作，使 t_1“充电”，经过 10～15 s 的充电过程，为 Y3 的动作做好了准备。一旦 Y3 的另一输入信号满足条件，装置即动作，合上 QF3。

“放电”过程：当满足 QF3 在合闸状态或者工作母线Ⅰ及备用母线Ⅱ无电压，则 t_1 瞬时“放电”，Y3 不能动作，即闭锁装置。

2.3.2.3 合闸于故障母线上

当 AAT 装置动作，QF3 合闸后，t_1 瞬时“放电”，若合闸于故障母线上，则 QF3 的继电保护加速动作，使 QF3 立即跳闸，此时工作母线Ⅰ无电压，t_1 不能“充电”，装置不能动作，保证了装置只动作一次。

微机型 AAT 装置能完全满足对备用电源自动投入装置的基本要求。

2.4 AAT 参数整定

整定的参数有低电压元件动作值、过电压元件动作值、AAT 充电时间、AAT 动作时间、低电流元件动作值、合闸加速保护时间。

2.4.1 低电压元件动作值的整定

低电压元件用于监视工作母线失压，当工作母线失压时应能可靠动作。所以，低电压元件的动作电压应低于工作母线出现短路故障切除后电动机自启动时的最低母线电压；工作母线（包括上一级母线）上的电抗器或变压器后发生短路时，低电压元件不应动作。

考虑上述两种情况，低电压元件动作值取额定工作电压的 25%。

2.4.2 过电压元件动作值的整定

过电压元件动作用来检测备用母线是否有电压的情况。在图 2-1 (a) 中，当正常运行，工作母线和备用母线在最低工作电压时，过电压元件应保持动作状态，因此过电压元件动作电压为

$$U_{op} = \frac{U_{min}}{n_T K_{rel} K_{re}} \tag{2-1}$$

式中 n_T——电压互感器变比；

K_{rel}——可靠系数，取 1.2；

K_{re}——返回系数，取 0.9。

一般过电压元件动作电压 U_{op} 应不低于额定电压的 70%。

2.4.3 AAT 充电时间的整定

图 2-1 (b) 以 T1、T2 分开、QF3 断开方式运行，当备用电源动作于故障上时，则由设在

QF3 上的加速保护将 QF3 跳闸。如果故障为瞬时性的,则可立即恢复原有备用方式,为保证断路器切断能力的恢复,AAT 的充电时间应不小于断路器第二个“合闸→跳闸”间的时间间隔,一般间隔时间取 10 ~ 15 s。

2.4.4 AAT 动作时间的整定

AAT 动作时间是指由于电力系统内的故障使工作母线失压,跳开工作母线受电侧断路器的延时时间。

因为网络中短路故障时低电压元件可能动作,显然此时 AAT 不能动作,所以设置延时是保证 AAT 动作选择性的重要措施。AAT 的动作时间 t_{op} 为

$$t_{op} = t_{max} + \Delta t \tag{2-2}$$

式中 t_{max}——工作母线上各元件继电保护动作时限的最大者;

Δt——时限级差,取 0.4 s。

2.4.5 低电流元件动作值的整定

设置低电流元件用来防止电压互感器二次回路断线时 AAT 误启动,同时兼作断路器跳闸的辅助判据。低电流元件动作值可取电流互感器二次额定电流的 8%(如 TA 二次额定电流为 5 A,低电流元件动作值为 0.4 A)。

2.4.6 合闸加速保护时间的整定

合闸加速保护电流元件的动作值应保证该母线上短路故障时不低于 1.5 的灵敏度;当加速保护有复合电压启动时,负序电压可取 7 V(相电压)、正序电压可取 50 ~60 V(在上述短路点故障灵敏度不低于 2.0);加速时间取 3 s。

小　结

备用电源自动投入装置是指当失去工作电源后,能迅速、自动地将备用电源投入或将用电设备自动切换到备用电源上的装置。本章主要介绍了备用电源自动投入装置的作用及基本要求,分析了微机型 AAT 装置的基本原理、装置中各元件动作参数的整定方法。

备用电源自动投入装置结构简单,成本费用低,但可以大大提高供电的可靠性,被广泛应用于发电厂厂用电系统及厂矿企业的变、配电所的所用电系统中。

习　题

一、填空题

1. 备用电源自动投入装置允许动作次数为__________。

2. 备用电源自动投入接线方式有__________和__________。

3. 备用电源自动投入装置为提高 AAT 动作成功率,应保证工作电源____________,

备用电源__________。

4. 采用 AAT 装置后，可提高______可靠性，可简化__________和____________。

5. 在正常情况下，一路电源工作，另一路电源断开备用，当工作电源因故断开时，备用电源投入工作，这种备用方式称为________________。

6. 正常情况下，两个电源同时工作，当任一个电源因故断开时，由另一个电源带全部负荷，这种备用方式称为 ______________。

二、判断题

1. AAT 装置采用两只低压元件目的是防止 TV 熔断器熔断时引起装置误动。(　　)

2. 为防止电力系统事故时工作母线和备用母线同时失压造成 AAT 动作，AAT 装置采用过压元件。(　　)

3. 要保证工作电源断开后 AAT 装置才动作，备用电源的断路器合闸部分应由供电元件受电侧断路器的常闭触点启动。(　　)

4. 要实现工作母线上的电压不论因任何原因消失时 AAT 装置都应动作，则 AAT 装置可装设独立的低电压启动部分。(　　)

5. 为了使用户的停电时间尽可能短，备用电源自动投入装置可以不带时限。(　　)

三、选择题

1. AAT 装置低电压继电器的动作电压一般整定为(　　)可满足要求。

(A)额定工作电压的 25%　　(B)额定工作电压的 50%

(C)额定工作电压的 70%　　(D)应不低于额定工作电压的 70%

2. AAT 装置过电压继电器的动作电压一般整定为(　　)可满足要求。

(A)额定工作电压的 25%　　(B)额定工作电压的 50%

(C)额定工作电压的 70%　　(D)应不低于额定工作电压的 70%

3. AAT 装置的动作时间为(　　)。

(A)以 1 ~1.5 s 为宜　　(B)0 s

(C)较长时限　　(D)5 s

4. 停用 AAT 装置时应(　　)。

(A)先停交流，后停直流　　(B)先停直流，后停交流

(C)交直流同时停

5. 应用 AAT 装置的明备用接线方式是指正常时(　　)。

(A)有接通的备用电源或备用设备　　(B)有断开的备用电源或备用设备

(C)有断开的工作电源或工作设备　　(D)没有断开的工作电源或工作设备

6. 应用 AAT 装置的暗备用接线方式是指(　　)。

(A)正常工作时有接通的备用电源或备用设备

(B)正常工作时有断开的备用电源或备用设备

(C)正常工作在分段母线状态，靠分段断路器取得相互备用

(D)正常工作在分段断路器合闸状态，取得备用

7.“AAT 装置应保证只动作一次”是为了(　　)。

(A)防止工作电源或设备多次遭受故障冲击

(B)防止备用电源或设备提前投入

(C)防止备用电源或设备多次遭受故障冲击

(D)防止工作电源或设备无法断开

四、问答题

1. 备用电源自动投入装置有什么用途?
2. 对 AAT 装置有哪些基本要求?
3. 备用电源失电时为何闭锁 AAT 装置?
4. AAT 装置为何只能动作一次?
5. AAT 装置由哪两部分组成? 各有什么作用?
6. AAT 装置参数整定需要考虑哪些因素?
7. 结合图 2-6 分析微机型备用电源自动投入装置的动作过程。

第 3 章　输电线路自动重合闸

教学要求

了解自动重合闸装置的作用和要求;掌握单侧电源线路的三相一次重合闸的接线及工作原理、双侧电源线路自动重合闸应考虑的问题、无电压检定和同步检定的三相自动重合闸的工作原理;了解继电保护与自动重合闸的配合工作方式;了解综合重合闸的特殊问题、构成原则、要求;了解重合器与分段器的功能特点。

3.1　自动重合闸装置的作用和要求

3.1.1　自动重合闸装置作用

在电力系统中,由于输电线路最容易发生故障,所以想办法提高输电线路供电的可靠性是非常重要的,而自动重合闸正是提高输电线路供电可靠性的一种装置。

输电线路的故障可分为瞬时性故障和永久性故障两种。在输电线路的故障中,约有90%以上的故障是瞬时性故障。这些瞬时性故障多数由雷电引起的绝缘子表面闪络、线路对树枝放电、大风引起的碰线、鸟害和树枝等物掉落在导线上以及绝缘子表面污染等原因引起。这类故障由继电保护动作断开电源后,故障点的绝缘水平可自行恢复,故障随即消失,此时,如果重新合上线路断路器,就能恢复正常供电。而永久性故障,如线路倒杆、断线、绝缘子击穿或损坏等,在故障线路电源被断开后,故障点的绝缘强度不能恢复,故障仍然存在,即使重新合上线路断路器,也会被继电保护装置再次断开。由于输电线路的故障大多是瞬时性故障,因此,若线路因故障被断开之后再进行一次重合,其恢复供电的成功可能性是相当大的。自动重合闸装置就是指输电线路在发生故障而使被跳闸的断路器自动、迅速地重新自动投入的一种自动装置,简称 AAR 装置。

运行资料统计表明,输电线路 AAR 装置的动作成功率一般可达 70% ~90% 。可见,采用自动重合闸装置来提高供电可靠性的效果是很明显的。

自动重合闸装置在电力系统中的主要作用如下:

(1)提高输电线路供电可靠性,减少因瞬时性故障停电所造成的损失。

(2)提高电力系统并列运行的稳定性,从而提高线路的输送容量。

多个电力系统并列运行,在系统之间的联络线事故跳闸后,各系统都可能出现功率不平衡。对功率不足的系统,则系统频率和电压将严重下降;对功率过剩的系统,系统频率和电压将剧烈上升。如果采用 AAR 装置,在转子位置角还未拉得很大时将线路重合成功,则整个系统将迅速恢复同步,保持稳定运行。

(3)加快事故处理后电力系统电压恢复速度。

自动重合闸过程中断供电时间很短,因为从输电线路发生事故后,断路器跳闸到重合闸重合成功,整个循环过程只需要几秒,电动机还没有完全制动,电压就已恢复,此时电动机自启动时的自启动电流要比直接启动时电流小得多,有利于系统电压的恢复。

(4)弥补输电线路耐雷水平降低的影响。

在电力系统中,10 kV 线路一般不装设避雷线,35 kV 线路一般只在进线段 1 ~ 2 km 范围内装设避雷线,线路耐雷水平较低。为了减少架空输电线路因雷电过电压造成的停电次数,各电压等级的输电线路应尽可能采用 AAR 装置。

(5)对断路器的误跳闸能起纠正作用。

由于断路器操作机构不良、继电保护误动等原因引起断路器跳闸,AAR 装置使断路器迅速重新投入,对这种误动作引起的跳闸能起纠正作用。

由于 AAR 装置本身的投资很低,带来的效益可观,而且装置本身结构简单、工作可靠,因此在电力系统中得到了广泛的应用。规程规定:“1 kV 及以上的架空线路和电缆与架空混合线路,在具有断路器的条件下,应装设 AAR 装置;旁路断路器和兼作旁路的母线断路器或分段断路器,宜装设 AAR 装置;低压侧不带电源的降压变压器,应装设 AAR 装置;必要时,母线可采用母线 AAR 装置。”

在采用重合闸以后,当重合于永久性故障时,也将带来一些不利的影响,如:

(1)使电力系统又一次受到故障的冲击,可能引起电力系统振荡。

(2)使断路器工作条件恶化,这是因为在很短时间内断路器要连续两次切断短路电流。

对于断路器的开断电流,就空气断路器而言,在重合闸过程中可认为不受影响。但在短路容量比较大的电力系统中,上述不利条件往往限制了重合闸的使用。

3.1.2 自动重合闸装置的类型

(1)按其构成原理分,可分为机械式 AAR、电气式 AAR 两种。

机械式 AAR 主要有重合跌落保险、重锤或弹簧机械式自动重合闸;电气式 AAR 一般由电磁型继电器与阻容元件构成。

(2)按其应用的线路结构分,分为单侧电源线路 AAR、双侧电源线路 AAR。

对于双侧电源线路的三相自动重合闸,按不同的重合闸方式,又可分为三相快速 AAR、非同步 AAR、无压检定和同步检定的 AAR、检查平行线路有电流的 AAR、解列 AAR 和自同步 AAR。

(3)按其功能分,可分为三相 AAR、单相 AAR 和综合 AAR 三种。

三相 AAR 是指线路上发生单相短路或相间短路时,继电保护装置均将线路三相断路器断开,然后启动自动重合闸同时合三相断路器的装置。若故障为瞬时性的,则重合闸成功;否则保护再次动作,跳三相断路器。

单相 AAR 是指线路上发生单相接地故障时,保护动作只断开故障相的断路器,然后进行单相重合的装置。如果故障是瞬时性的,则重合闸后,便可恢复三相供电;如果故障是永久性的,而系统又不允许长期非全相运行,则重合后加速保护动作,使三相断路器跳闸,不再进行重合。如果线路上发生相间故障,单相 AAR 一般都跳三相断路器,不进行重合。单相 AAR 只限用于 220 kV 及以上装有分相操作机构的断路器的输电线路。

综合 AAR 是指线路上发生单相接地故障时，断开故障相的断路器，进行一次单相重合的装置。若为永久性故障，则断开三相断路器，不再重合。当线路上发生相间短路时，断开三相断路器，进行一次三相重合，若为永久性故障，则断开三相断路器，不再重合。综合 AAR 一般适用于 220 kV 及以上的重要联络线路。

(4)按允许的动作次数分，可分为一次 AAR、二次 AAR、多次 AAR 三种。

3.1.3 对自动重合闸装置的基本要求

(1)AAR 装置动作应迅速。

为了尽量减少对用户停电造成的损失，要求 AAR 装置动作时间愈短愈好。但 AAR 装置动作时间必须考虑保护装置的复归、故障点去游离后绝缘强度的恢复、断路器操动机构的复归及其准备好再次合闸的时间。

(2)手动跳闸时 AAR 装置不应重合。

运行人员手动操作(或通过遥控装置)使断路器跳闸，属于正常运行操作，AAR 装置不应动作。

(3)手动合闸于故障线路时，AAR 应闭锁。

手动合闸于故障线路时，继电保护动作使断路器跳闸后，AAR 装置不应重合。因为在手动合闸前，线路上还没有电压，如果合闸到已存在有故障的线路，则线路故障多属于检修质量不合格或忘拆接地线等原因造成的永久性故障，即使重合也不会成功。

(4)在断路器事故跳闸时，AAR 装置应启动。

重合闸的启动有两种方式：控制开关与断路器位置不对应启动和保护启动。

重合闸的位置不对应启动方式就是断路器控制开关 SA 处于“合闸后”状态、断路器处于跳闸状态，两者位置不对应启动重合闸。

用位置不对应启动重合闸的方式，线路发生故障保护将断路器跳开后，出现控制开关与断路器位置不对应，从而启动重合闸；如果由于某种原因，例如工作人员误碰断路器操作机构、断路器操作机构失灵、断路器控制回路存在问题以及保护装置出口继电器的触点因撞击振动而闭合等，这一系列因素致使断路器发生“误跳”，则位置不对应同样能启动重合闸。可见，位置不对应启动重合闸可以纠正各种原因引起的断路器“误跳”。

这种位置不对应启动重合闸的方式简单可靠，在各级电网的重合闸中有着良好的运行效果，对提高供电可靠性和系统的稳定性具有重要意义。

重合闸的保护启动方式就是用线路保护跳闸出口触点来启动重合闸，在保护动作发出跳闸命令后，重合闸才发出合闸命令。因为是采用跳闸出口触点来启动重合闸，重合闸保护启动方式可纠正继电保护误动作引起的误跳闸，但不能纠正断路器的“误跳”。

(5)重合次数应符合规定。

AAR 的动作次数应按预先的规定进行，在任何情况下均不应使断路器重合的次数超过规定值。这是因为当 AAR 多次重合于永久性故障后，系统遭受多次冲击，断路器可能损坏，并会发生扩大事故。

(6)AAR 装置动作后，应自动复归。

AAR 装置动作后自动复归,为下一次动作做好准备。这对于雷击机会较多的线路是非常必要的。

(7)AAR 装置应与继电保护配合动作。

AAR 装置应能在重合闸动作后或重合闸动作前,加速继电保护的动作。即采用 AAR 装置前加速或后加速。AAR 装置与继电保护相互配合,可加速切除故障,并加快“跳闸—重合闸”循环过程,减轻第二次事故跳闸的后果。

(8)AAR 装置应方便调试和监视。

AAR 装置在线路运行时应方便退出或进行完好性试验。另外,动作时应有信号。

3.2 单侧电源线路的三相一次自动重合闸

单侧电源线路广泛采用三相一次重合闸方式。所谓三相一次重合闸方式,是指不论在输电线路上发生相间短路还是接地短路,继电保护装置都应动作,将三相断路器同时断开,然后 AAR 装置启动,经预定延时将三相断路器重新合上。若故障为瞬时性故障,则重合成功;若为永久性故障,则继电保护再次动作跳开三相断路器,AAR 不再重合。

3.2.1 单侧电源线路三相一次重合闸装置

3.2.1.1 重合闸装置的结构

图 3-1 所示为单侧电源线路三相一次自动重合闸装置的原理接线,主要由 DH－2A 型重合闸继电器 KR、防跳继电器 KCF、加速继电器 KAC、信号继电器 KS、切换片 XB1 等元件组成。

SA 是手动操作的控制开关,其触点的通断状况见表 3-1 ,“×”表示通,“—”表示断。

表 3-1 SA 触点通断状况

操作状态		手动合闸	合闸后	手动跳闸	跳闸后
SA 触点号	2—4	—	—	—	×
	5—8	×	—	—	—
	6—7	—	—	×	—
	21—23	×	×	—	—
	25—28	×	—	—	—

图 3-1 中虚线框内为重合闸继电器 KR 的内部接线,由时间继电器 KT、中间继电器 KM、电容 C、充电电阻 R4、放电电阻 R6 及信号灯 HL 等组成。

KTP 为断路器跳闸位置继电器。当断路器处于分闸位置时,KTP 线圈通过断路器常闭辅助触点 QF1 及合闸接触器 KMC 的线圈而励磁,KTP 常开触点闭合。由于 KTP 电压线圈的限流作用,流过 KMC 的电流很小,此时 KMC 不会动作,无法去合断路器。

防跳继电器 KCF 是用于防止因 KM 的触点粘住时引发的断路器多次重合于永久性故障线路。

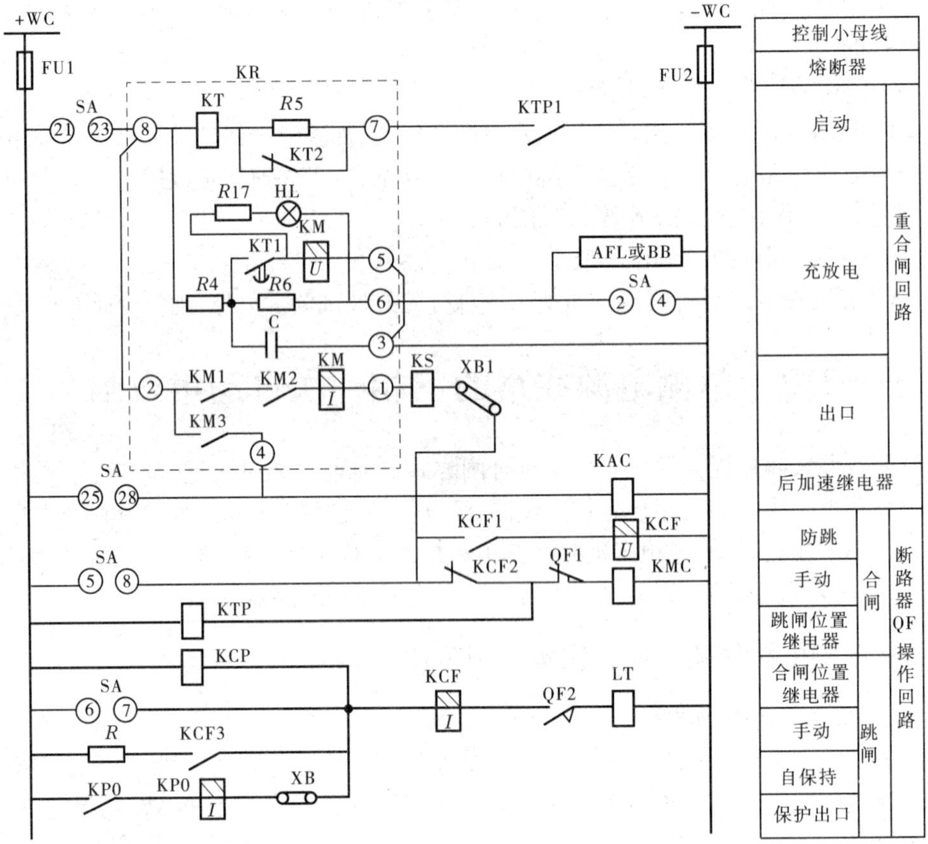

图 3-1　三相一次自动重合闸装置接线

加速继电器 KAC 加速保护动作的中间继电器，具有瞬时动作、延时返回的特点，保证快速切除故障。

电容 C 用来获得重合闸脉冲，其充放电回路具有充电慢、放电快的特点。这种方式既能保证 AAR 动作后自动复归，也能保证 AAR 在规定时间内只发一次重合闸脉冲，而接通电容 C 的放电回路就可闭锁重合闸。所以，利用电容充放电原理构成的重合闸具有工作可靠、结构简单、控制容易的优点，在系统中得到了普遍的应用。

3.2.1.2　自动重合闸装置的工作原理

1. 线路正常运行时

控制开关 SA 和断路器均处于合闸的对应位置，断路器的常开辅助触点 QF2 闭合、常闭辅助触点 QF1 断开，跳闸位置继电器 KTP 失电，其常开触点 KTP1 断开。控制开关 SA 处于合闸后位置，其触点 SA_{21-23} 接通，触点 SA_{2-4} 断开，电容 C 经 R4 充满电，其两端电压为直流电源电压。指示灯 HL 亮，重合闸装置处于准备动作状态。

2. 线路发生瞬时性故障或由于其他原因使断路器误跳闸时

控制开关 SA 和断路器的位置处于不对应状态。当线路发生瞬时性故障时，继电保护动作将断路器跳开后，断路器的常闭辅助触点 QF1 闭合，跳闸位置继电器 KTP 得电，其常开触点 KTP1 闭合，启动时间元件 KT，经一定延时，其常开触点 KT1 闭合。电容 C 经

KT1、KM 电压线圈放电，KM 启动后，其常开触点 KM1、KM2、KM3 闭合，接通合闸接触器回路（+WC→SA_{21-23}→KM1→KM2→KM 电流线圈→KS→XB1→KCF2→QF1→KMC→−WC），KMC 动作，合上断路器。重合闸动作时，因 KT1 闭合，信号灯 HL 失电而熄灭。

KM 电流线圈起着自保持作用，只要 KM 被电压线圈短时启动一下，便可通过自保持电流线圈使 KM 在合闸过程中一直处于动作状态，以保证断路器可靠合闸。

断路器重合成功后，QF1 断开，KM 失电返回，KTP 也复归，KTP1 断开，使 KT 返回，KT1 断开，电容 C 开始重新充电，经 15～25 s 后电容 C 充满电，准备好下一次的动作。

3. 线路发生永久性故障时

重合闸装置的动作过程与发生瞬时性故障时相同。由于是永久性故障，保护将再次动作使断路器第二次跳闸，自动重合闸再次启动。KT 再次启动，KT1 经延时闭合接通电容 C 放电回路，电容 C 向 KM 电压线圈放电。由于电容 C 充电时间短，电压较低，不能使 KM 动作，断路器无法再次重合，保证了断路器只重合一次。这时电容 C 也不能继续充电，因 QF 不再重合，KT1 触点一直闭合，+WC→R4→KT1→KM 电压线圈→−WC 形成通路，但由于 R4 阻值很大（约几兆欧），而 KM 电压线圈电阻只有几千欧，KM 电压线圈承受的分压值很小，电容 C 与 KM 电压线圈并联，电容电压远小于 KM 动作电压，故 KM 不会动作。

4. 手动跳闸时

控制开关 SA 和断路器均处于断开对应位置，AAR 不会动作。用控制开关 SA 手动跳闸时，其触点 SA_{6-7}，接通断路器的跳闸回路；SA_{21-23}断开，装置无法启动。跳闸后，SA_{2-4}，接通了电容 C 对电阻 R6 的放电回路。由于 R6 阻值仅为几百欧，所以电容 C 放电后的电压接近于零，保证下次手动合闸于故障线路时，AAR 装置不会动作。

5. 手动合闸于故障线路时

用 SA 手动合闸时，触点 SA_{5-8}接通，合闸接触器 KMC 启动合闸；SA_{21-23}接通，SA_{2-4}断开，电容 C 开始充电。同时 SA_{25-28}接通，使加速继电器 KAC 动作。当合闸于故障线路时，继电保护动作，经 KAC 延时返回常开触点使断路器瞬时跳闸。这时，因电容 C 充电时间短，电压很低，电容 C 放电不足以启动 KM，从而保证 AAR 装置可靠不动作。

6. 闭锁重合闸装置动作时

在某些情况下，断路器跳闸后不允许自动重合闸。如按频率自动减负荷装置 AFL 或母线差动保护 BB 动作，应将 AAR 装置闭锁，使之退出工作。实现的方法就是利用 AFL 装置或 BB 的出口触点与 SA_{2-4}并联，当 AFL 装置或 BB 动作时，其出口触点闭锁，电容 C 经 R6 电阻放电，使 AAR 装置无法动作，以达到闭锁 AAR 装置的目的。

7. 防止断路器多次重合于永久性故障的措施

如果线路发生永久性故障，且重合闸第一次动作时就出现了 KM1、KM2 触点粘牢或卡住现象，保护将再次动作跳闸，若没有防跳继电器 KCF，则合闸接触器 KMC 通电而使断路器第二次重合。如此反复，断路器将发生多次重合，形成“跳跃现象”。为此装设了防跳继电器 KCF，KCF 在其电流线圈通电时启动，电压线圈有电压时自保持。当断路器第一次跳闸时，虽然串在跳闸线圈回路中的 KCF 电流线圈通电而使 KCF 动作，但因 KCF 电压线圈没有自保持电压，断路器跳闸后，KCF 自动返回。当断路器第二次跳闸时，KCF 电流线圈通电而使 KCF 动作，$+WC \rightarrow SA_{21-23} \rightarrow KM1 \rightarrow KM2 \rightarrow KM$ 电流线圈$\rightarrow KS \rightarrow XB1 \rightarrow KCF1 \rightarrow KCF$ 电压线圈$\rightarrow -WC$，KCF 自保持，其触点 KCF2 断开，切断重合闸的合闸回路，使断路器不会多次合闸。

同样，当手动合闸于故障线路时，如果控制开关 SA_{5-8} 粘牢，在保护动作使断路器跳闸后，KCF 启动，并经 SA_{5-8}、KCF1 接通 KCF 电压自保持回路，使 SA_{5-8} 断开之前 KCF 不能返回，并借助 KCF2 切断合闸回路，使断路器不能重合。

3.2.2 软件实现的重合闸

3.2.2.1 重合闸充电

线路发生故障时，AAR 动作一次，表示断路器进行了一次“跳闸—合闸”过程。为保证断路器切断能力的恢复，断路器进入第二次“跳闸—合闸”过程须有足够的时间，否则切断能力会下降。为此，一般这一间隔时间取 AAR 动作后需经一定间隔时间(15 ~ 25 s)。另外，线路上发生永久性故障时，AAR 动作后，也应经一定时间后 AAR 才能动作，以免 AAR 的多次动作。

为满足上述两方面的要求，重合闸充电时间取 15 ~ 25 s。

重合闸的充电条件应如下所述：

(1) 重合闸投入运行处于正常工作状态，说明保护装置未启动。

(2) 在重合闸未启动的情况下，三相断路器处于合闸状态，断路器跳闸位置继电器未动作。断路器处于合闸状态，说明控制开关处于“合闸后”状态，断路器跳闸位置继电器未动作。

(3) 在重合闸未启动的情况下，断路器正常状态下的气压或油压正常。这说明断路器可以进行跳合闸，允许充电。

(4) 没有闭锁重合闸的输入信号。

(5) 在重合闸未启动的情况下，没有 TV 断线失压信号。当 TV 断线失压时，保护装置工作不正常，重合闸装置对无压、同步的检定也会发生错误。在这种情况下，装置内部输出闭锁重合闸的信号，实现闭锁，不允许充电。

3.2.2.2 三相一次重合闸的程序流程图

在使用三相自动重合闸的中、低压线路上，自动重合闸是由该线路微机保护测控装置中的一段程序来完成的。该程序是通过模拟了电气式自动重合闸装置中的电容充放电原理来设计的。图 3-2 所示为三相一次重合闸的程序流程图。

在数字式重合闸(程序实现的重合闸)中，模拟电容器是一个计数器，计数器计数相当于电容器充电，计数器清零相当于电容器放电。重合闸充电条件同前述。

从线路投运开始，程序就开始做重合闸的准备。在微机保护测控装置中，常采用一个计数器计时是否满 20 s(该值是重合闸的复归时间定值，并且是可以整定的，为便于说明，这里先假设为固定值)来表明重合闸是否已准备就绪。当计数器计时满 20 s 时，表明重合闸已准备就绪，允许重合闸。否则，当计数器计时未满 20 s 时，即使其他条件满足，也不允许重合。如果在计数器计时的过程中，或计数器计时已满 20 s 后，有闭锁重合闸的条件出现，程序会将计数器清零，并禁止计数。程序检测到计数器计时未满，则禁止重合。

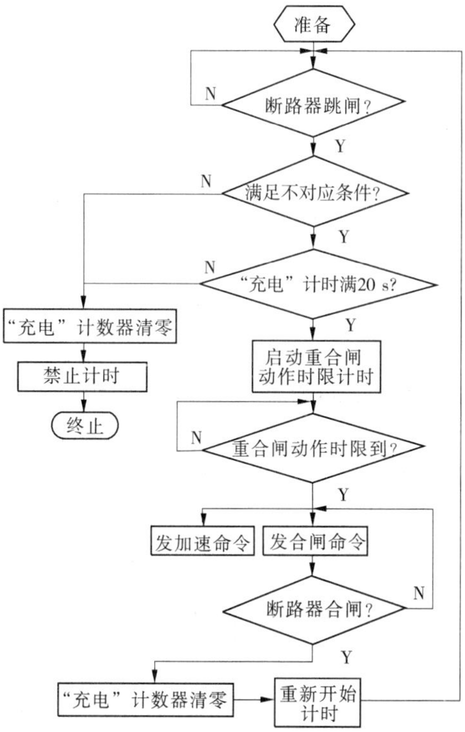

图 3-2　三相一次重合闸的程序流程图

许多产品说明书中仍以“充电”是否完成来描述重合闸是否准备就绪。以后,我们把该计数器称为“充电”计数器。

重合闸启动后,并不立即发出合闸命令,而是当重合闸动作时限的延时结束后才发出合闸命令。在发出合闸命令的同时,还要发出加速保护的命令。

当断路器合闸后,重合闸“充电”计数器重新开始计时。如果是线路发生瞬时性故障引起的跳闸或断路器误跳闸,重合命令发出后,重合成功,重合闸“充电”计数器重新从零开始计时,经 20 s 后计时结束,准备下一次动作。如果是线路永久性故障引起的跳闸,则断路器会被线路保护再次跳开,程序将循环执行。当程序开始检测重合闸是否准备就绪时,由于重合闸“充电”计数器的计时未满 20 s(这是由于在断路器重合闸后,重合闸“充电”计数器是从零重新开始计时的,虽然经线路保护动作时间和断路器跳闸时间,但由于保护已被重合闸加速,所以它们的动作时间总和很短,故“充电”计数器计时不足 20 s),程序将“充电”计数器清零,并禁止重合。

在微机保护测控装置中,常常兼用两种启动方式(注意:在有些保护装置中这两种方式不能同时投入,只能经控制字选择一种启动方式)。图 3-2 中仅画出了不对应启动方式的启动过程。

当微机保护测控装置检测到断路器跳闸时,先判断是否符合不对应启动条件,即检测控制开关是否在合位。如果控制开关在分位,那么就不满足不对应条件(即控制开关在跳闸位置,断路器也在跳闸位置,它们的位置对应),程序将“充电”计数器计时清零,并退出运行。如果没有手动跳闸信号,那么说明不对应条件满足(即控制开关在合位,而断路器在跳闸位置,它们的位置不对应),程序开始检测重合闸是否准备就绪,即“充电”计数器计时是否满 20 s。如果“充电”计数器计时不满 20 s,程序将“充电”计数器清零,并禁止重合;如果计时满 20 s,则立即启动重合闸动作时限计时。

3.2.2.3　软件重合闸的动作逻辑

三相一次重合闸有三种重合闸,可采用无条件重合闸、检同步重合闸、检无压重合闸,无条件重合闸适用于单侧电源线路,检同步和检无压重合闸适用于双侧电源线路(其原理见 3.3 节)。

为了保证重合闸的可靠性和稳定性,设置了充电条件,只有充电条件满足后,才可能启动重合闸。

重合闸充电条件完成的动作逻辑如图 3-3 所示,重合闸保护元件的动作逻辑如图 3-4 所示。

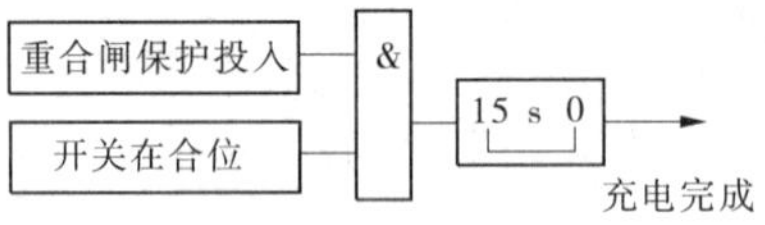

图 3-3　重合闸充电条件完成的动作逻辑

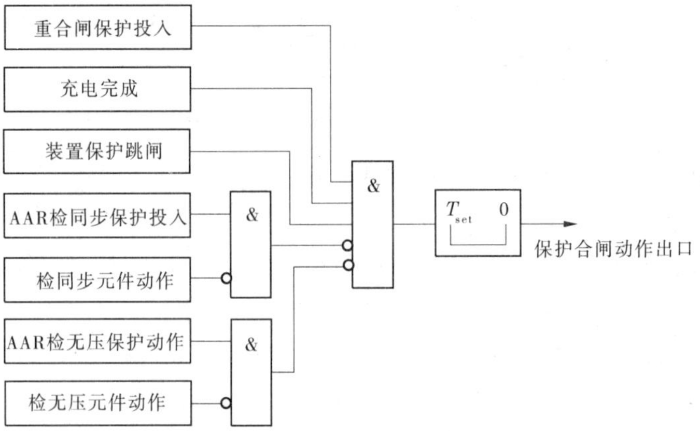

图 3-4　重合闸保护元件的动作逻辑

图 3-4 中,T_{set}为重合闸动作时限整定值。

重合闸检同步元件动作判据:线路抽取线电压和母线电压满足相位差在允许范围内。

重合闸检无压元件动作判据:(线路抽取线电压)$U_{XAB} \leqslant U_{set}$(检无压电压定值)。

后加速保护元件的动作逻辑如图 3-5 所示。

图 3-5 中,I_{set}为过电流保护定值;T_{set}为后加速保护时限定值;I_n 为任一相保护电流。

3.2.2.4　自动重合闸的闭锁

在某些情况下,断路器跳闸后不允许自动重合,因此应将重合闸装置闭锁。重合闸闭锁就是将重合闸“充电”计数器瞬间清零(使电容器放电)。闭锁重合闸主要有以下方面:

(1)手动跳闸或通过遥控装置跳闸。当手动操作合闸时,如果合上的是故障线路,保护会立刻动作将断路器跳闸,此时重合闸不允许启动。程序开始检测重合闸是否准备就绪,由于重合闸“充电”计数器的计时未满 20 s,程序将“充电”计数器清零,并禁止重合。

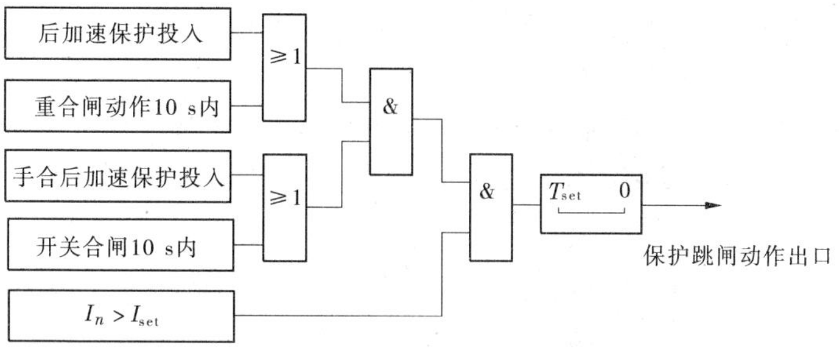

图 3-5　后加速保护元件动作逻辑

(2)按频率自动减负荷动作跳闸、桥形接线主变保护动作跳闸、母线保护动作跳闸。

(3)当选择检无压或检同步工作时,检测到母线 TV、线路侧 TV 二次回路断线失压。

(4)检线路无压或检同步不成功。

(5)断路器液(气)压操动机构的液(气)压降低到不允许合闸的程度,或断路器弹簧操动机构的弹簧未储能。

(6)断路器控制回路发生断线。

(7)重合闸停用断路器跳闸。

(8)重合闸发出重合脉冲的同时,闭锁重合闸。

3.2.3　自动重合闸装置参数的整定

3.2.3.1　自动重合闸装置的动作时限整定

重合闸的动作时限是指从断路器主触头断开故障到断路器收到合闸脉冲的时间(在电磁式重合闸中指 KT 的延时)。为了尽可能缩短停电时间,重合闸的动作时限原则上应越短越好。但考虑到如下两方面的原因,重合闸的动作又必须带一定的时延:

(1)故障点灭弧时间(计及负荷侧电动机反馈对灭弧时间的影响)及周围介质去游离时间。必须在这个时间以后进行重合才有可能成功,否则,即使在瞬时性故障情况下,重合也不成功。当采用三相重合闸时,对 6 ~ 10 kV 线路,故障点的断电时间应大于 0.1 s,对 35 ~ 66 kV 线路应大于 0.2 s,对 110 ~ 220 kV 线路应大于 0.3 s,对 330 ~ 500 kV 线路应大于 0.4 s。

(2)断路器及操作机构准备好再次动作的时间。重合闸必须在这个时间以后才能向断路器发出合闸脉冲。

对单电源辐射状单回线路,重合闸动作时限 t_{op}^{AAR} 为

$$t_{op}^{AAR} = t_{dis} + t_{on} + \Delta t \tag{3-1}$$

式中　t_{dis}——故障点的去游离时间;

t_{on}——断路器的合闸时间;

Δt——时间裕度,取 0.3 ~ 0.4 s。

如果重合闸是利用继电保护跳闸出口启动,其动作时间还应该加上断路器的跳闸时间。根据我国一些电力系统的运行经验,重合闸的最小时间为 0.3 ~ 0.4 s。

3.2.3.2　重合闸复归时间的整定

重合闸复归时间就是从一次重合结束到下一次允许重合之间所需的最短间隔时间

(在图 3-1 中,就是指电容 C 上电压从零升到 KM 电压线圈动作电压所需的时间)。复归时间的整定需考虑以下两个方面因素:

(1)保证当重合到永久性故障,由最长时限段的保护切除故障时,断路器不会再次重合。考虑到最严重情况下,断路器辅助触点可能先于主触头切换,提前的时间为断路器的合闸时间。于是重合闸的复归时间 t_{re}^{AAR} 为

$$t_{re}^{AAR} = t_{op.max} + t_{on} + t_{op}^{AAR} + t_{off} + \Delta t \tag{3-2}$$

式中 $t_{op.max}$——保护最长动作时限;

t_{on}——断路器的合闸时间;

t_{off}——断路器的跳闸时间;

Δt——时间裕度。

(2)保证断路器切断能力的恢复。当重合闸动作成功后,复归时间不小于断路器第二个"跳闸—合闸"间的间隔时间。

重合闸复归时间一般取 15 ~25 s,即可满足以上要求。

3.3 双侧电源线路的三相自动重合闸

双侧电源线路是指两个或两个以上电源间的联络线路。在这种线路上实现重合闸时要考虑断路器跳闸后,电力系统可能分列为两个独立部分,有可能进入非同步运行状态。所以,除需满足前述基本要求外,还应考虑以下两个问题:

(1)故障点的断电时间问题。线路发生故障时,线路两侧的继电保护可能以不同的时限跳开两侧的断路器,这种情况下只有两侧的断路器都跳开后,故障点才完全断电。为保证故障点有足够的断电时间,以提高重合闸成功的可能性,先跳闸一侧的断路器重合动作,应在故障点有足够断电时间的情况下进行。

(2)同步问题。线路发生故障时,两侧断路器跳闸后,线路两侧电源之间电势夹角摆开,甚至有可能失去同步。因此,后重合一侧的断路器在进行重合时应考虑是否允许非同步合闸和进行同步检定的问题。

所以,双侧电源线路上的三相自动重合闸,应根据电网的接线方式和运行情况,采用不同的重合闸方式。

3.3.1 双侧电源线路 AAR 的类型

双侧电源线路的重合闸方式很多,可归纳为如下两类。

3.3.1.1 检查同步的重合闸

检查同步重合闸如检查无电压重合闸和检查同步重合闸。这类重合闸在故障线路跳闸后,其一侧断路器可在检查线路无电压的条件下先重合,另一侧断路器则在检查频率差在允许范围时重合。

3.3.1.2 不检查同步的重合闸

不检查同步的重合闸如非同步重合闸、快速重合闸及自同步重合闸等。

非同步重合闸是指双侧电源线路两侧断路器在事故跳闸后,只要两个解列系统的频

率差、电压差在允许范围内，非同步重合闸所产生的冲击电流不超过规定值，即可不检查同步条件，按“不对应”启动条件，将线路断路器重合。

快速重合闸是指110 kV及以上线路全线继电保护为速动保护，而且断路器使用快速断路器，在0.6～0.7 s内完成跳闸—重合闸循环时，因两侧电势的相角可能尚未拉开到危及电力系统稳定的角度，便可采用快速重合闸。

自同步重合闸是指电站机组采用自同步并列方式，并以单回线路与电力系统连接，则在线路故障跳闸后，电力系统侧先检查无电压重合，然后在电站侧实行自同步重合，即在未给励磁的发电机转速达95%时将断路重合，联动加上励磁，将发电机拉入同步。

3.3.2 无电压检定和同步检定的三相自动重合闸

无电压检定和同步检定的三相自动重合闸就是当线路两侧断路器跳闸后，先重合侧检定线路无电压而重合，后重合侧检定同步后再进行重合。前者常被称为无压侧，后者常被称为同步侧。因为这种重合闸方式不会产生危及电气设备安全的冲击电流，也不会引起系统振荡，重合后能很快进入同步运行状态，所以在没有条件或不允许采用三相快速重合闸、非同步自动重合闸的双电源联络线上，可以采用这种重合闸方式。

3.3.2.1 工作原理

图3-6为双电源线路上无电压检定和同步检定的三相自动重合闸示意图，图中TV1、TV4用来测量M、N母线电压；TV2、TV3用来测量线路侧电压；$V<$表示低电压元件，用来检测线路是否无电压；$V-V$表示检定同步元件，用来判别线路侧电压与母线电压是否同步。

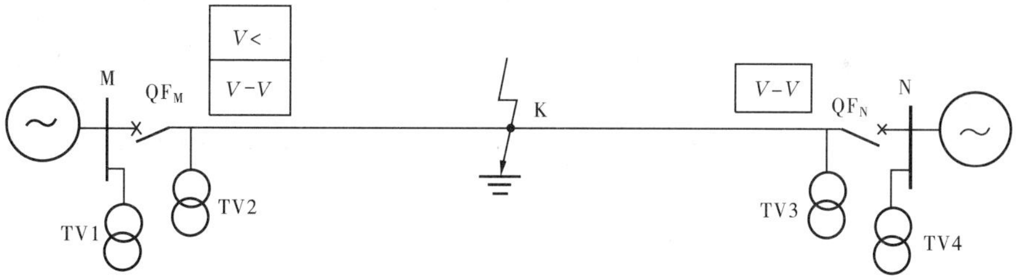

图3-6 双电源线路上无电压检定和同步检定的三相自动重合闸示意图

(1)线路MN上K点发生瞬时性故障时，线路两侧保护动作，两侧断路器QF_M、QF_N跳闸，故障点断电，电弧熄灭。因M侧低电压元件检测到线路无电压而动作，将QF_M合上。QF_M合上后，N侧检测到线路有电压，N侧检定同步元件开始工作，待QF_N两侧电压满足同步条件时，将断路器QF_N合闸，线路恢复正常供电。

若QF_N两侧的电压不符合同步要求，N侧的AAR不会启动重合，断路器QF_N不能重合。由此可见，当线路发生瞬时性故障而跳开两侧断路器后，总是无压侧检定线路无电压而先重合，待无压侧重合成功后，同步侧检定线路两侧电压满足同步条件而后重合的。

(2)线路上发生永久性故障。两侧断路器QF_M、QF_N跳闸以后，由M侧检定线路无电压先重合，由于是永久性故障，立即由无压侧的后加速保护装置动作，使断路器QF_M再次跳闸，而同步侧断路器QF_N始终不能合闸。由此可见，无压侧的断路器QF_M将连续两次切断短路电流，其工作条件比同步侧恶劣。

(3)由于误碰或继电保护装置误动作造成断路器跳闸。若这种情况发生在 N 侧，借助检定同步元件的工作，将断路器 QF_N 合上，恢复同步运行。若这种情况发生在 M 侧(无压侧)，且该侧不设检定同步的元件，则断路器 QF_M 无法自动合上。为此，在无压侧必须设置检定同步元件，保证在这种情况下也能自动重合，恢复同步运行。

由上述工作情况可见，在无电压检定和同步检定的三相重合闸中，线路两侧的检定同步元件一直是投入工作的，而线路检定无电压元件只能线路一侧投入。如果两侧均投入检定线路无电压元件，则线路两侧断路器跳闸后，两侧均检测到线路无电压，两侧断路器合上，势必造成不检定同步合闸，容易产生冲击电流，甚至引起系统振荡。

为了使两侧断路器工作条件接近相同，N 侧也要设检定线路无电压元件。这样，线路两侧的检定无电压元件可以定期轮换投入。

但在运行中要注意，在作为同步侧时，该侧的检定无电压元件是不能投入工作的，只有切换为无压侧方式时，检定无电压元件才能投入工作。当然，线路两侧的检定无电压元件是不允许同时切除的，否则会造成两侧重合闸拒动。

3.3.2.2 检定同步的工作原理

在设置无电压检定和同步检定的三相自动重合闸的线路上，为了限制同步检定合闸的断路器闭合瞬间在系统中产生的冲击电流，同时为了避免在该断路器闭合后系统产生振荡，必须限制断路器闭合瞬间线路两侧电压的幅值差、相角差和频率差。这种重合方式中的同步条件检定就是检定断路器闭合瞬间线路两侧电压之间的幅值差、相角差和频率差是否都在允许的范围内。当同步条件满足时，才允许重合闸将断路器合上。否则，如果同步条件中有一个不能满足，就不允许重合闸将断路器合上。

(1)无电压检定和同步检定的逻辑原理图。在数字式 AAR 中，几乎所有的无电压检定和同步检定的逻辑原理图都是相同的。如图 3-7 所示，输入的信号有 AAR 启动信号、AAR 充电完成的信号；U_L 为线路电压低值启动元件，U_H 为线路电压高值启动元件；SYN(φ)为同步检定元件。

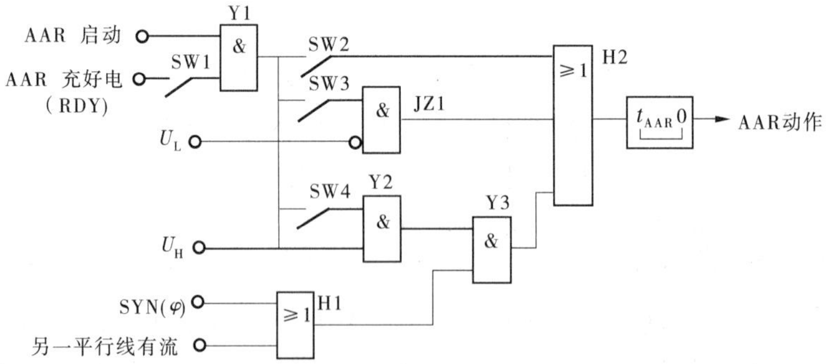

图 3-7 无电压检定和同步检定的逻辑原理图

SW1 ~ SW4 为 AAR 的功能选择开关，由定值输入时写入，置“1”(相当于图 3-7 中相应选择开关接通)或置“0”的意义为：

SW1：置“1”表示 AAR 投入，置“0”表示 AAR 退出。

SW2：置“1”表示 AAR 不检定无电压、不检同步重合，即不检定重合；置“0”表示不检定退出。

SW3:置“1”表示 AAR 检线路无压重合,置“0”表示检线路无压功能退出。

SW4:置“1”表示 AAR 检同步重合,置“0”表示同步检定功能退出。

通过控制字的设定,AAR 可得到不同的功能。

在双侧电源单回线路上,若线路两侧的 SW1 = “1”、SW2 = “1”、SW3 = “0”、SW4 = “0”,则构成了不检定重合闸。当两侧电动势相角差较小(重合闸动作时间较短)时重合,即为三相快速重合闸;当两侧电动势相角差较大时重合,即为非同步重合闸。三相快速重合闸、非同步重合闸的使用是有一定条件的,实际使用中并不能保证重合后同步成功。在单侧电源线路的电源侧,置 SW1 = “1”、SW2 = “1”、SW3 = “0”、SW4 = “0”(线路侧无TV),就构成了单侧电源线路的三相自动重合闸。

(2)同步检定的工作情况。在图 3-7 中,两侧的重合闸功能控制字见表 3-2。

表 3-2　线路两侧 AAR 控制字

控制字名称	SW1	SW2	SW3	SW4
M 侧(同步检定)	1	0	0	1
N 侧(无电压检定)	1	0	1	1

同步检定 AAR 是在 AAR 动作合上断路器后,两侧系统很快进入同步运行状态。其同步条件为两侧频率差在设定值内、两侧电压差在设定值内以及两侧电压间相角差也在设定值内时,AAR 发出合闸脉冲。

图 3-6 中 MN 线路发生瞬时性故障,两侧断路器跳闸后, M 侧检测到线路无电压;图 3-7 中,AAR 的启动信号经与门 Y1 、禁止门 JZ1、或门 H2 ,延时 t_{AAR}(重合闸动作时间)令 QF_M 合闸;如果 MN 线路还存在另一平行线路,而且该平行线路仍然处在工作状态,则 M、N 两侧电源不会失去同步,同步条件是满足的,此时因另一平行线路有电流,所以或门 H1 动作, N 侧 AAR 启动信号经与门 Y1 、与门 Y2 、与门 Y3 、或门 H2 ,延时 t_{AAR} 令 N 侧 QF_N 合闸,恢复平行双回线运行。这就是检定另一平行双回线路有电流的 AAR 的工作原理。

当 MN 为单回线路时, N 侧在检定同步的过程中,若满足同步条件,则 SYN(φ)为“1”,根据图 3-7,当 SYN(φ)为“ 1 ”的时间大于 t_{AAR}时,与门 Y3 的输出“ 1 ”信号经或门 H2 可使时间元件 t_{AAR}动作,即 AAR 动作。

3.3.2.3　有关参数的整定

对于无电压检定和同步检定的三相自动重合闸,除要按式(3-1)、式(3-2)整定的参数外,一般还需要整定如下两个参数:

(1)检定线路无电压的动作值。在无压侧,当检定到线路无电压,实际上是线路电压低于某一值时,启动该侧的重合闸,该电压值即检定线路无电压的动作值。一般根据运行经验整定该值为 50% 的额定电压。

(2)检定线路有电压的动作值。在同步侧,当检定到线路电压恢复,实际上是检定到线路电压高于某一值(如 70%)时,且满足同步条件的情况下,启动该侧的重合闸。该电压值即检定线路有电压的动作值。

3.4　自动重合闸与继电保护的配合

在电力系统中，自动重合闸与继电保护配合，可以加快切除故障，提高供电的可靠性，对保证系统安全、可靠运行有着重要作用。

自动重合闸与继电保护配合，主要有重合闸后加速保护和重合闸前加速保护。

3.4.1　重合闸后加速保护

重合闸后加速保护就是当线路上发生故障时，保护首先按有选择性的方式动作跳闸，后重合闸动作合上断路器。若重合于永久性故障，则加速保护动作，瞬时切除故障，与第一次切除故障是否带有时限无关。

图 3-8 所示的单电源辐射形电网，线路 AB、BC 装设了阶段式电流保护和 AAR 装置，$t_1 > t_2 > t_4$。当线路 AB 或 BC 上发生故障时，线路保护 1 或保护 2 先按有选择性动作跳闸，将 QF1 或 QF2 断开，而后自动重合闸 AAR 将 QF1 或 QF2 合上。如故障为瞬时性，则重合成功，恢复供电；如故障为永久性的，则加速 QF1 或 QF2 上的电流Ⅱ段保护瞬时将故障切除。

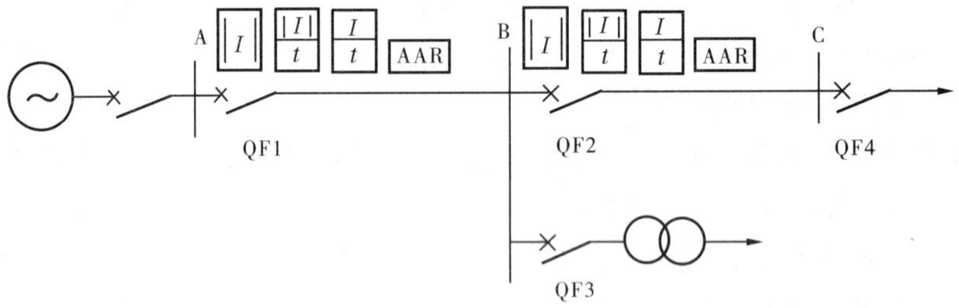

图 3-8　重合闸后加速保护动作原理说明图

被加速的保护对线路末端故障应有足够的灵敏度，一般加速第Ⅱ段，有时也可加速第Ⅲ段，这样对全线的永久性故障，AAR 动作后均可快速切除。加速的保护可以是电流保护的第Ⅱ段、零序电流保护的第Ⅱ段（或第Ⅲ段）、接地距离保护第Ⅱ段（或第Ⅲ段）、相间距离保护第Ⅱ段（或第Ⅲ段），或在数字保护中加速定值单独整定的零序电流加速段、电流加速段。

图 3-9 所示为重合闸后加速保护功能逻辑框图。KAZ 是被加速的零序电流继电器，KA 是被加速的电流继电器，KCT 为断路器跳闸位置继电器（KCT = “0”表示断路器已合上），RAY = “1”表示重合闸已充好电，SW1 为投零序电流保护加速的控制字，SW2 为投电流保护加速的控制字，SW3 为投前加速保护的控制字。控制字为“1”，相应功能投入；控制字为“0”，相应功能退出。手动合闸且断路器已合上时，加速保护的时间为 400 ms，当手动合闸于故障线路时，保护加速可立即跳闸。为防止断路器三相触头不同时接通时产生零序电流引起零序电流保护加速段误动，可增加延时 t_1，以避免产生零序电流，可取 t_1 为 100 ms；同样取 t_2 为 100 ms，以躲过合闸时线路电容充电电流的影响。

当图 3-9 中的 SW3 置“0”时，重合闸后加速保护就投入，AAR 一动作，就将被加速的保护投入。零序电流加速段仍带 100 ms 延时，保护加速的时间可取 3 s。

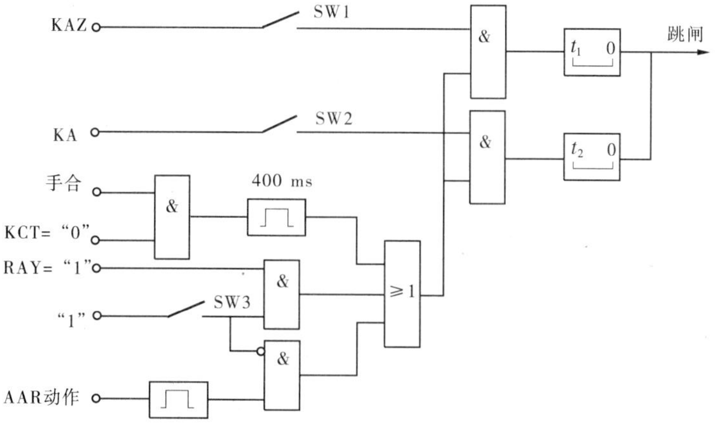

图 3-9 重合闸后加速保护功能逻辑框图

重合闸后加速保护的优点是：

(1)对于重合后在短时间内发生的短路故障仍能快速切除，可提高系统的暂态稳定性。

(2)重合于故障未消失的线路时，有足够的时间可靠跳闸。

(3)重合时，有时故障有再生演变延时，此时仍可快速切除。

重合闸后加速保护的缺点是：

(1)每条线路的断路器上都需装设 AAR(这对数字式保护来说并不增加多大的复杂性)。

(2)首次故障的切除可能带有延时。

所以，重合闸后加速保护的优点明显，广泛应用于各级电网中。

3.4.2 重合闸前加速保护

重合闸前加速保护一般用于单侧电源辐射形电网中，重合闸仅装设在靠近电源线路的一侧。重合闸前加速保护就是当线路上发生故障时，靠近电源侧的保护首先无选择性地瞬时动作跳闸，而后借助于自动重合闸来纠正这种非选择性动作。当重合于故障上时，无选择性的保护自动解除，保护按原有选择性要求动作。

图 3-10 所示的单电源辐射形电网，线路 AB、BC、CD 装设了按时限阶梯原则整定的过电流保护 2、4、5，$t_2 > t_4 > t_5$，同时线路 AB 靠电源侧还装有自动重合闸装置 3、无选择性电流速断保护 1。当线路 AB、BC 或 CD 上发生故障时，线路 AB 上的无选择性电流速断保护 1 瞬时将 QF1 断开，而后自动重合闸 AAR 将 QF1 合上。如故障为瞬时性的，则重合成功，恢复供电；如故障为永久性的，则将 QF1 上的电流速断保护 1 退出工作，由过电流保护有选择性地将故障切除。

当图 3-9 中的 SW3 置“1”时，实现重合闸前加速保护，重合闸动作后，RAY 立即为“0”，前加速保护自动退出(SW3 =“0”时，前加速保护退出，重合闸后加速保护投入)。

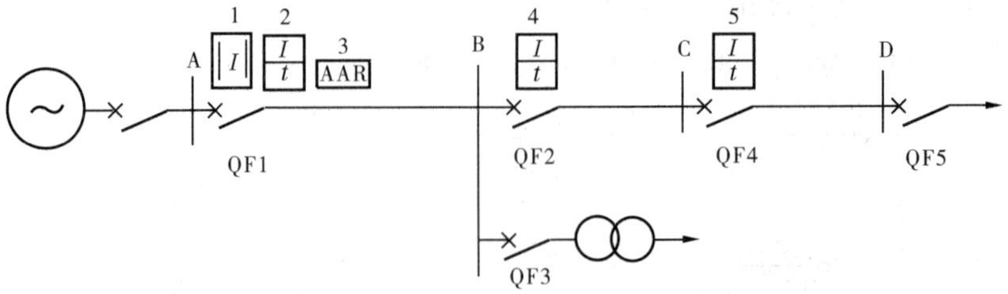

图 3-10　重合闸前加速保护动作原理说明图

采用重合闸前加速保护的优点是：

(1)能快速地切除线路上的瞬时性故障。

(2)由于能快速切除瞬时性故障,故障点发展成永久性故障的可能性小,从而提高重合闸的成功率。

(3)使用设备少,简单经济(在数字保护中该优点不存在)。

(4)由于能快速切除故障,能保证发电厂和重要变电所的负荷少受影响。

采用重合闸前加速保护的缺点是：

(1)靠近电源一侧断路器工作条件恶化,切除故障次数与合闸次数多。

(2)当 AAR 拒动或断路器 QF1 拒绝合闸时,将扩大停电范围,甚至在最后一级线路上的故障,也能造成除 A 母线用户外其他所有用户的停电。

(3)重合于永久性故障时,故障切除的时间可能较长。

(4)在重合闸过程中除 A 母线负荷外,其他用户都要暂时停电。

重合闸前加速保护主要用于 35 kV 以下由发电厂或重要变电所引出的不太重要的直配线上。

3.5　输电线路的综合自动重合闸

根据运行经验,在 110 kV 以上的大接地电流系统的高压架空线上,有 70% 以上的短路故障是单相接地短路。特别是 220 ~ 500 kV 的架空线路,由于线间距离大,单相故障可高达 90% 。因此,如果线路上装有可分相操作的三个单相断路器,当发生单相接地短路时,只需断开故障相断路器,而未发生故障的两相可继续运行。这样,不仅可以提高供电的可靠性和系统并列运行的稳定性,还可以减少转换性故障的发生。采用这种重合闸方式,当线路发生相间故障时,仍应跳开三相,而且应根据系统具体情况,或进行三相重合,或不再重合。

在设计线路重合闸装置时,将单相重合闸和三相重合闸综合在一起考虑,即当发生单相接地短路时,采用单相重合闸方式;当发生相间短路时,采用三相重合闸方式。综合这两种重合闸方式的装置,称为综合重合闸,被广泛应用于 220 kV 及以上电压等级的大接地电流系统中。

3.5.1　综合重合闸的重合闸方式

通过该装置上切换开关的切换,综合重合闸一般可以实现以下四种重合闸方式。

3.5.1.1 综合重合闸方式

线路上发生单相故障时,实行单相自动重合闸;当重合到永久性单相故障时,若不允许长期非全相运行,则应断开三相并不再运行自动重合。线路上发生相间故障时,实行三相自动重合闸;当重合到永久性相间故障时,断开三相并不再进行自动重合。

3.5.1.2 单相重合闸方式

线路上发生单相故障时,实行单相自动重合闸;当重合到永久性单相故障时,一般也是断开三相并不再进行重合。线路上发生相间故障时,则断开三相不再进行自动重合。

3.5.1.3 三相重合闸方式

线路上发生任何形式的故障时,均实行三相自动重合闸。当重合到永久性故障时,断开三相并不再进行自动重合。

3.5.1.4 停用方式

线路上发生任何形式的故障时,保护动作跳开三相并且不进行重合。

由于使用综合重合闸时线路会出现非全相运行的情况,因此会带来许多问题。所以,并非所有的超高压线路都使用综合重合闸。

3.5.2 综合重合闸的特殊问题

综合重合闸与一般的三相自动重合闸相比,只是增加了一个单相重合闸性能。因此,综合重合闸需要考虑的特殊问题是由单相重合闸方式引起的,主要有以下几个方面。

3.5.2.1 需要设置故障选相元件

在单相重合闸中,要求当线路发生单相接地短路时,保护动作只跳开故障相断路器。但一般的继电保护只能判断故障是发生在保护区内还是保护区外,不能判断故障的相别。因此,为了实现单相重合闸,应设有选择故障相的元件,即选相元件。对选相元件的基本要求是,首先,应保证选择性,即选相元件与继电保护相配合只跳开发生故障的那一相,而接于另外两相的选相元件不应动作;其次,当故障相线路末端发生单相接地短路时,接于该相上的选相元件应保证足够的灵敏度。

根据发生单相、两相、两相接地短路的各种特点构成的选相元件,可分为以下几种。

(1)相电流选相元件。在每相上都装设一个过电流继电器,当线路发生接地短路时,故障相电流增大,使该相上的过电流继电器动作,从而构成相电流选相元件。这种选相元件适于装在线路的电源端,其动作电流按躲过最大负荷电流整定。对于线路末端短路电流不大的中长线路则不能采用。由于相电流选相元件受系统运行方式的影响较大,故一般不作为独立的选相元件,仅作为消除阻抗选相元件出口短路死区的辅助选相元件。

(2)相电压选相元件。在每相上都装设一个低电压继电器,利用故障时故障相电压降低来构成选相元件。其动作电压按小于正常运行及非全相运行时可能出现的最低电压来整定。这种选相元件适于装设在小电源或单侧电源线路的受电侧。由于低电压选相元件在长期运行中触点易抖动,可靠性较差,因而不能单独作为选相元件使用,只作为辅助选相元件。

(3)阻抗选相元件。阻抗选相元件采用带零序电流补偿$\frac{\dot{U}_{\varphi}}{\dot{I}_{\varphi}+K3\dot{I}_{0}}$接线的阻抗继电

器,能正确反映单相接地短路的情况,所以可在每相装设一个这种接线方式的阻抗继电器作为选相元件。阻抗继电器的测量阻抗与短路点到保护安装处之间的正序阻抗成正比,能正确反映故障点的距离。因而,阻抗选相元件较以上两种选相元件更灵敏、更有选择性,在电力系统中得到了广泛应用。

(4)相电流差突变量选相元件。这种选相元件是利用短路时电气量发生突变这一特点构成的。在我国电力系统中,最初用它作为非全相运行的振荡闭锁元件。近年来,在超高压网络中已被推荐作为综合重合闸装置的选相元件,微机型成套线路保护装置中均采用具有此类原理的选相元件。这种选相元件要求在线路的三相上各装设一个反映电流突变量的电流继电器,三个电流继电器所反映的电流分别是:

$$\left.\begin{aligned} \mathrm{d}\dot{I}_{AB} &= \mathrm{d}(\dot{I}_A - \dot{I}_B) \\ \mathrm{d}\dot{I}_{BC} &= \mathrm{d}(\dot{I}_B - \dot{I}_C) \\ \mathrm{d}\dot{I}_{CA} &= \mathrm{d}(\dot{I}_C - \dot{I}_A) \end{aligned}\right\} \tag{3-3}$$

当发生单相接地短路时,只有两非故障相电流之差不突变,该选相元件不动作,而在其他短路故障下,三个选相元件都动作,其动作情况如表 3-3 所示。

表 3-3　各种类型故障下相电流差突变量选相元件的动作情况

故障类型	故障相别	选相元件		
		$\mathrm{d}\dot{I}_{AB}$	$\mathrm{d}\dot{I}_{BC}$	$\mathrm{d}\dot{I}_{CA}$
单相接地	A	+	−	+
	B	+	+	−
	C	−	+	+
两相短路或两相接地短路	AB	+	+	+
	BC	+	+	+
	CA	+	+	+
三相短路	ABC	+	+	+

注:"+"表示动作;"−"表示不动作。

因此,当三个选相元件都动作时,表明发生了多相故障,其动作后跳开三相断路器;当两个选相元件动作时,表明发生了单相接地短路,可选出故障相。

3.5.2.2　应考虑潜供电流对单相重合闸的影响

当发生单相接地故障时,线路故障相自两侧断开后,断开相与非故障相之间还存在电和磁(通过相间电容与相间互感)的联系,故障相与大地之间仍有对地电容,如图 3-11 所示。这时虽然短路电流已被切断,但在故障点的弧光通道中,仍有以下电流:

(1)非故障相 A 通过相间电容 C_{AC} 供给的电流 i_{CA};

(2)非故障相 B 通过相间电容 C_{BC} 供给的电流 i_{CB};

(3)继续运行的两相中,由于流过负荷电流会在断开的 C 相中产生互感电动势 $\dot{E}_M$,此电动势通过故障点和该相对地电容 C_0 而产生电流 i_M。

上述这些电流的总和($i_{CA}+i_{CB}+i_M$)称为潜供电流。潜供电流使故障点弧光通道的

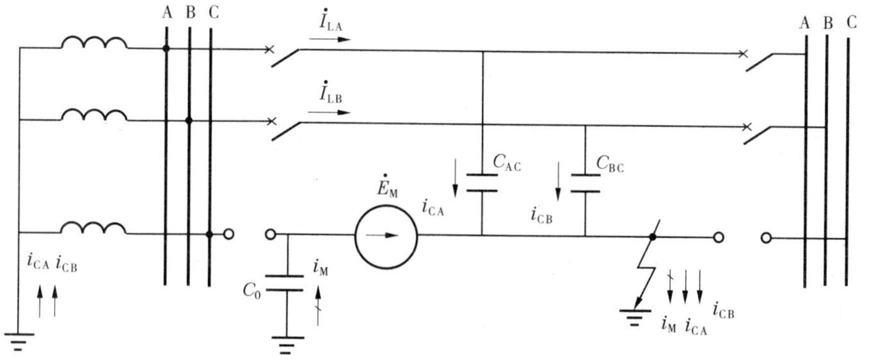

图 3-11　C 相单相接地时潜供电流的示意图

去游离受到严重阻碍,而自动重合闸只有在故障点电弧熄灭且绝缘强度恢复以后才有可能成功。因此,单相重合闸的时间必须考虑潜供电流的影响。潜供电流的持续时间与很多因素有关,通常由实测来确定熄弧时间,以便正确整定单相重合闸的时间。

3.5.2.3　应考虑非全相运行对继电保护的影响

采用综合重合闸以后,当发生单相接地短路时只断开故障相,在单相重合闸过程中,系统出现了三相不对称的非全相运行状态,将产生负序分量和零序分量的电流和电压,这就可能引起本线路保护以及系统中的其他保护误动作。对于可能误动作的保护,应在单相重合闸过程中予以闭锁,或整定保护的动作时间大于单相重合闸的动作时间。

(1)零序电流保护。在单相重合闸过程中,当两侧电动势摆开角度不大时,所产生的零序电流较小,一般只能引起零序过电流保护的误动作。但在非全相运行状态下系统发生振荡时,将产生很大的零序电流,会引起零序速断和零序限时速断的误动作。

对零序过电流保护,采用延长动作时限来躲过单相重合闸周期;对零序电流速断和零序电流限时速断,当动作电流值不能躲过非全相运行时的振荡电流时,应由单相重合闸实行闭锁,使其在单相重合闸过程中退出工作,并增加不灵敏Ⅰ段保护。

(2)距离保护。在非全相运行时,接于未断开两相上的阻抗继电器能够正确动作,但在非全相运行又发生系统振荡时可能会误动作。

(3)相差动高频保护。在非全相运行时不会误动作,外部故障时也不动作,而内部发生故障时却有拒动的可能。

(4)反映负序功率方向和零序功率方向的高频保护。当零序电压或负序电压取自线路侧电压互感器时,在非全相运行时不会误动作。

3.5.2.4　单相重合不成功时的影响

根据系统运行的需要,当单相重合闸不成功,线路需转入长期非全相运行时,则应考虑下列问题:

(1)长期出现负序电流对发电机的影响。

(2)长期出现负序电流和零序电流对继电保护的影响。

(3)长期出现零序电流对通信线路的干扰。

在单相重合闸不成功后,线路将转入非全相运行时,长期出现序分量将对电力系统中的设备、继电保护的影响和对通信设施的干扰,必须作相应的考虑,以消除这些影响所带来的不良后果。

3.5.3 综合重合闸构成的原则及要求

综合重合闸构成除满足一般三相自动重合闸的原则要求外,还需满足以下原则要求。

3.5.3.1 综合重合闸的启动方式

综合重合闸一般有两种启动方式:一种是由保护启动;另一种是由断路器位置不对应启动。微机保护装置内的各保护是直接去驱动操作三跳和单跳继电器出口动作的,因此微机保护装置的综合重合闸启动是利用各 CPU 启动开出的电源,依靠三跳固定继电器和单跳固定继电器的触点闭合,经光电隔离后接入综合的三跳和单跳启动重合闸的开入端,装置内部自己构成保护启动重合闸回路。为了保证重合闸动作的正确性,还设置有断路器三跳和单跳位置开入端,这是断路器位置不对应方式启动。采用断路器位置不对应的启动方式,还可以在单相轻载偷跳时完成重合闸功能。所谓单相轻载偷跳,是指选相为单相故障,而故障相又无电流,显然这是空载时误碰或其他原因使单相断路器误跳闸,这时可以在收到断路器位置不对应开入信号后启动重合闸。

综合启动时,无论是单跳、三跳保护启动,还是断路器位置不对应方式启动,都要对单跳、三跳或断路器位置不对应确认后才能启动重合。确认的方法是经过一个计数器,循环计数累计 20 次才被确认,其本质仍然是延时确认。

3.5.3.2 三相重合闸的同步方式

在三相重合闸循环计数确认过程中,设置同步检定,在不满足同步条件时“放电”,即清零计数器,重合闸就不会被启动。同步方式可通过控制字选择,有以下几种方式:

(1)非同步重合。不检查同步,也不检查电压。

(2)检同步。要求线路侧必须有电压且母线与线路电压之差小于同步电压整定值。

(3)检无压。线路电压低于无电压整定值或线路有电压且与母线电压同步,后者是为了检无压侧断路器偷跳时能进行重合。

3.5.3.3 应具有分相跳闸回路

单相故障时,通过该回路保护动作信号经选相元件切除故障相断路器;若是相间故障,则分相跳闸回路可以作为三相跳闸回路的后备。

3.5.3.4 应具有分相后加速回路

在非全相运行过程中,因一部分保护被闭锁,有的保护的性能变差。为能尽快切除永久性故障,则应设置分相后加速回路。

实现分相后加速,最主要的是要正确判断线路是否恢复了全相运行。实践证明:采用分相固定的方式,只对故障相用整定值躲开空载线路电容电流的相电流元件,区别有无故障和是否恢复全相运行的方法是有效的。另外,分相后加速应有适当的延时,以躲过由非全相转入全相运行的暂态过程,并保证非全相运行中误动的保护来得及返回,也有利于躲开三相重合闸时断路器三相不同时合闸时暂态电流的影响。

3.5.3.5 应具有故障判别及三相跳闸回路

重合闸除应具有故障判别回路,以判别接地故障与相间故障外,还应具有相间故障时相对独立的三相跳闸回路。当发生转换性故障、非全相运行中健全相又发生故障、单相接地时选相元件或分相跳闸元件拒动或不使用重合闸、手动合闸于故障线路以及操作断路器的液(气)压降到不允许重合闸的压力等情况下,均应接通三相跳闸回路,即跳开三相断路器。

在分相跳闸以外增设三相跳闸回路,发生多相故障时可使两者互为备用,以提高可靠性。

3.5.3.6 具有适应不同保护性能的接入回路

在装设综合重合闸的线路上,保护动作后一般都经综合重合闸才能使断路器跳闸(除有选相能力的保护外)。考虑到本线路和相邻线路非全相运行时保护的性能以及为适应保护要求进行三相重合闸,综合重合闸设有下列端子适应不同保护性能的接入要求。

N 端子:接本线路和相邻线路非全相运行时不会误动作的保护。

M 端子:接本线路非全相运行时会误动,而相邻线路非全相运行时不会误动的保护。

P 端子:接相邻线路非全相运行时会误动的保护。

Q 端子:接启动三相重合闸的保护。

R 端子:接三相跳闸后不进行重合闸的保护。

3.5.3.7 应适应断路器动作性能的要求

除与三相重合闸的要求相同外,当非全相运行中健全相又发生故障时,为保证断路器的安全,重合闸的动作时间应从第二次切除故障开始重新计时。

此外,有相关回路能输出保护和安全自动装置的信号。

3.6 输电线路重合闸方式的选定

自动重合闸方式的选定,应根据电网结构、系统稳定要求、电力设备承受能力和继电保护可靠性等原则来合理选定。

3.6.1 110 kV 及以下单侧电源线路的自动重合闸

(1)采用三相一次重合闸方式。

(2)当断路器断流容量允许时,对无经常值班人员的变电站引出的无遥控的单回线路以及给重要负荷供电无备用电源的单回线路,可采用三相二次重合闸方式。

(3)由几段串联线路构成的电力网,为加快切除短路故障,可采用带前加速重合闸方式。

3.6.2 110 kV 及以下双侧电源线路的自动重合闸

(1)采用无电压检定和同步检定的三相重合闸方式。

(2)双侧电源的单回线路,可采用以下重合闸方式:

①可采用解列重合闸,即将一侧电源解列,另一侧装设线路无电压检定的重合闸;

②当水电厂条件许可时,可采用自同步重合闸;

③为避免非同步重合及两侧电源均重合于故障上,可采用一侧无电压检定重合闸,另一侧采用同步检定重合闸。

(3)并列运行的发电厂或电力系统之间具有两条联系的线路(同杆架设双回线除外)

或三条联系不紧密的线路，可采用以下重合闸方式：

①当非同步重合闸的最大冲击电流超过允许值时，可采用同步检定和无电压检定的三相重合闸；

②当非同步重合闸的最大冲击电流小于允许值时，可采用不检查同步的三相重合闸；当出现单回线运行的情况时，可将重合闸停用；

③没有其他联系的并列运行双回线路，当不能采用非同步重合闸时，可采用检查另一回线路有电流的自动重合闸。

(4)当符合下列条件且认为有必要时，可采用非同步重合闸：

①非同步重合闸时，流过发电机、同步调相机或电力变压器的冲击电流不超过规定值；

②在非同步重合闸所产生的振荡过程中，对重要负荷的影响较小，或者可以采取措施减小其影响时；

③重合后，电力系统可以迅速恢复同步运行时。

(5)根据电力系统运行的需要，在 110 kV 电力网某些重要的线路上，也可装设综合重合闸。对于 220 ~ 500 kV 线路，应根据电力网结构和线路特点(如电力网联系的紧密程度、电力系统稳定的要求、线路的长度及负荷的大小和重要程度等)，同时满足上述(1)、(2)、(3)中有关装设三相重合闸的规定时，可采用三相重合闸，否则装设综合重合闸。

3.6.3 220 ~ 500 kV 线路的自动重合闸

(1)220 kV 单侧电源线路，可采用不检同步的三相重合闸方式，也可选用单相重合闸或综合重合闸方式。

(2)对于 220 kV 线路，当同一送电截面的同级电压及高一级电压的并联回路等于或大于 4 回时，选用一侧检定线路无电压、另一侧检定线路与母线电压同步的三相重合闸方式。三相重合闸时间，无电压侧整定为 1 s 左右，同步侧整定为 0.8 s。

(3)220 kV 弱联系的双回线路，可选用单相重合闸或综合重合闸方式。

(4)220 kV 大环网线路，采用三相快速重合闸可认为是合理的，因为重合成功可保持系统的稳定性。

(5)330 kV、500 kV 及并联回路数等于或小于 3 回的 220 kV 线路，可采用单相重合闸方式。

(6)带地区电源的主网络终端线路，一般选用解列三相重合闸方式，也可选用综合重合闸方式。

(7)对于可能发生跨线故障的 330 ~ 500 kV 同杆并架双回线路，如输送容量较大，且为了提高电力系统的安全稳定水平，可考虑采用按相自动重合闸方式。

3.6.4 大型机组高压配出线的自动重合闸

为避免重合于高压配出线出口三相永久性故障对发电机轴寿命的影响，重合闸方式如下：

(1)高压配出线电厂侧宜采用单相重合闸方式。

(2)高压配出线采用三相重合闸时,宜在系统侧检定线路无电压先重合,在电厂侧检定同步重合,即使是正常操作也须如此。

3.6.5 带有分支的线路重合闸

当带有分支的线路上采用单相重合闸方式时,分支侧的自动重合闸可采用下列方式:

(1)分支侧无电源时:①分支处变压器中性点接地时,采用零序电流启动的低电压选相的单相重合闸方式,重合后不再跳闸。②分支处变压器中性点不接地时,若所带负荷较大,则采用零序电压启动的低电压选相的单相重合闸方式,重合后不再跳闸;也可采用零序电压启动跳分支变压器低压侧三相断路器,重合后不再跳闸。当分支侧的负荷很小时,分支侧不设重合闸,也不跳闸。

(2)分支侧有电源时:①分支侧电源不大时,可用简单保护将分支侧电源解列,而后按分支侧无电源方式处理。②分支侧电源较大时,则在分支侧装设单相重合闸。

3.7 重合器与分段器

运行积累的资料表明,配电网 95% 的故障在起始时是暂时性的,主要是由于雷电、风、雨、雪以及树或导线的摆动造成的。采用具有多次自动重合闸功能的线路设备,既可有选择地、有效地消除瞬时性故障,使其不致发展成永久性故障,又可切除永久性故障,故而能够极大地提高供电可靠性。

自动重合器、自动分段器(简称重合器、分段器)是比较完善的、具有高可靠性的自动化设备,它不仅能可靠及时地消除瞬时故障,而且能将永久性故障引起的停电范围限制到最小。由于重合器、分段器适用于配电网络,因此在有些国家配电网络中已得到了广泛应用。

3.7.1 线路自动重合器的功能与特点

自动重合器是一种具有保护、检测、控制功能的自动化设备,具有不同时限的安秒特性曲线和多次重合闸功能,是一种集断路器、继电保护、操动机构为一体的机电一体化新型电器。它可自动检测通过重合器主回路的电流,当确认是故障电流后,持续一定时间按反时限保护自动开断故障电流,并根据要求多次自动地重合,向线路恢复供电。如果故障是瞬时性的,合闸成功,线路恢复供电;如果故障是永久性的,重合器在完成预先整定的重合闸次数(通常为 3 次)后,确认线路故障为永久性故障,则自动闭锁,不再对故障线路送电,直至人为排除故障后,重新将重合闸闭锁解除,恢复正常状态。

重合器的具体功能与特点如下:

(1)重合器在开断性能上具有开断短路电流、多次重合闸操作、保护特性的顺序、保护系统的复位等功能。

(2)重合器由灭弧室、操动机构、控制系统合闸线圈等部分组成。

(3)重合器是本体控制设备,在保护控制特性方面,具有自身故障检测、判断电流性质、执行开合等功能,并能恢复初始状态、记忆动作次数、完成合闸闭锁等操作顺序选择等。用于线路上的重合器,无附加操作装置,其操作电源直接取自于高压线路。

(4)重合器适用于户外柱上各种安装方式,既可在变电所内,也可在配电线路上。

(5)不同类型重合器的闭锁操作次数、分闸快慢动作特性、重合间隔等特性一般都不同,其典型的四次分断三次重合的操作顺序为:分→合分→合分→合分,不同产品可以根据运行中的需要调整重合次数及重合闸间隔时间。

(6)重合器的相间故障开断都采用反时限特性,以便与熔断器的安秒特性相配合(但电子控制重合器的接地故障开断一般采用定时限)。重合器有快、慢两种安秒特性曲线。通常它的第一次开断都整定在快速曲线,使其在0.03~0.04 s内即可切断额定短路开断电流,以后每次开断,可根据保护配合的需要,选择不同的安秒特性曲线。

3.7.2 线路自动分段器的功能特点

分段器是配电系统中用来隔离故障线路区段的自动保护装置,通常与自动重合器或断路器配合使用。分段器没有安秒特性曲线,不需要像重合器那样进行特性曲线的配合。它必须与电源侧前级主保护开关(断路器或重合器)配合,在无电压或无电流的情况下自动分闸。

当发生永久性故障时,分段器的后备保护重合器或断路器动作,分段器的计数功能开始累计重合器的跳闸次数。当分段器达到预定的记录次数后,在后备装置跳开的瞬间自动跳闸,分断故障线路段。重合器再次重合,恢复其他线路供电。若重合器跳闸次数未达到分段器预定的记录次数就已消除了故障,分段器的累计计数在经过一段时间后自动消失,恢复初始状态。

分段器按相数分为单相式与三相式,按控制方式分为液压控制式和电子控制式。液压控制式的分段器采用液压控制计数,而电子控制式的分段器采用电子控制计数。自动分段器的功能与特点主要有以下几个方面:

(1)分段器具有自动累计上一级保护装置跳闸次数的计数功能。

(2)分段器可断负荷电流、关合短路电流,但不能开断短路电流,因此不能单独作为主保护开关使用,可作为手动操作的负荷开关使用。

(3)分段器可进行自动和手动跳闸,但合闸必须是手动的。分段器跳闸后呈闭锁状态,只能通过手动合闸恢复供电。

(4)分段器有串接于主电路的跳闸线圈,更换线圈即可改变最小动作电流。

(5)分段器与重合器之间无机械和电气的联系,其安装地点不受限制。

(6)分段器没有安秒特性,故在使用上有特殊的优点。例如,它能用在两个保护装置的保护特性曲线很接近的场合,从而弥补了在多级保护系统中有时增加步骤也无法实现配合的缺点。

3.7.3 重合器与分段器的配合

自动重合器和自动分段器的配合动作可实现排除瞬时性故障、隔离永久性故障区域、保证非故障线段的正常供电。其典型结构图如图3-12所示。

理论上讲,线路上的每一个分支点都应作为一个分断点考虑,这样,即使在较短分支

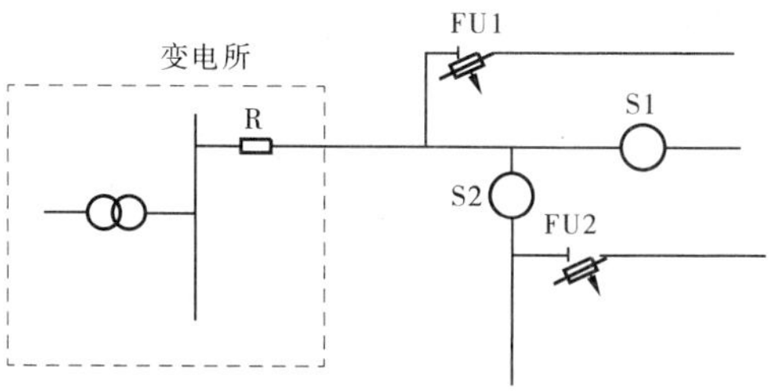

R—自动重合器；S1、S2—自动分段器；FU1、FU2—跌开式熔断器

图 3-12　重合器与分段器配合的典型结构

线路出现永久性故障时，也可有选择地予以分段，保持其他区段的正常供电。但出于经济和运行条件的限制，往往不可能做到这点，因而需从实际出发，因地制宜。重合器、分段器均是智能化设备，具有自动化程度高等诸多优点。但是只有当正确配合使用时才能发挥其作用，因此应遵守以下配合原则：

（1）分段器必须与重合器一起使用，并装在重合器的负荷侧。

（2）后备重合器必须能检测到并能作用于分段器保护范围内的最小故障电流。

（3）分段器的启动电流必须小于其保护范围内的最小故障电流。

（4）分段器的热稳定额定值和动稳定额定值必须满足要求。

（5）分段器的启动电流必须小于 80% 后备保护的最小分闸电流，大于预期最大负荷电流的峰值。

（6）分段器的记录次数必须比后备保护闭锁前的分闸次数少 1 次以上。

（7）分段器的记忆时间必须大于后备保护的累计故障开断时间。后备保护动作的总累计时间，为后备保护顺序中的各次故障涌流时间与重合间隔之和。

由于分段器没有安秒特性，所以重合器与控制分段器的配合不要求研究保护曲线。后备保护重合器整定为四次跳闸后闭锁，这些操作可以是任何快速和慢速（或延时）操作方式的组合，分段器的整定次数选择三次。如果分段器负荷侧线路发生永久性故障，分段器将在重合器第三次重合前分开并隔离故障，然后重合器对非故障线路供电。

假如另有串联配制的分段器，它们整定的闭锁次数应一级比一级小。最末级分段器负荷侧线路故障时，重合器动作，串联的分段器都记录重合器的开断电流次数，最末级达到动作次数后分闸，隔离故障，重合器再重合接通非故障线路恢复正常供电。未达到计数次数的分段器在规定的复位时间内复位到初始状态。下面举例说明重合器与分段器的配合问题。

如图 3-13 所示，变电站出口选用重合器，整定为“一快三慢”。分支线路用六组跌落式自动重合器、分段器 S1、S2、S3、S4、S5、S6 将其线路分成 L1、L2、L3、L4、L5、L6、L7 段。分段器的额定启动电流值与重合器启动电流值相配合，S1 计数次数为 3 次，S2、S3、S5 计数次数为 2 次，S4、S6 计数次数为 1 次。

（1）若故障 K1 发生在 L5 段，重合器、分段器 S1、S3、S4 通过故障电流，重合器自动分闸，如果为瞬时性故障，重合器自动重合成功，恢复供电。S1、S3 没有达到整定计数次数，应处于合闸状态。如果为永久性故障，线路失压，S4 达到整定 1 次计数次数，自动分闸跌

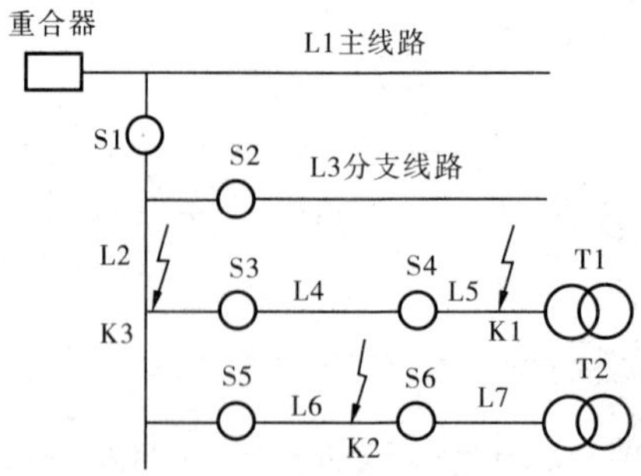

图 3-13　变电站出口选用重合器与分段器配合的示意图

落，隔离故障 L5 段，重合器自动重合后恢复线路 L1、L2、L3、L4、L6、L7 段供电。

（2）若故障 K2 发生在 L6 段，重合器、分段器 S1、S5 通过故障电流，重合器自动分闸，如果为瞬时性故障，重合器自动重合成功，恢复供电。S1、S5 没有达到整定计数次数，应处于合闸状态。如果为永久性故障，重合器自动重合不成功，再次分闸，线路失压，S5 达到整定 2 次计数次数，自动分闸跌落，隔离故障 L6 段，S1 没有达到整定计数次数，处于合闸状态。重合器自动重合后恢复线路 L1、L2、L3、L4、L5 段供电。

（3）若故障 K3 发生在 L2 段，重合器、分段器 S1 通过故障电流，重合器自动分闸。如果为瞬时性故障，重合器自动重合成功，恢复供电。S1 没有达到整定计数次数，处于合闸状态。如果为永久性故障，重合器重合不成功，分闸，再次重合不成功，再次分闸，线路失压，S1 达到整定 3 次计数次数，自动分闸跌落，隔离故障 L2 段，重合器重合后恢复线路 L1 段供电。

选择自动跌落式分段器，一般在用户入口处选择计数次数 1 次。因变电站故障大多数是永久性故障，架空线路故障 80% 是瞬时性故障，架空线路分支应选择计数次数 2 次或 3 次，便于分段器之间配合和优化。

小　结

自动重合闸广泛应用于 1 kV 及以上的架空线路及电缆与架空混合线路中。采用自动重合闸是提高输电线路供电可靠性的有力措施。

单侧电源的线路广泛采用三相一次重合闸方式。重合闸的实现可采用电气式自动重合闸装置、软件实现的重合闸装置。在使用三相自动重合闸的中、低压线路上，自动重合闸是由该线路微机保护测控装置中的一段程序来完成的。

双侧电源线路的自动重合闸，在单侧电源线路重合闸的基础上要多考虑同步和时间的配合问题。主要介绍检定无电压和检定同步的三相自动重合闸，理解它的定义、工作原理和适用条件。

自动重合闸与继电保护的适当配合，可加速切除故障。自动重合闸与继电保护的配合方式有重合闸前加速保护和重合闸后加速保护，区分两者的工作方式、优缺点、适用场合。

综合重合闸装置有四种重合闸方式，即综合重合闸方式、单相重合闸方式、三相重合闸方式、停用方式。综合重合闸需要考虑由单相重合闸方式引起的特殊问题，综合重合闸的构成应满足一定的原则和要求。

输电线路自动重合闸方式，应根据电网结构、系统稳定要求、电力设备承受能力和继电保护可靠性等原则而合理选定。分析了自动重合器、自动分段器的特点及配合使用的原则。

习　题

一、填空题

1. 三相一次重合闸用________________来保证重合闸只动作一次；手动断开线路断路器时，重合闸应____________。

2. 当母线差动保护动作时，应________线路自动重合闸装置。

3. 继电保护与自动重合闸的配合方式有__________和__________两种。

4. ____________启动方式不能对断路器误跳进行重合，____________启动方式能纠正断路器误跳。

5. 检定无电压、检定同步自动重合闸，为使两端断路器工作条件均等，应采取____________方式。

6. 双侧电源线路的自动重合闸应考虑的问题是____________________。

7. 要保证重合闸装置只动作一次，装置的准备动作时间应取______ s。

8. 综合自动重合闸，线路发生单相故障时，实行________；线路发生两相故障时，实行________；线路发生三相故障时，实行________。

9. 在单相重合闸期间，出现潜供电流影响的原因是非故障相与断开的故障相之间存在________和________联系。

二、判断题

1. KCF 用于防止合闸于故障线路时因 AAR 装置中 KC 接点粘住造成 QF 多次跳合闸。(　　)

2. 重合闸前加速保护比重合闸后加速保护的重合成功率高。(　　)

3. 检定线路无电压和检定同步重合闸装置，在线路发生永久性故障跳闸时，检定同步重合侧重合闸不会动作。(　　)

4. 为了使输电线路尽快恢复供电，AAR 动作可以不带时限。(　　)

5. 全敷设电缆线路不应装设重合闸。(　　)

6. 普通重合闸的复归时间取决于重合闸中电容的充电时间。(　　)

三、选择题

1. 要保证重合闸装置只动作一次，装置的准备动作时间应取(　　)。

(A)0.8 ~ 1 s　　(B)10 ~ 15 s　　(C)15 ~ 20 s　　(D)1 ~ 10 s

2. AAR装置本身的元件损坏以及继电器触点粘住或拒动时，一次重合闸应动作(　　)次。

(A)1次　(B)2次　(C)多次　(D)任意

3. 重合闸装置若返回时间太短，可能出现(　　)。

(A)多次重合　(B)拒绝合闸　(C)非同步重合　(D)同步重合

4. 为了防止断路器多次重合于故障线路，装设了防跳继电器，在(　　)过程中都能防止断路器跳开。

(A)手动合闸　(B)自动重合闸　(C)试送电　(D)手动和自动合闸

5. 自动重合闸可按控制开关位置与断路器位置不对应的原理启动，即(　　)时启动自动重合闸。

(A)控制开关在跳闸位置而断路器实际在合闸位置

(B)控制开关在跳闸后位置而断路器实际在合闸位置

(C)控制开关在合闸位置而断路器实际在断开位置

(D)控制开关在合闸后位置而断路器实际在断开位置

6. 在(　　)情况下，自动重合闸装置不应动作。

(A)用控制开关或通过遥控装置将断路器跳开

(B)主保护动作将断路器跳开

(C)后备保护动作将断路器跳开

(D)某种原因造成断路器误断开

7. 自动重合闸的动作次数，(　　)。

(A)当装置元件损坏时可以变化

(B)当装置内部继电器触点粘住时可以变化

(C)在任何情况下应符合预先的规定

(D)在有些情况下应符合预先的规定

8. 检定线路无电压三相自动重合闸的低电压元件动作电压应整定为(　　)。

(A)额定电压的50%　(B)额定电压的25%

(C)额定电压的70%　(D)不应低于额定电压的70%

9. 双侧电源线路的非同步重合闸，当线路断路器因故障跳开后，即使两侧电源已经失去同步，也自动将断路器合闸，(　　)。

(A)不存在同步问题　(B)允许非同步运行

(C)期待系统自动拉入同步　(D)合闸瞬间两侧电源可能同步

10. 具有几段串联的辐射形线路，若采用重合闸前加速保护动作的配合关系，则重合闸装置(　　)。

(A)仅装在靠近电源一段线路的供电侧　(B)装在最末一段线路的供电侧

(C)装在每一段线路的供电侧　(D)装在任意一段线路的供电侧

11. 具有几段串联的辐射形线路，若采用重合闸后加速保护动作的配合关系，则重合闸装置(　　)。

(A)仅装在靠近电源一段线路的供电侧　(B)装在最末一段线路的供电侧

(C)装在每一段线路的供电侧　　　　(D)装在任意一段线路的供电侧

12. 输电线路装有综合自动重合闸,(　　)可以用作选相元件。

(A)阻抗继电器和相电流差突变量元件

(B)阻抗继电器和零序电流继电器

(C)相电流差突变量元件和零序电压继电器

(D)零序电压继电器和零序电流继电器

13. 综合自动重合闸采用相电流差突变量选相元件,当线路故障时,如果三个元件中有两个动作,表示(　　)。

(A)发生了三相短路

(B)发生了与两个元件有关的单相接地短路

(C)发生了两相接地短路

(D)发生了两相相间短路

14. 综合重合闸的启动方式(　　)。

(A)是不对应启动　　　　(B)是继电保护启动

(C)是不对应启动和继电保护启动　　　　(D)完全与三相自动重合闸相同

15. 单相重合闸动作时间应该比三相重合闸动作时间长,原因是(　　)。

(A)单相重合闸需要接地故障判别　　　　(B)单相重合闸需要故障选相

(C)单相跳闸的断路器动作时间长　　　　(D)潜供电流影响故障点消弧时间加长

四、问答及综合分析题

1. 输电线路采用自动重合闸的作用是什么?

2. 自动重合闸有哪些类型?其使用条件和优缺点如何?

3. 对单侧电源三相自动重合闸装置有哪些基本要求?图 3-1 是如何满足这些要求的?

4. 当线路发生永久性故障时,为什么三相一次重合闸只重合一次?

5. 双侧电源三相自动重合闸有哪些重合闸方式?

6. 对双侧电源线路自动重合闸装置要考虑哪些特殊问题?

7. 试画出检定无电压和检定同步的重合闸示意图。说明双侧电源线路两侧都要装设检定同步和检定无电压的重合闸装置的原因。

8. 什么叫重合闸后加速?什么叫重合闸前加速?试比较重合闸后加速与前加速的优缺点及使用场合。

9. 对检定无电压和检定同步重合闸,为什么在无压侧还要投入同步检定元件?为什么两侧要定期切换?若两侧无电压检定连接片都投入或都不投入,运行中有什么问题?

10. 若采用相电流差突变量选相元件,分析 B 相单相接地时三个选相元件的动作行为。

五、计算题

如图 3-14 所示单电源供电的网络中,采用自动重合闸后加速保护,它是利用电流速断保护来实现重合闸后加速保护动作的。该电流速断保护的动作时间为0.1 s，变电站A、B、C保护的动作时间分别为1.5 s、1 s、0.5 s；所有断路器的合闸时间为0.35 s，跳闸时间为0.07 s；三相一次自动重合闸装置的准备动作时间为15 s，自动重合闸整定时间为0.8 s。试问：

①当K1点发生永久性故障时，2QF拒动，经多少时间后才能由1QF切除故障？

②如果K2点发生瞬时性故障14.6 s后，K3点又发生永久性故障，在K3点故障几秒后才由3QF切除故障？

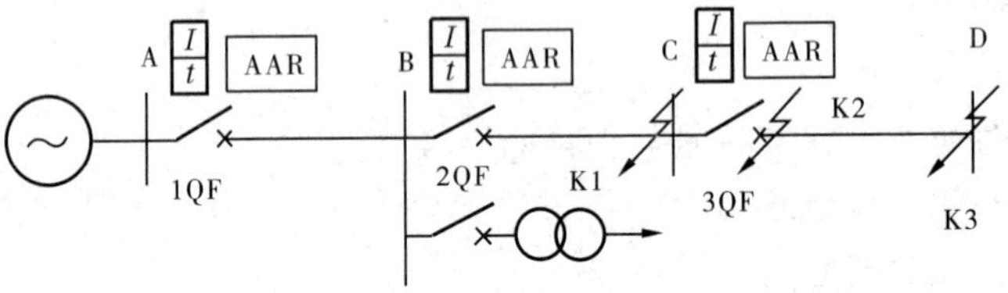

图3-14 单电源线路接线图

第4章　同步发电机自动调节励磁装置

教学要求

熟悉励磁系统的任务、基本要求、励磁方式；掌握可控整流电路原理；熟悉自动调节励磁装置构成原理；理解强行励磁概念及衡量性能指标；理解灭磁概念、基本要求、方法；理解并联运行发电机间无功负荷分配原则；熟悉微机励磁调节装置特点、硬件组成、软件原理。

4.1　励磁系统的任务、要求与类型

同步发电机的运行，主要是将旋转的机械功率转换成电磁功率。为完成这一转换，就需要在发电机的转子绕组（又称励磁绕组）中通以直流电流，把这一产生旋转磁场的直流电流称为同步发电机的励磁电流。运行中的同步发电机无论在正常或事故情况下，为维持机端电压都要调节励磁电流。与同步发电机励磁电压的建立、调整及必要时使其电压消失有关的设备和电路构成的系统称为励磁系统。通常由励磁功率单元和励磁调节装置两部分组成，其中励磁功率单元向同步发电机的励磁绕组提供可靠的直流励磁电流；励磁调节装置按照发电机及电力系统运行的要求，根据输入信号和给定的调节准则自动调节控制功率单元输出的励磁电流。

4.1.1　励磁系统的任务

励磁控制系统的主要任务是向发电机的励磁绕组提供一个可调的直流电流（或电压），以满足发电机正常发电和电力系统安全运行的需要。无论在稳态运行还是在暂态过程中，同步发电机运行状态在很大程度上与励磁有关。对发电机的励磁进行调节和控制，不仅可以保证发电机及电力系统的可靠性、安全性和稳定性，而且可以提高发电机及电力系统的技术经济指标。

4.1.1.1　系统在正常运行时维持机端电压或系统中某点电压水平

电力系统正常运行时，负荷是经常波动的，同步发电机的功率也随之发生变化。随着负荷的变化，要求及时调节励磁电流以维持发电机端电压或系统某点电压在给定水平，所以励磁系统担负着维持电压水平的任务。

为便于分析，可用单机运行系统来进行分析，如图4-1(a)所示为同步发电机的运行原理图。图4-1(b)所示为同步发电机的等值电路图，图中发电机感应电动势 $\dot{E}_q$ 与机端电压 $\dot{U}_G$ 的关系为：

$$\dot{E}_q = \dot{U}_G + j\dot{I}_G X_d \tag{4-1}$$

式中　$\dot{I}_G$——发电机定子电流；

X_d——发电机直轴同步电抗。

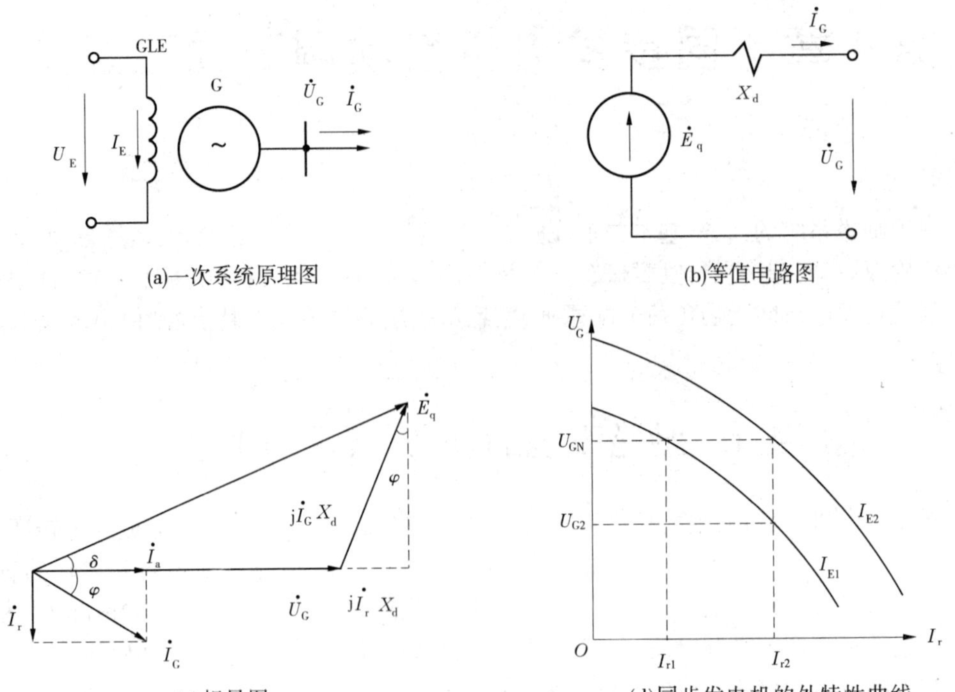

(a)一次系统原理图　(b)等值电路图

(c)相量图　(d)同步发电机的外特性曲线

图 4-1　同步发电机运行原理示意图

图 4-1(c)所示为发电机的相量图,由此可知 $\dot{E}_q$ 与 $\dot{U}_G$ 的幅值关系为

$$E_q\cos\delta = U_G + I_r X_d \tag{4-2}$$

式中　δ——发电机的感应电动势 $\dot{E}_q$ 与机端电压 $\dot{U}_G$ 间的相角,即发电机功率角;

I_r——发电机的无功电流。

由于 δ 值一般很小,可近似认为 $\cos\delta = 1$,则式(4-2)可简化为

$$E_q \approx U_G + I_r X_d \tag{4-3}$$

式(4-3)表明,在励磁电流一定、E_q 一定的条件下,无功负荷的变化是造成机端电压偏移的主要原因。由式(4-3)可作出发电机的外特性曲线,如图 4-1(d)所示。当无功负荷 I_{r1} 增加到 I_{r2} 时,若励磁电流维持 I_{E1} 不变,则相应机端电压 U_G 从 U_{GN} 降到 U_{G2},此时若要保持机端电压为 U_{GN},则应使励磁电流 I_{E1} 增加到 I_{E2},即使外特性曲线上移。同样,当无功负荷减小时,为保持机端电压为额定电压 U_{GN},励磁电流应相应减小,即外特性曲线下移。由上分析可见,励磁系统可维持机端或系统中某点的电压水平。

4.1.1.2　对并联运行机组间的无功功率进行合理分配

为便于分析,设同步发电机与无限大容量母线并联运行,发电机端电压不随负荷变化而变化,如图 4-2 所示。由于发电机输出的有功功率只受调速器控制,发电机的输出功率由原动机输入功率决定,与发电机的励磁电流大小无关。当原动机输入功率不变时,发电机的输出功率为常数,即

$$P = U_G I_G \cos\varphi = 常数 \tag{4-4}$$

对隐极式发电机而言，由其功角特性可得，发电机输出的有功功率还可表示为

$$P = \frac{E_G U_G}{X_d}\sin\delta = 常数 \tag{4-5}$$

若计及 U_G 为常数，X_d 不变时，式(4-4)和式(4-5)可写成

$$I_G\cos\varphi = 常数 \tag{4-6}$$

$$E_G\sin\delta = 常数 \tag{4-7}$$

发电机的相量图如图4-2(b)所示。由图可见，当励磁电流变化时，$\dot{E}_q$ 终端变化轨迹 A_1A_2 平行于 $\dot{U}_G$，相应定子电流 $\dot{I}_G$ 的变化轨迹为 B_1B_2。当励磁电流增大，使 $\dot{E}_q$ 增大为 $\dot{E}_{q1}$ 时，相应定子电流 $\dot{I}_G$ 增大为 $\dot{I}_{G1}$，此时无功电流由 I_r 增大为 I_{r1}；反之，当励磁电流减小，使 $\dot{E}_q$ 减小为 $\dot{E}_{q2}$ 时，相应定子电流 $\dot{I}_G$ 减小为 $\dot{I}_{G2}$，无功电流由 I_r 减小为 I_{r2}。可见，通过调节励磁电流的大小，可控制发电机发出的无功功率(I_rU_G)，使并列运行机组间的无功功率得到合理分配。

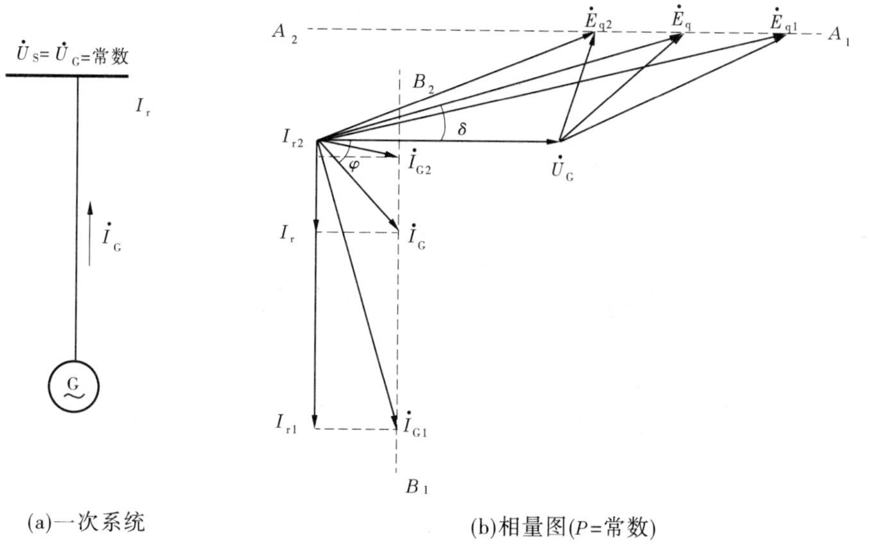

图4-2　同步发电机与无限大母线并联运行

4.1.1.3　提高电力系统运行的稳定性

同步发电机稳定运行是保证电力系统可靠供电的首要条件，电力系统在运行中随时都可能受到各种干扰，在受到各种干扰后，发电机组能够恢复到原来的运行状态，或者过渡到另一个新的稳定运行状态，则系统是稳定的。电力系统的稳定可分为静态稳定和暂态稳定两类。

电力系统静态稳定是指在一个特定的稳态运行条件下的电力系统，遭受到任何一个小干扰后，经过一定时间，能够自动地恢复到或者接近于小干扰前的稳定运行状态的能力。电力系统具有静态稳定，是系统能够正常运行的基本条件。

电力系统暂态稳定是指在一个特定的稳态运行条件下的电力系统，突然遭受到一个

大干扰后，能够从原来的运行状态不失去同步地过渡到另一个允许的新稳定运行状态的能力。显然，一个实际运行的电力系统应具有必要的静态稳定和暂态稳定的能力，良好的励磁控制系统能提高这些能力。

1.提高电力系统的静态稳定性

以图4-3为例，发电机直接并联于无穷大系统，发电机向系统送出的有功功率可表示为

$$P_G = \frac{E_q U}{X_\Sigma}\sin\delta \tag{4-8}$$

式中 X_Σ——系统总阻抗；

δ——发电机空载电动势 $\dot{E}_q$ 和受端电压 $\dot{U}$ 间的相角。

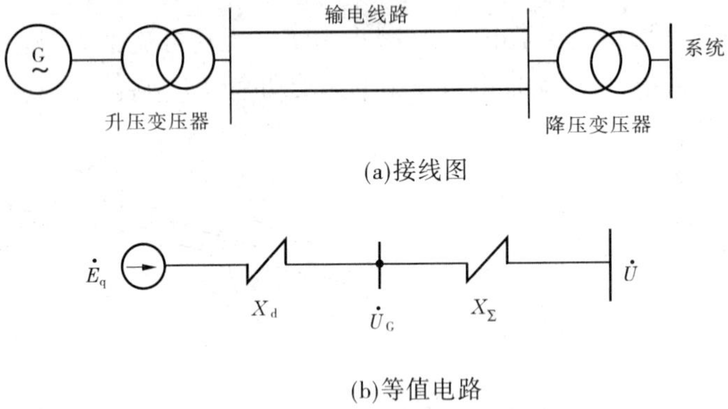

图4-3 电力系统静态稳定分析图

在某一励磁电流下，对应于某一固定空载电动势 E_q 值时，发电机传输功率 P_G 是功率角 δ 的正弦函数，P—δ 关系曲线如图4-4所示，称为同步发电机的功角特性。在图4-4所示的功角特性曲线上可以看出，当发电机输出功率为 P_0 时，则运行在图4-4中的a点是静态稳定的。当 $\delta<90°$ 时，发电机能稳定运行；当 $\delta>90°$，发电机不能稳定运行；$\delta=90°$ 时，最大输出功率为 $P_m=E_qU/X_\Sigma$。

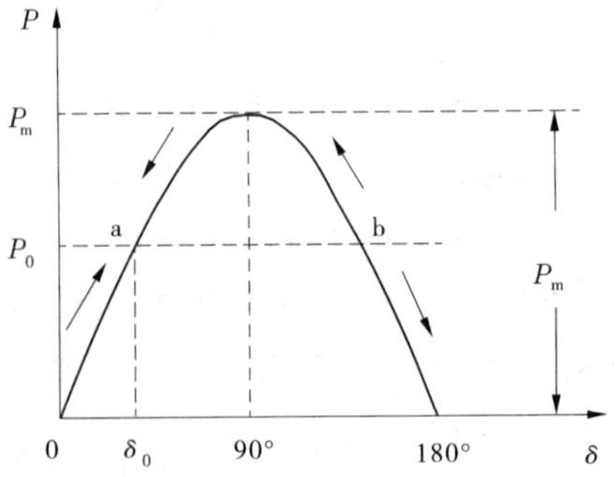

图4-4 同步发电机的功率特性

当发电机发出的有功功率 P_G 不变时，通过增加发电机的励磁电流，即增大发电机的感应电势 E_q，可使发电机的功角减小，从而提高发电机运行的稳定性。另一方面，当系统

有功负荷增加时，发电机输出的有功功率亦应随之增加，此时，增加发电机的励磁电流，可使发电机的功角维持不变，从而保证发电机的稳定运行。

分析发电机的功角特性曲线可得到相同的结论，当系统电压不变时，提高发电机的励磁电流，即增大发电机的感应电势 E_q，可使发电机的功角特性曲线上移，即在相同的功角下，使发电机输出的有功功率增大，从而可保证发电机运行的稳定性。

2. 改善电力系统暂态稳定性

当电力系统遭受大的扰动后，发电机组间或电厂之间的联系立即减弱。只有当系统具有较强的暂态稳定能力时，系统中各机组才能保持同步运行。由于现代继电保护装置的快速切除故障，励磁自动控制系统对暂态稳定的影响一般不如对静态稳定的影响那样显著，但在一定条件下，仍然具有明显的作用，这可以用单机对无限大系统的例子来说明。图 4-5 为发电机暂态稳定的面积定则。设在正常运行时，发电机输送功率 P_0，在功角特性曲线Ⅰ的 a 点上运行，当突然受到扰动后，电压突降，系统运行点由 a 点突降到功角特性曲线Ⅱ的 b 点。如果事故消除前，励磁装置保持原状态，则由于动力输入部分存在惯性，输入功率仍为 P_0，于是发电机轴上将出现过剩转矩使转子加速，运行点由 b 点沿曲线Ⅱ向 F 点移动。abF 包围的面积均表现为这种加速的区域，称为加速面积。过了 F 点，发电机输出功率大于 P_0，转子轴上将出现制动转矩，使转子减速。曲线Ⅱ与 P_0 直线间所形成的上块阴影部分面积表示使转子制动的能量，称为减速面积。发电机能否稳定运行取决于这两块面积是否相等，即所谓等面积法则。若减速面积小于加速面积，则发电机将失去稳定。

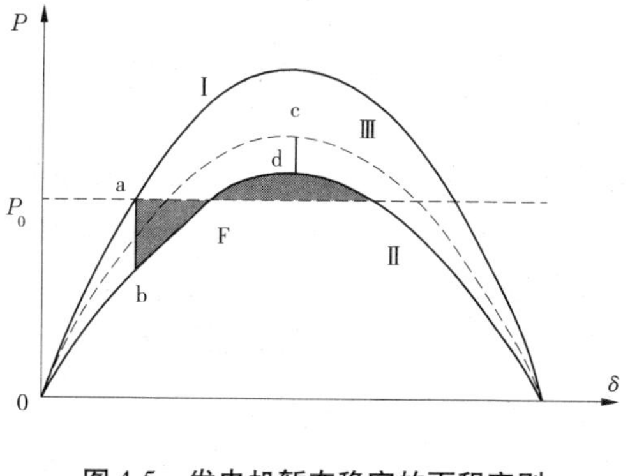

图 4-5　发电机暂态稳定的面积定则

若在刚受到扰动后，励磁装置进行强励，则发电机组的运行点将移到功角曲线Ⅲ上，这样不但减小了加速面积，而且还增大了减速面积，因而使发电机第一次摇摆时功角的幅值减小，改善了发电机的暂态稳定性。当往回摆动时，过大的减速面积并不有利，这时如能让它回到特性曲线Ⅱ上的 d 点运行，就可以减小回程振幅，对稳定性更为有利。

提高同步发电机的强励能力，即提高励磁顶值电压和励磁电压的上升速度，是提高电力系统暂态稳定性最经济、最有效的手段之一。

4.1.1.4　改善电力系统的运行条件

当电力系统由于各种原因出现短时低电压时，励磁自动调节控制系统发挥其调节功能，即大幅度地增加励磁以提高系统电压。这在下述情况下可以改善系统的运行条件。

1. 改善异步电动机的自启动条件

电网发生短路等故障时，电网电压降低，必然使大多数用户的电动机处于制动状态。故障切除后，由于电动机自启动需要吸收大量无功功率，以致延缓了电网电压的恢复过程。此时，如果系统中所有发电机都强行励磁，那么就可以加速电网电压的恢复，有效地改善电动机的运行条件。

2. 为发电机异步运行创造条件

同步发电机失去励磁时，需要从系统中吸收大量无功功率，造成系统电压大幅度下降，严重时甚至会危及系统的安全运行。在此情况下，如果系统中其他发电机组能提供足够的无功功率，以维持系统电压水平，则失磁的发电机可以在一定时间内以异步运行方式维持运行，这不但可以确保系统安全运行而且有利于机组热力设备的运行。

3. 提高继电保护装置工作的正确性

当系统处于低负荷运行状态时，发电机的励磁电流不大，若系统此时发生短路故障，其短路电流较小，且随时间衰减，以致带时限的继电保护不能正确工作。励磁自动控制系统就可以通过调节发电机励磁来增大短路电流，使继电保护可靠工作。

由此可见，发电机励磁系统在改善电力系统运行方面起到了十分重要的作用。

4.1.2　对自动调节励磁系统的基本要求

为了充分发挥励磁系统各部分的作用，完成发电机励磁系统的各项任务，装置应满足如下基本要求：

(1) 在正常运行时，能按机端电压的变化自动地改变励磁电流，维持电压值在给定水平。因此，要求自动励磁调节装置有足够的调节容量，励磁系统有足够的励磁容量。

(2) 对并列运行的发电机，要求励磁调节器能稳定合理分配机组间的无功功率。

(3) 电力系统发生事故使电压降低时，励磁系统应有很快的励磁响应速度和足够大的励磁顶值电压，以实现强行励磁的作用。对水轮发电机的励磁系统，还应有快速强行减磁能力，或增设单独的快速的强行减磁装置。

(4) 装置要简单、可靠，动作要迅速，调节过程要稳定。调节系统应没有失灵区，以保证在稳定区内运行。

4.1.3　励磁系统的类型

在电力系统发展初期，同步发电机的容量不大，励磁电流由与发电机同轴的直流电机供给，即所谓的直流励磁机励磁系统。随着发电机容量的提高，所需励磁电流也相应增大，而直流励磁机却受到制造容量、调节速度的限制，及整流子碳刷维护困难、易发生故障等问题。而大功率半导体整流元件制造工艺却日益成熟，于是大容量机组的励磁功率单元就采用了交流发电机和半导体整流元件组成的交流励磁机系统。随着控制理论的发展和新技术、新器件的不断出现，数字式励磁调节器已广泛在新机组上投入使用。下面介绍几种常见的励磁系统。

4.1.3.1　直流励磁机供电的励磁方式

直流励磁机供电的励磁方式是最早采用的励磁方式，直流励磁机与发电机同轴。其主要优点是：结构简单，运行可靠；当励磁机故障时，发电机转子仍可与励磁机形成闭合回路，不会产生感应过电压。其主要缺点是：因为直流励磁机为机械整流子换流，平时对整流子、碳刷的维护工作量大，且当需要的励磁电流很大时换向困难，所以直流励磁机的容量受到限制，这种方式只能在100 MW以下中小容量机组中采用。按励磁机励磁绕组供电方式的不同，可分为自励式与他励式两种。

1. 自励式直流励磁机系统

自励式直流励磁机系统原理接线如图4-6所示。发电机励磁绕组GLE由与之并联的直流励磁机GE供电，而直流励磁机GE同时经过磁场变阻器R向自己的励磁绕组ELE提供励磁电流，所以称为自励。改变磁场变阻器R的电阻值，可以改变励磁机的励磁电流，从而改变了励磁机的端电压，达到人工调节励磁电流的目的。励磁调节器则通过电压互感器TV感受发电机端电压的变化作出响应，改变输出电流I_A的大小，达到自动调节励磁的目的。

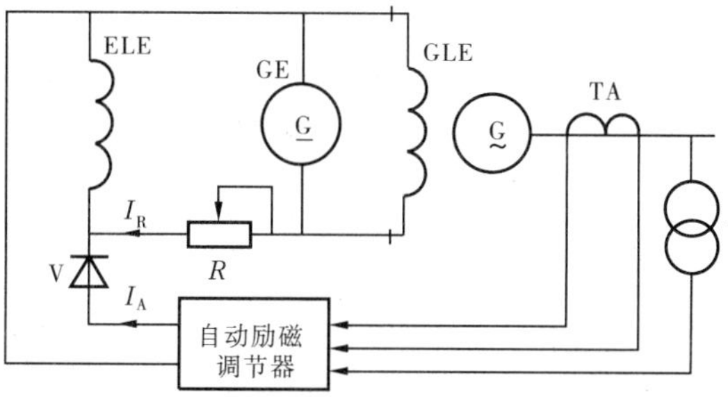

图4-6　自励式直流励磁机系统原理接线图

2. 他励式直流励磁机系统

他励式直流励磁机系统原理接线如图4-7所示。由图可见，他励式直流励磁机的励磁绕组是由另外一台副励磁机GE2供电的，所以称为他励。副励磁机GE2可通过调整磁场电阻R来改变其励磁电流，副励磁机GE2与励磁机GE1都与发电机同轴。自动励磁调节器的输出直接对主励磁机GE1起作用。由于有了同轴的副励磁机GE2，在要求相同的励磁容量下，他励式的时间常数小，因而电压响应速度较高，发电机电压的稳定性也较自励式好，一般用于水轮发电机组。

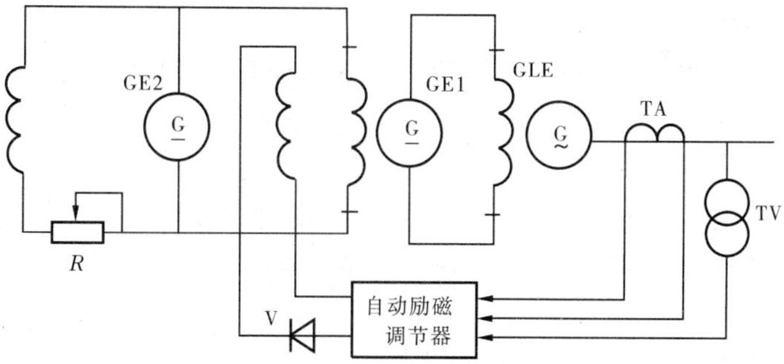

图4-7　他励式直流励磁机系统原理接线图

4.1.3.2　**交流励磁机经整流供电的励磁方式**

随着同步发电机容量的不断提高,目前,在 200 MW、300 MW 以上的大容量机组普遍采用交流励磁机的励磁系统。因为交流励磁机的容量可以造得较大,励磁机的频率一般为 100 Hz 或更高。交流励磁机结构简单,工作可靠性高。交流励磁机系统也分为自励式与他励式两种。

1. *自励交流励磁机系统*

与自励式直流励磁机一样,自励式交流励磁机的励磁电源也是从本机直接获得的。所不同的是,直流励磁机为了调整电压需用一个磁场电阻;而自励式交流励磁机为了维持其端电压恒定,改用了可控整流元件。

图 4-8 所示为自励式交流励磁机系统,图中交流励磁机 GE 采用自励方式工作。GE 的起励电压较高,不能像直流励磁机可以依靠剩磁起励。所以,在机组启动时,利用专门的起励电源来保证机组顺利进入正常工作状态。当机组进入正常工况后,起励电源退出工作。

正常工作时,GE 由可控整流器 UR_2 供给励磁电流,UR_2 受自动恒压元件控制,保持 GE 的输出电压为恒定,而发电机 G 的励磁由自动励磁调节器实现自动调节。

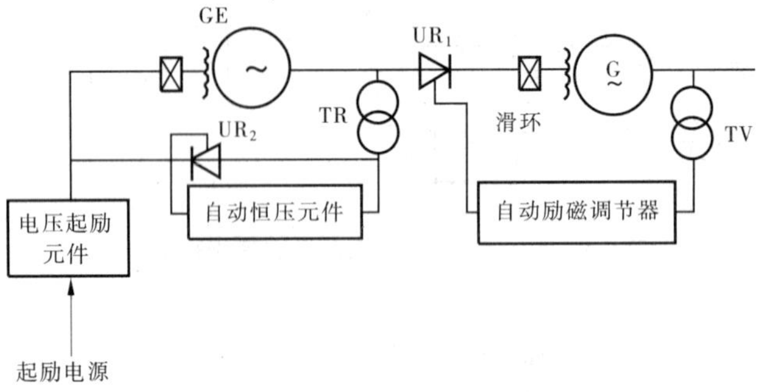

图 4-8　自励式交流励磁机系统

2. *他励式交流励磁机系统*

他励式交流励磁机系统的励磁功率电源取自于发电机以外的独立的并与其同轴旋转的交流励磁机,故称为他励。这种励磁系统的励磁功率电源可靠,不受电力系统或发电机机端短路故障的影响。

图 4-9 为他励式交流励磁机系统。图中发电机 G 的励磁电流由频率为 100 Hz 的交流励磁机 GE1 经硅整流器供给,交流励磁机 GE1 的励磁电流由晶闸管可控硅整流器供给,其电源由副励磁机 GE2 提供。副励磁机 GE2 是自励式中频交流发电机,用自励恒压调节器保持其端电压恒定。在此励磁系统中,自动励磁调节器通过控制晶闸管元件的控制角,来改变交流励磁机的励磁电流,达到自动调节励磁的目的。

3. *无刷励磁系统*

在上述他励式交流励磁机系统中,同步发电机的励磁电流必须通过转子滑环与碳刷引入转子励磁绕组。而滑环是一种滑动接触性部件,随着发电机容量的增大,励磁电流也相应增大,这给滑环的正常运行和维护带来了困难。为了提高系统的可靠性,就必须设法

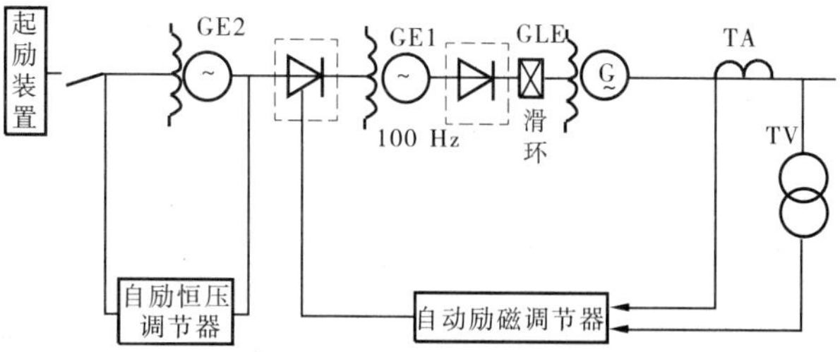

图 4-9　他励式交流励磁机系统

取消滑环,使整个励磁系统都无滑动接触部件,即所谓的无刷励磁系统。图 4-10 所示为其原理图。

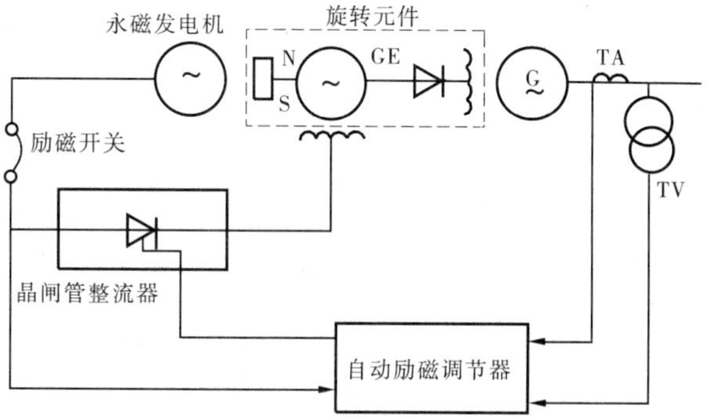

图 4-10　无刷励磁系统原理接线

由图 4-10 可见,无刷励磁系统中的副励磁机是永磁发电机,其磁极是旋转的,电枢是静止的。而交流励磁机正好相反,交流励磁机的电枢、硅整流元件、发电机的励磁绕组都在同一根轴上旋转,所以它们之间不需要任何滑环与电刷等接触部件,这就实现了无刷励磁。无刷励磁系统没有滑环与碳刷等接触部件,转子电流不再受接触部件技术条件的限制,因此特别适合于大容量发电机组。

无刷励磁系统有如下特点:

(1)由于无碳刷与滑环,所以维护工作量大为减少,可靠性提高,电机绝缘寿命加长。

(2)发电机励磁控制是通过调节交流励磁机的励磁实现的,因而励磁系统的响应速度较慢。

(3)发电机转子及其励磁电路都随轴高速旋转,因此在转子回路中不能接入灭磁设备,发电机转子回路无法实现直接灭磁,也无法实现对励磁系统的常规检测(如转子电流、电压、转子绝缘等),必须采用特殊测试方法。

(4)要求旋转整流器和快速熔断器等有良好的机械性能,能承受高速旋转的离心力。

4.1.3.3　自并励静止励磁方式

发电机自并励静止励磁系统中发电机的励磁电源不用励磁机,直接由同步发电机输出端通过可控整流器取得励磁电流。这种系统在机组启动过程中为建立磁场,应设置起励电源。机组运行正常后,将起励电源退出。因这种励磁装置没有转动部分,故又称为静止励磁系统。

自并励静止励磁系统原理图如图 4-11 所示,发电机的励磁电源接于发电机端的一台励磁变压器 TR 上,励磁变压器 TR 的输出经可控整流器直接控制发电机的励磁。目前,发电机自并励静止励磁系统多用于大、中型发电机组。其主要优点有:

(1)励磁系统接线和设备比较简单,无转动部分,设备维护简单,可靠性高。

(2)取消了励磁机,可缩短主轴长度,减小基建投资。

(3)直接利用晶闸管取得励磁功率控制转子电压,可获得很快的励磁电压响应速度。

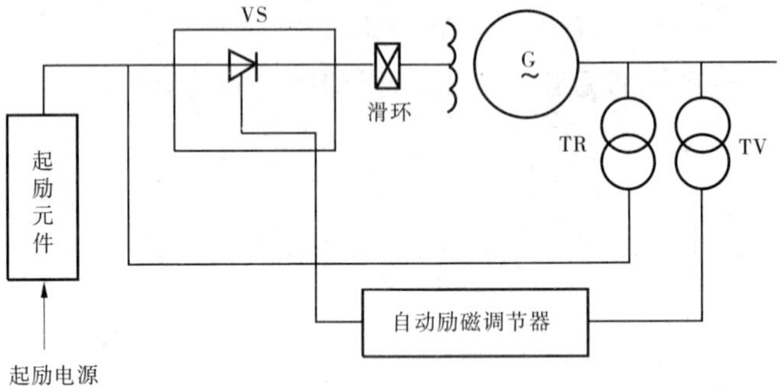

图 4-11 自并励静止励磁系统原理图

对于发电机自并励静止励磁系统,人们曾有过以下两点疑惑:

(1)静止励磁系统的顶值电压受发电机端和系统侧故障的影响,在发电机近端发生三相短路而切除时间又较长的情况下,不能及时提供足够的励磁,以致影响电力系统的稳定。

(2)由于短路电流的迅速衰减,带时限的继电保护是否能正确动作。

国内外的分析研究和实验表明,发电机自并励静止励磁系统的缺点并没有设想的那样严重。对于大、中容量的机组,由于其转子时间常数较大,转子电流要在 0.5 s 内才显著衰减。因此,在短路刚开始的 0.5 s 内,自并励方式和他励方式的励磁电流是很接近的,只是在短路 0.5 s 后才有明显差别。考虑到高压电网中重要设备的主保护动作时间都在 0.1 s 之内,且都设双重保护,因此没有必要担心系统的稳定性问题。至于接在地区网络的发电机,由于短路电流衰减快,继电保护的配合较为复杂,要采取一定的技术措施以保证其正确工作。

4.2 可控整流电路

在前述的励磁方式中,发电机励磁系统的调节都是通过可控整流电路实现的。可控整流电路的主要任务是将交流电压整流成直流电压供给发电机励磁绕组或励磁机的励磁绕组。所采用的可控整流电路通常是三相半控桥式整流电路和三相全控桥式整流电路。

4.2.1 三相半控桥式整流电路

三相半控桥式整流电路原理接线如图 4-12 所示。由图可见,由于这种整流电路桥臂的一半是晶闸管,另一半是二极管,故称为半控。整流二极管 V2、V4、V6 是共阳极连接,构成共阳极组;晶闸管 VTH1、VTH3、VTH5 是共阴极连接,构成共阴极组,其原因是晶闸管的阴极接散热器可简化接线,并使控制极使用的脉冲变压器绝缘降低要求。V1 为续流二极管,L 和 R 为感性负载。仅在电路中桥的一侧用可控的晶闸管,故称为半控整流桥。A、B、C 三个端子接三相对称电源电压,电源供电是十分可靠的。

晶闸管的导通条件是:除要求元件阳极电位高于阴极电位外,还必须在控制极加入正向触发脉冲。晶闸管的截止条件是:通过电流小于维持电流,或在阳极加反向电压。

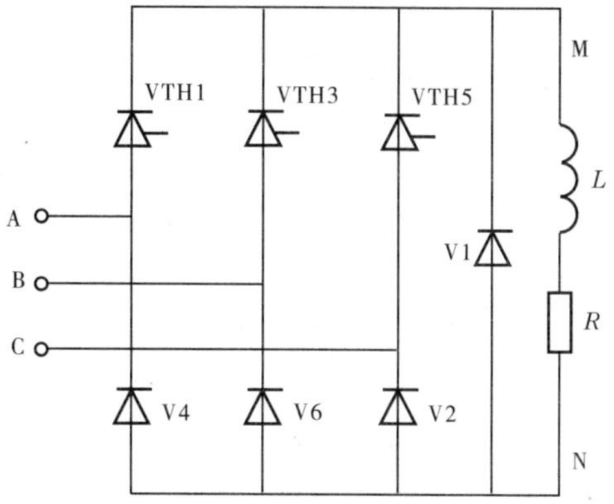

图 4-12　三相半控桥式整流电路原理接线图

4.2.1.1　**控制触发脉冲的移相要求**

若晶闸管元件具有最大的导通角,即晶闸管元件以二极管的方式工作,则三相半控桥式整流电路变为三相全波整流电路。此时图 4-12 中 A、B、C 三点中电位最高的那一相晶闸管导通,电位最低的那一相二极管导通。在任一时刻均有一个晶闸管和一个二极管导通,输出电压波形如图 4-13(b)所示。

由图 4-13 可见,晶闸管 VTH1、VTH3、VTH5 分别在 a、b、c 三点开始导通,二极管分别在 a′、b′、c′三点开始导通,也即在这些点上晶闸管的导通相别开始转换,故称 a、b、c 点为晶闸管的自然换相点。在这些自然换相点上,晶闸管有最小的控制角,即是控制角的起始点(控制角 $\alpha = 0°$),分别滞后相应相电压 u_a、u_b、u_c30°相角,所以晶闸管 VTH1、VTH3、VTH5 的触发脉冲应依次滞后 120°相角。

对 VTH1 而言,自 a 点导通后,若 VTH3 不加触发脉冲,则 VTH3 一直处于截止状态,这样 VTH1 导通的时间可到 a′点。因为在这段区间内,VTH1 处在正向电压下,过了 a′点后,VTH1 承受反向电压($u_{ca} > 0$)而关断,因此 VTH1 的导通区间为 aa′。同理,VTH3 的导通区间为 bb′,VTH5 的导通区间为 cc′,触发脉冲移相范围为 0°~180°。

由以上分析可见,三相半控桥式整流电路触发脉冲的移相要求是:

(1)任一相晶闸管的触发脉冲应在滞后本相相电压 30°~210°的区间发出。

(2)各相晶闸管的触发脉冲相位依次相差 120°。

(3)移相触发电路的工作电源必须与加至晶闸管的正向电压同步。

4.2.1.2　**输出电压波形**

在符合上述要求的触发脉冲下,当控制角 $\alpha = 30°$时,晶闸管 VTH1 在 u_{g1}作用下导通,

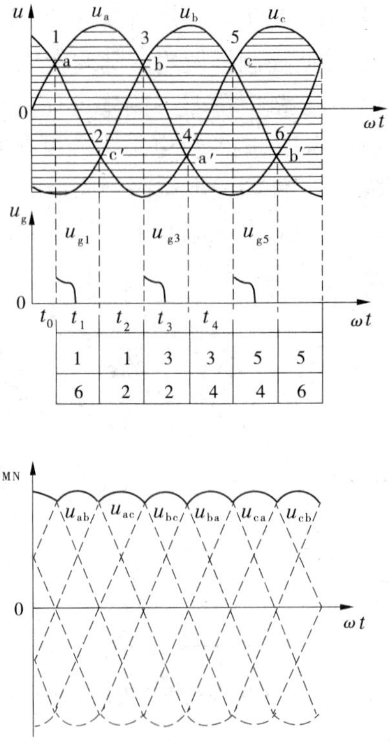

图 4-13　三相半控桥式整流电路的输出电压波形

输出电流经二极管 V6(V2)构成回路,负载上电压 $u_{MN}=u_{ab}(u_{ac})$;当晶闸管 VTH3 的触发脉冲 u_{g3}出现时,正遇 B 相电压最高,VTH3 因触发而导通,VTH1 受到反向电压 u_{ba}的作用而关断,此时输出电流经二极管 V2(V4)构成回路,负载上电压 $u_{MN}=u_{bc}(u_{ba})$。同理,在 u_{g5}的作用下 VTH5 导通时,因 C 相电压最高,VTH3 受到反向电压 u_{cb}的作用而判断,输出电流经二极管 V4(V6)构成回路,负载上电压 $u_{MN}=u_{ca}(u_{cb})$。当 VTH1 的触发脉冲 u_{g1}作用时,VTH1 导通,VTH5 受反向电压 u_{ac}的作用而关断。之后就重复上述过程。作出 $\alpha=30°$时的输出电压波形,如图 4-14(a)所示。

用同样的方法作出控制角 $\alpha=60°$和 $\alpha=120°$时半控桥的整流输出电压波形,分别如图 4-14(b)和图 4-14(c)所示。

通过以上分析可知,三相半控桥式整流电路的输出电压波形有如下特点:

(1)当 $0°<\alpha<60°$时,因原来导通的晶闸管受相邻元件导通而来的反向电压时关断,线电压未过零,故波形是连续的。α 角越大,斩波缺块越大,输出电压平均值越小。

(2)当 $60°<\alpha<180°$时,因原来导通的晶闸管,在电流小于维持电流时自行关断,而这时相邻元件尚未触发导通,故输出波形出现间断。

4.2.1.3　续流管 V1 的作用

由于电路实际负载是有较大感抗的励磁绕组,因此在输出电压出现间断时,将出现以下两种情况:

(1)在晶闸管阳极电压过零时,感性负荷在电流下降时产生自感电势,使原来导通的

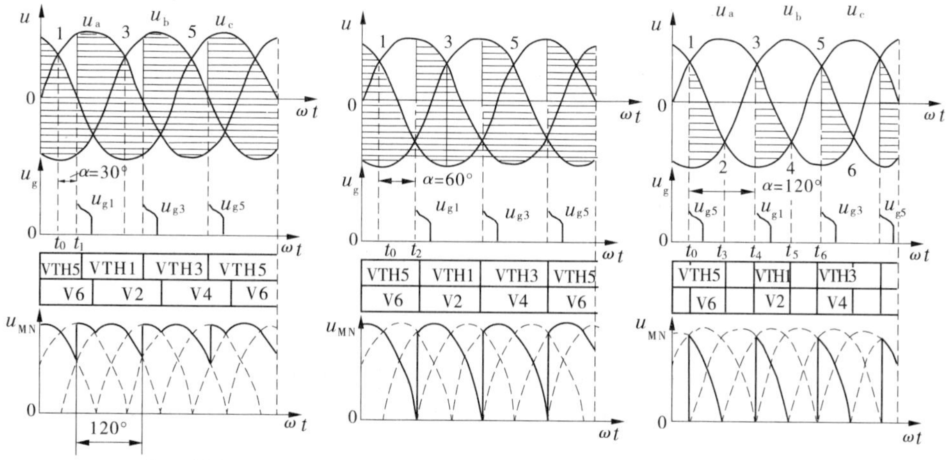

(a) $\alpha=30°$　(b) $\alpha=60°$　(c) $\alpha=120°$

图 4-14　三相半控桥式整流电路在不同 α 角时的输出电压波形

晶闸管造成续流,无法关断,直到相邻元件触发导通,才受到反向电压而关断换流。输出波形出现负的部分,将造成输出平均值减少。

(2)若控制角 α 从较小值突增至 180°,因自感电势的续流作用,会造成“失控”现象。

为了克服上述两种现象的出现,在图 4-12 中加装一反向续流管 V1。有了续流管 V1 后,自感电势将从两个支路通过:一是续流管 V1;二是元件 VTH1、VTH3、VTH5 与 V2、V4、V6 中形成回路的支路。由于续流管正向压降很小,使元件 VTH1、VTH3、VTH5 与 V2、V4、V6 中形成回路的支路流过的电流小于维持电流,故元件 VTH1、VTH3、VTH5 中原来导通的一个就在阳极电压过零时自行关断。

4.2.1.4　输出电压与控制角 α 关系

三相半控桥式整流电路输出电压平均值 U_{av} 与 α 间的关系可表示为:

$$U_{av} = 2.34U_P\left(\frac{1+\cos\alpha}{2}\right) = 1.35U_{P-P}\left(\frac{1+\cos\alpha}{2}\right) \tag{4-9}$$

式中　α——控制角,$\alpha = 0° \sim 180°$;

U_{av}——输出电压平均值;

U_{P-P}——加到半控桥式整流电路上的三相对称线电压有效值。

作出 U_{av} 与 α 的关系曲线如图 4-15 曲线 1 所示,当 α 在 $0° \sim 180°$ 内变化时,U_{av} 对应于 $1.35U_{P-P} \sim 0$ 变化。可见,只要改变控制角 α 的大小,就可以改变整流输

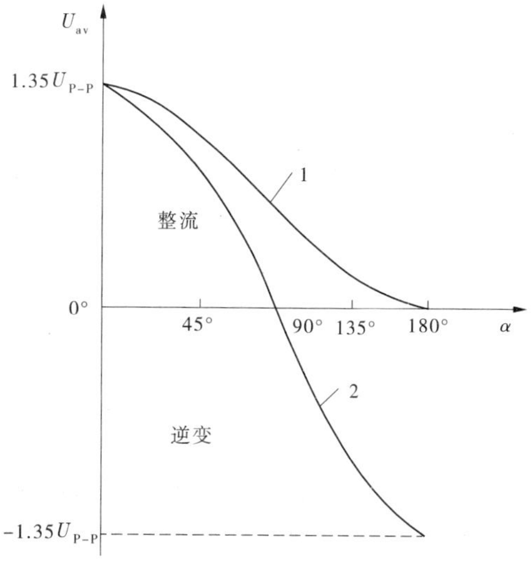

1—半控桥;2—全控桥

图 4-15　输出电压平均值 U_{av} 与 α 的关系曲线

出电压的大小，以满足励磁调节装置对晶闸管实行控制的要求。

需要指出，计及整流元件的管压降，以及供电回路中电感的存在，使一个晶闸管的导通和另一个晶闸管的关断不能瞬间完成，需有一个过渡阶段，从而造成换相压降。因此，使输出直流电压值较式(4-9)计算值略小一些。

4.2.2 三相全控桥式整流电路

三相全控桥式整流电路原理接线如图4-16所示，由图可见，6个整流元件全部采用晶闸管VTH1、VTH3、VTH5为共阴极连接，VTH2、VTH4、VTH6为共阳极连接。为保证电路正常工作，对触发脉冲提出了较高的要求，除共阴极组的晶闸管需由触发脉冲控制换流外，共阳极组的晶闸管也必须靠触发脉冲换流。由于上、下两组晶闸管必须各有一只晶闸管同时导通，电路才能工作，6只晶闸管的导通顺序为VTH1、VTH2、VTH3、VTH4、VTH5、VTH6，它们的触发脉冲相位依次相差60°。为了保证开始工作时，能有2个晶闸管同时导通，需采用宽度大于60°的触发脉冲，也可用双触发脉冲，例如在给VTH1脉冲的同时也给VTH6一个脉冲。三相全控桥可以工作在整流状态，也可以工作在逆变状态，后者是三相半控桥所不具备的。下面阐述对触发脉冲的要求以及整流、逆变状态的工作原理。

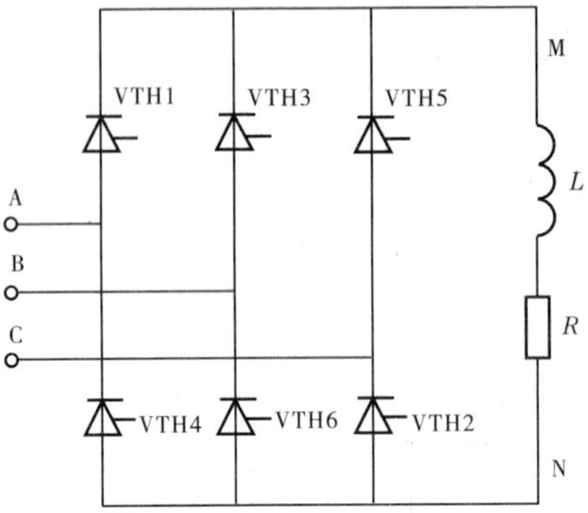

图4-16 三相全控桥式整流电路原理接线图

4.2.2.1 控制触发脉冲的移相要求

设全控桥式整流电路图4-16中的输入相电压为u_a、u_b、u_c，当晶闸管具有最大的导通角(控制角$\alpha=0°$)时，即以二极管的方式工作，则各晶闸管的触发脉冲在它们对应自然换相点时刻发出，在自然换相点上相应晶闸管触发脉冲的控制角$\alpha=0°$，即是控制角α的起始点。如图4-17所示的输出电压波形与半控桥式整流电路的控制角$\alpha=0°$时一样，各元件每周期导通持续120°。因此，对三相全控桥的触发脉冲应满足如下移相要求：

(1)6个晶闸管元件共需6个移相触发电路，每隔60°换流一次，每次有2个元件导通，一个是阳极电位最高的一只，另一个是阴极电位最低的一只，常用双脉冲触发电路。

(2)任一相的晶闸管触发脉冲均在滞后本相相电压30°～120°的区间发出，最大移相范围为180°，0°～90°为整流工作方式，90°～180°为逆变工作方式。

(3)移相触发电路的工作电源应与晶闸管阳极电压同步。

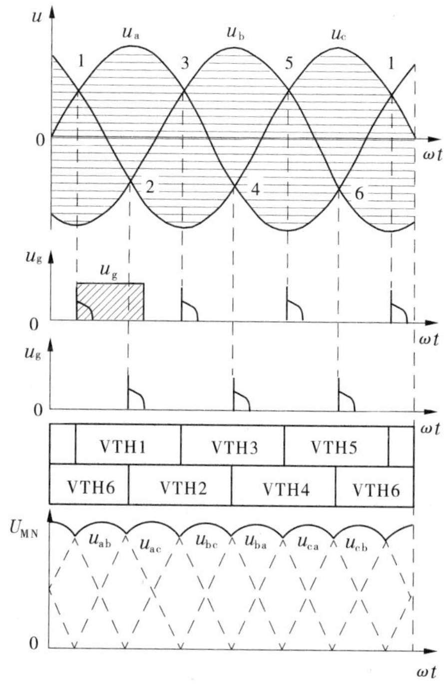

图 4-17　三相全控桥式整流电路输出电压波形

4.2.2.2　整流工作状态

整流工作状态就是将输入的交流电压转换为直流电压。当三相全控桥式整流电路的控制角 $\alpha=0°\sim90°$时处于整流工作方式。下面具体分析：

(1)当控制角 $\alpha=60°$时，在触发脉冲 u_{g1}、u_{g6}作用下，VTH1、VTH6 导通，输出电压 $u_{MN}=u_{ab}$。经 60°电角度后，在触发脉冲 u_{g2}、u_{g1}作用下，VTH1 保持导通，VTH2 也导通，因此时 B 相电压高于 C 相电压，$u_{bc}>0$，VTH6 在此反向电压作用下关断，输出电压 $u_{MN}=u_{ac}$。再经 60°电角度后，在触发脉冲 u_{g2}、u_{g3}作用下，VTH2、VTH3 导通，因此时 B 相电压高于 A 相电压，VTH1 在反向电压 u_{ba} 作用下关断，输出电压 $u_{MN}=u_{bc}$。输出电压 u_{MN} 的波形如图 4-18(a)所示。

由前面分析可知，当控制角 $\alpha<60°$时，共阴极组输出的阴极电位在每一瞬间都高于共阳极组的阳极电位，输出电压 u_{MN}的瞬时值都大于零，波形是连续的。

(2)在 $60°<\alpha<90°$条件下，输出电压 u_{MN}有正值和负值两部分，其中正值部分的面积大于负值部分的面积，因而总的平均值仍是正值。控制角 α 增大时，正值部分面积减小，负值部分面积增大，总的平均值降低。当 $\alpha=90°$时，正值部分面积和负值部分面积相等，输出电压平均值降到零，即 $u_{MN}=0$，此时输出电压 u_{MN}的波形如图 4-18(b)所示。

4.2.2.3　逆变工作状态

逆变工作状态就是在 $90°<\alpha<180°$时，输出电压平均值 U_{av} 为负值，将直流电压转换为交流电压，其实质是将负载电感 L 中储存的能量向交流电源侧倒送，使 L 中磁场能量很快释放。

图 4-19 为 $\alpha=120°$时输出电压波形，ωt_3 时刻虽然 u_{ab}过零变负，但电感 L 上阻止电流

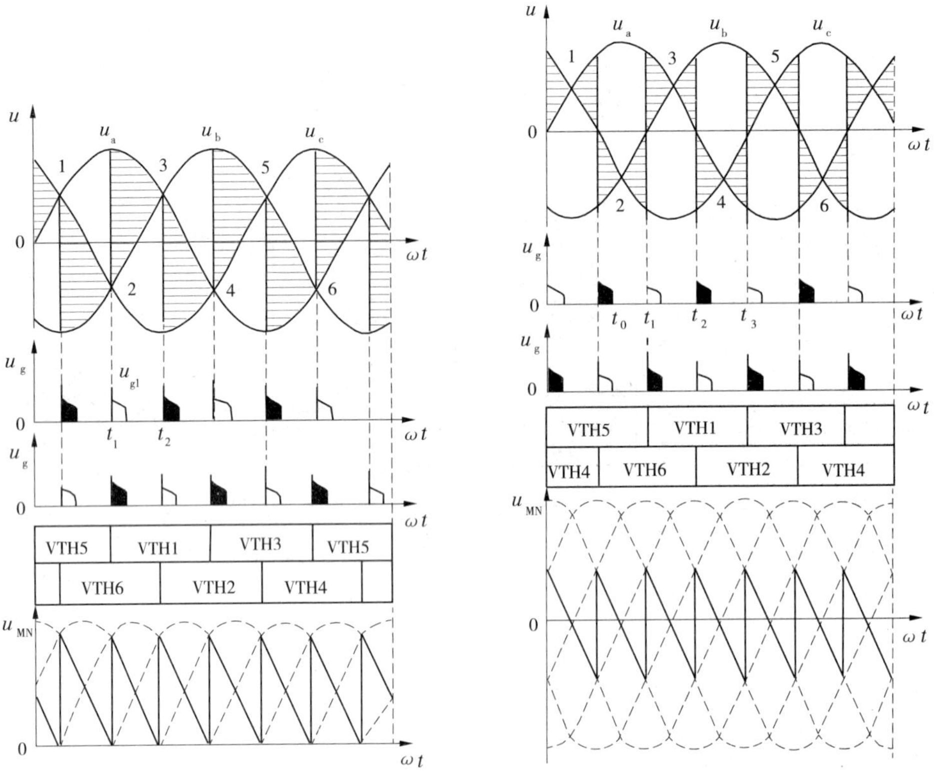

(a) $\alpha=60°$　　(b) $\alpha=90°$

图 4-18　三相全控桥式整流电路输出电压波形

i 减小的感应电动势 e_L 较大，使 e_L-u_{ab} 仍为正值，VTH1 和 VTH6 仍承受正向压降导通。这时 e_L 与电流 i 的方向一致，直流侧发出功率，即将原来在整流状态下储存于磁场的能量释放出来送回交流侧。交流侧电压瞬时值 u_{ab} 与电流 i 方向相反，交流侧吸收功率，将能量送回交流电网。

通过以上分析可知，三相全控桥式整流电路工作在逆变状态需要如下条件：

(1) 应使输出电压平均值 U_{av} 为负值，控制角 $90°<\alpha<180°$。

(2) 负载必须为电感性（如发电机的励磁绕组），且原先三相全控桥处于整流状态下工作，即转子绕组已储存有能量。显然，当负载为纯电阻时，三相全控桥式整流电路不能实现逆变。

(3) 逆变就是直流侧电感中储存的能量向交流电源反馈的过程，因而逆变时交流侧电源不能消失。

4.2.2.4　输出电压与控制角的关系

三相全控桥式整流电路在电感性负载时，输出电压 U_{av} 平均值为

$$U_{av}=1.35U_{P-P}\cos\alpha=2.34U_P\cos\alpha \tag{4-10}$$

由式(4-10)可画出 U_{av} 与 α 的关系曲线，如图 4-15 中曲线 2 所示。

综上所述，三相全控桥式整流电路在 $0°<\alpha<90°$ 时处于整流工作状态，改变 α 角，可以调节发电机励磁电流；在 $90°<\alpha<180°$ 时，电路处于逆变工作状态，可以实现对发电机

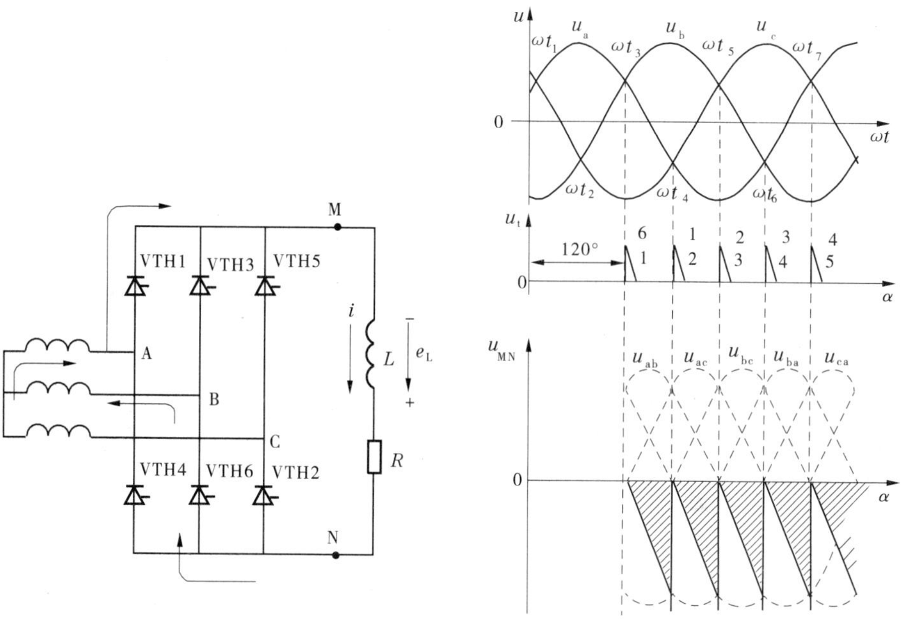

(a)原理图　　　　(b)波形图

图 4-19　逆变工作状态($\alpha=120°$)

的自动灭磁。逆变灭磁有如下特点:

(1)从整流状态过渡到逆变状态,励磁电流方向不变,但励磁电压的方向反转。

(2)逆变必须有足够高的电源电压才有效,由于整流桥交流侧电压随停机过程衰减,故逆变灭磁是一种衰减的逆变过程,电压衰减后,灭磁效果变差,使灭磁时间拖长。

(3)灭磁速度与逆变角β大小有关。所谓逆变角是指移相角$\alpha=180°$作为逆变角$\beta=0°$的起点向后推算,即$\beta=180°-\alpha$。理论上$\beta=0°$时灭磁速度最快,但必须保证晶闸管能可靠换流。根据经验β一般取30°左右为宜,通常称为最小逆变角,用β_{min}表示。此时,$\alpha=150°$左右,即最大控制角α取150°,用α_{max}表示。

4.3　自动调节励磁装置的原理

如前所述,励磁控制系统是由同步发电机、励磁功率单元及励磁调节器共同组成的自动控制系统,励磁调节器检测发电机的电压、电流或其他状态量,然后按给定的调节准则对励磁功率单元发出控制信号,从而实现控制功能。

4.3.1　自动调节励磁装置的组成

励磁调节器的主要功能是维持发电机端电压和实现并联运行机组间无功功率的合理分配。常用的励磁调节器是比例调节器,它的主要输入量是发电机端电压,其输出用来控制励磁功率单元。

在励磁调节装置出现之前,发电机只能依靠人工改变直流励磁机的磁场电阻R来调整其端电压。如图 4-20 所示,当运行人员发现发电机电压偏高时,就进行增大磁场电阻

R 值的操作，来减小励磁机的励磁电流 I_{EE}。随着励磁机电压 U_G 的下降，发电机励磁电流 I_E 将减小，从而使发电机端电压 U_G 下降。当发电机端电压 U_G 偏低时，就进行减小 R 值的操作，使 U_G 上升。由此可见，在人工调节发电机电压的过程中，可以分解为测量、判断、执行几个步骤，也相当于由仪表、人工、励磁系统和发电机构成了一个闭合的反馈系统。这种直接根据电压偏差大小进行调节的方式称为比例式调节方式，也是励磁调节最常用的方式。

比例式自动励磁调节器就是仿照上述功能来完成对发电机进行自动励磁调节任务的，其工作特性如图 4-21 所示。当发电机的电压 U_G 升高时，调节器测量后，输出电流就减小；当发电机电压 U_G 降低时，其输出电流就增大。图中 $U_{Gb} \sim U_{Ga}$ 是发电机电压正常运行时允许的电压变化范围，这个范围很小，一般不超过 5%，而且在电力系统运行中的各种比例式励磁调节器，它们在 $U_{Gb} \sim U_{Ga}$ 区间内都具有图 4-21 中线段 $\overline{ab}$ 所示的特性，这是比例式自动励磁调节器共有的基本调节特性。

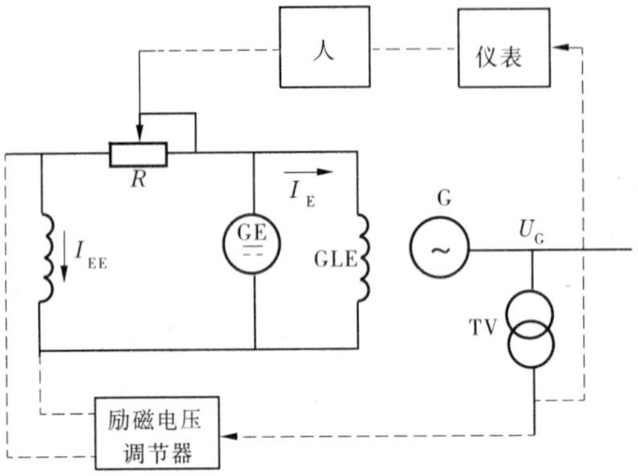

图 4-20　励磁调节过程

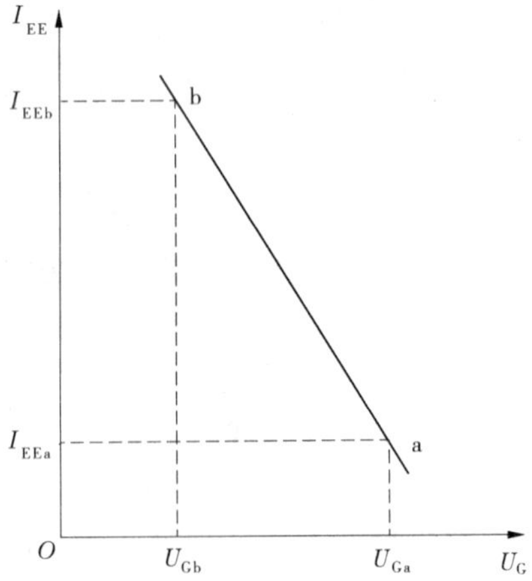

图 4-21　比例式自动励磁调节器的工作特性

自动励磁控制系统的基本框图如图 4-22 所示。图中每个环节的具体电路及工作特性，根据所采用的元件、材料的不同会有差异，但其基本构成环节及功能还是大致相同的。在图 4-22 中测量单元将发电机端电压值与设定的基准电压进行比较，测得与基准电压的

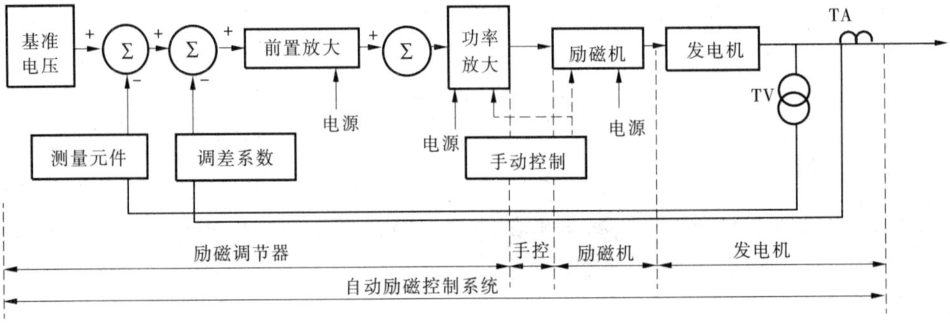

图 4-22　自动励磁控制系统的构成框图

差值，并用此差值作为前置级至功率放大级的输入信息，最后在功率放大级的末端输出一个与此差值反向的励磁调整电流，使调节器的输入量 U_G 与输出量 I_{EE} 之间达到图 4-21 中 $\overline{ab}$ 段表示的比例关系。

4.3.2 自动调节励磁装置原理

4.3.2.1 半导体自动励磁调节器的基本构成

半导体励磁调节的形式很多，但构成励磁自动控制的核心部分却相同。晶闸管励磁调节系统的结构框图如图 4-23 所示。它由基本控制和辅助控制两部分组成。其中，基本控制部分是调节器的主要部分，主要由调差、测量比较、综合放大、同步与移相触发及可控整流等单元构成，每个单元再由若干环节组成。这些主要单元起到实现电压调节和无功功率分配等最基本的功能。而辅助控制部分是为满足发电机不同运行工况、改善电力系统稳定性、改善励磁调节动态性能而设置的单元，主要包括励磁系统稳定器、电力系统稳定器和励磁限制器等。根据电力系统和发电机组的具体情况及运行要求有选择性地装设。本节主要讨论调节器基本控制部分的测量比较单元、综合放大单元和移相触发单元的工作原理和静态工作特性。关于调差单元将在后续内容中介绍，可控整流单元在前节中已介绍。

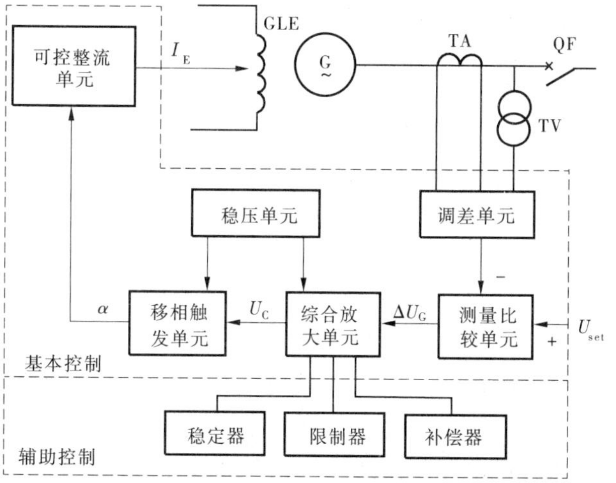

图 4-23 晶闸管励磁调节系统的结构框图

自动励磁调节器的工作过程简述如下：当发电机电压 U_G 变化，例如 U_G 升高时，经调差、测量比较单元得到正比于发电机电压变化的量 ΔU_G，经综合放大单元得到 U_C，U_C 作用于移相触发单元，控制晶闸管控制极上触发脉冲 α 的变化，使其增大，以减小可控整流单元输出的直流，即减小了励磁电流 I_E，使发电机端电压下降到正常值。反之，U_G 下降，α 减小，增大励磁使 U_G 上升到正常值。

4.3.2.2 励磁调节器的工作原理

1. 测量比较单元

测量比较单元的作用是测量发电机电压并将其转变成直流电压，再与给定的基准电压相比较，得出电压偏差信号。对测量比较单元的要求如下：

(1)对被测量电压灵敏度高，时间常数小，响应速度快；

(2)给定的基准电压稳定、精确，并有足够的调节范围；

(3)输入电压与输出电压之间为线性关系；

(4)输出电压的波纹小；

(5)整个环节不受系统频率的影响。

测量比较单元通常由正序电压滤过器、测量变压器、多相桥式整流电路、滤波电路、电压比较整定电路组成，如图 4-24 所示。

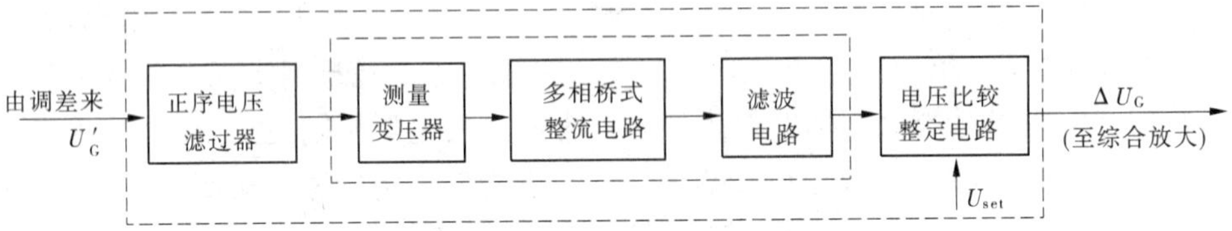

图 4-24　测量比较单元构成框图

1)正序电压滤过器

正序电压滤过器的功能是提高测量比较单元的灵敏度，即提高励磁调节装置的灵敏度。当系统发生不对称短路故障时，正序电压滤过器的输出电压是对称的三相正序电压，只反映输入电压的正序分量，可有效提高强励的灵敏度。

2)测量整流电路

由于正序电压滤过器输出的是三相正序电压，因此，还需经测量变压器、整流和滤波电路，变成与发电机端电压成比例的平稳的直流电压。为了使直流电压平稳，通常采用多相桥式整流电路和相应的滤波电路。一般来说，整流电路相数越多，整流后的直流越平稳，谐波次数越高，相应的滤波回路时间常数越小，从而提高了测量比较单元的响应速度。

测量变压器的构造取决于整流电路的要求，有三相、六相、十二相、二十四相桥式整流电路等。整流的相数越多，整流的效果越好。图 4-25(a)所示为测量变压器和六相桥式整流电路的接线图。由图可知，两组二次绕组电压幅值相等，相位相差 30°，其相量图如图 4-25(b)所示。两组电压分别接至两组三相全波整流电路上，两组整流桥在直流侧并联，输出的波形为六相桥式整流电路的波形，即在一个周期内有 12 个波头，所以存在频率为 $12\times50=600$(Hz)为主的谐波分量，使输出电压中的直流分量增大，相应的谐波次数提高，便于滤波和提高响应速度。

3)滤波电路

由于测量整流电路输出的直流电压中含有谐波分量，即除直流分量外，还有高次谐波分量。为了得到平稳的直流电压，必须进行滤波，以保证调节器平稳地工作。常用的滤波电路如图 4-26 所示，由两级滤波电路组成，第一级是桥式滤波电路，第二级是一般的 RC 滤波电路。

桥式滤波器是采用电桥平衡原理滤掉某一频率(对六相桥式整流，频率应选为 600 Hz)的谐波电压，而对直流电压只有很小的衰减。由于它能快速地反映输入电压的变化，所以又称为快速滤波器。图 4-26 中，R_1、R_2、C_1、R_3 和 C_2、R_4 组成了桥式滤波电路四个桥

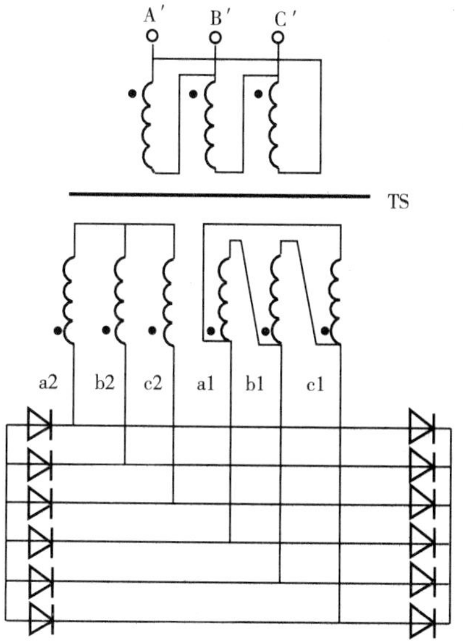

(a)接线图

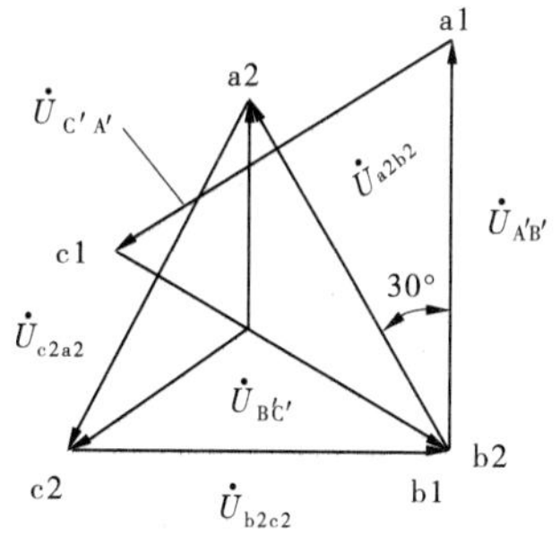

(b)相量图

图 4-25　测量变压器和六相桥式整流电路接线及相量图

臂，其中 1、2 为电桥的输入端，3、4 为输出端，在含有 600 Hz 交流分量的作用下，5、6 端输出正比于机端电压的直流电压量。

4）电压比较与整定电路

电压比较是将滤波环节输出的与机端电压成正比的直流电压 KU_G（其中 $0<K<1$）与比较电路中的基准电压进行比较，得出一个电压偏差信号 ΔU_G，输出到综合放大单元。电压整定是对发电机电压给定值进行整定，使发电机电压或无功功率能满足运行工况的要求。在励磁调节器中，比较整定电路常采用对称比较桥或不对称比较桥，还有的调节器采用由比较加法器构成的集成元件的比较整定电路。

如图 4-27 所示为一对称电压比较及整定电路。其中，由两个阻值相等的电阻 R_1、R_2 和两个稳压值相同的稳压管 VZ_1、VZ_2 构成了对称比较电路。两条并联支路的输出特性 1、2 及合成输出特性 3 如图 4-28 所示。由此可见，当 $U_{ab}=2U_{VZ}$ 时，比较桥平衡，输出电压 $\Delta U_G=0$。使比较桥输出为零的励磁调节器输入电压，称为整定电压，以 U_{ZD} 表示。

令 $U_{ab} = KU_G$，$2U_{VZ} = KU_{ZD}$

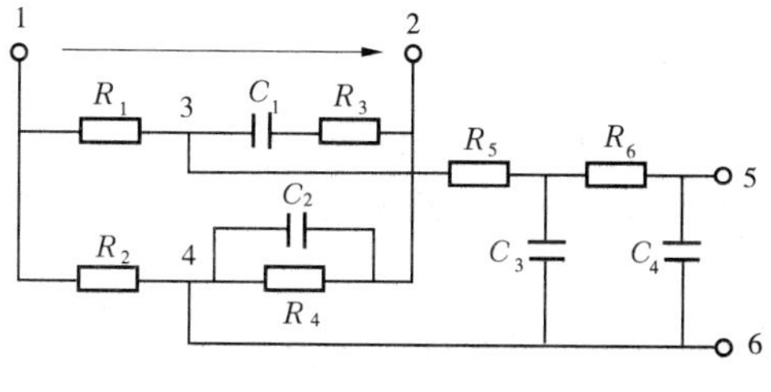

图 4-26　滤波电路

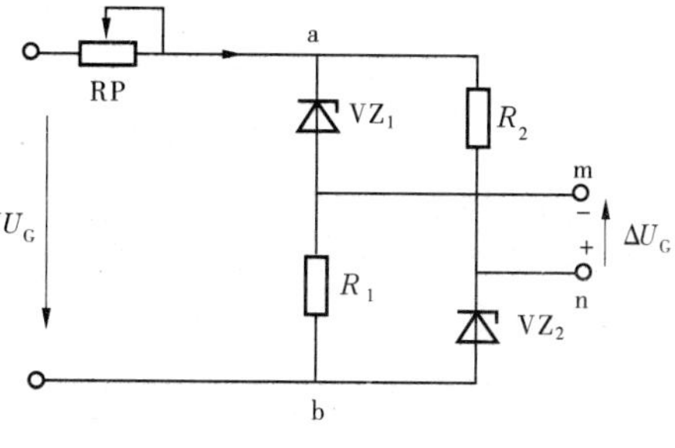

图 4-27　对称电压比较及整定电路

当 $U_{ab} \geqslant 2U_{VZ}$ 时，

$$U_{mn} = \Delta U_G = U_{ab} - 2U_{VZ} = K(U_G - U_{ZD}) = K\Delta U_G \tag{4-11}$$

可以看出，它正比于发电机端电压与给定值的偏差。

为了调整发电机的运行工况，采用电位器 RP 构成电压整定电路，调整电位器 RP 滑动触点的位置，就可改变电压的给定值，即对电压的基准值进行整定。

作出不同 R_{RP} 值时测量比较单元的工作特性 $\Delta U_G = f(U_G)$，如图 4-28 所示。由图可见，R_{RP} 增大时，特性曲线右移，基准电压整定值增大，从而增大了发电机机端的整定电压。反之，减小 R_{RP}，基准电压整定值减小，起到整定电压的作用。

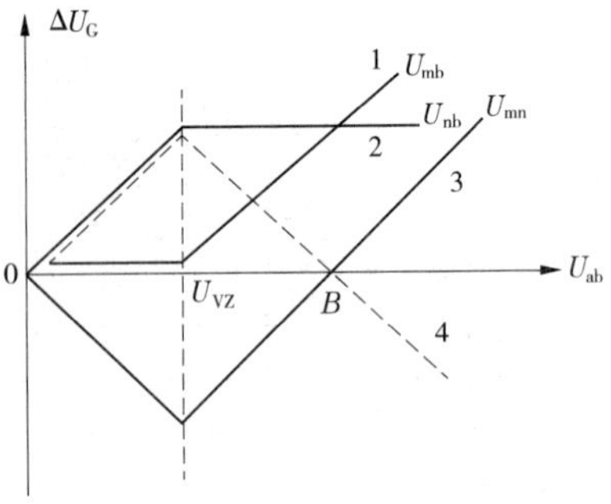

图 4-28　比较整定电路的输出特性

2. 综合放大单元

综合放大单元的任务是根据励磁调节装置的功能，能线性地综合测量、反馈以及限制等各种信号，并将其放大，以得到适应移相触发单元所需要的控制电压。即有综合和放大两方面的作用。

对综合放大单元的基本要求如下：

(1) 有足够大的可调节的增益；

(2) 线性度好，精度高；

(3) 能实现综合多个输入信号的能力；

(4) 时间常数小，反应速度快；

(5) 工作稳定，输出阻抗低，输出电压满足移相触发环节的需要。

图 4-29 为综合放大单元的原理说明图，根据运算放大器的特点，相加点 Σ 的电位总是接近于零电位，即 $U_\Sigma \approx 0$；而且几乎没有电流流入放大器，即电流 I_Σ 也近似为零。

如令 $I_\Sigma = 0, U_\Sigma = 0$，则

$$i_0 + i_1 + i_2 + i_3 = i_{fb} \tag{4-12}$$

若令 $R_0 = R_1 = R_2 = R_3 = R$，则有

$$U_c = -R_{fb}\left(\frac{\Delta U_G}{R_0} + \frac{u_1}{R_1} + \frac{u_2}{R_2} + \frac{u_3}{R_3}\right)$$

$$= -\frac{R_{fb}}{R}(\Delta U_G + u_1 + u_2 + u_3) \tag{4-13}$$

由式(4-13)可见，图 4-29 所示的电路实现了综合放大的作用。

图 4-30 所示为综合放大单元的实际电路图，其工作原理与图 4-29 相似。从测量比较单元得到的电压偏差信号 ΔU_G 及其他辅助控制信号从反向输入端输入，R_7、R_8、R_9 为外接负反馈电阻，通过转换开关 S 可对放大倍数作粗调，电位器 RP4 则作放大倍数的细调。经负反馈电阻构成闭环后，其闭环放大倍数可由几倍调至几十倍。

放大器输入端和输出端均外接有双向限幅器。输入端的双向限幅器由二极管 V1 和 V2 构成，防止输入到 Σ 点的电位过高。输出端的双向限幅器由二极管 V3、V4、RP2、RP3 组成，根据下一级移相触发单元的要求，将输出电压限制在所要求的范围内。RP1 为外接

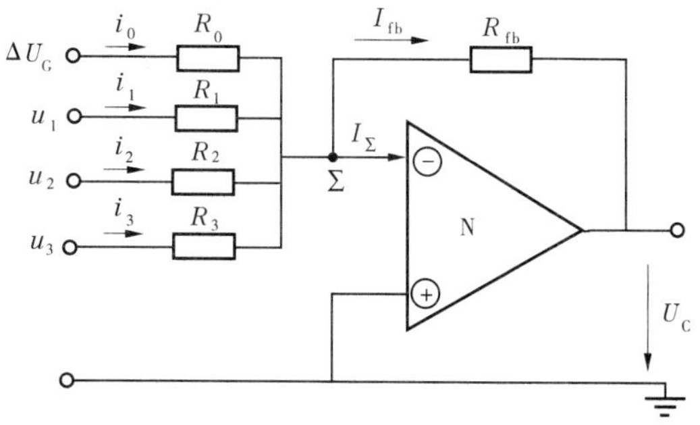

图 4-29　综合放大单元的原理说明图

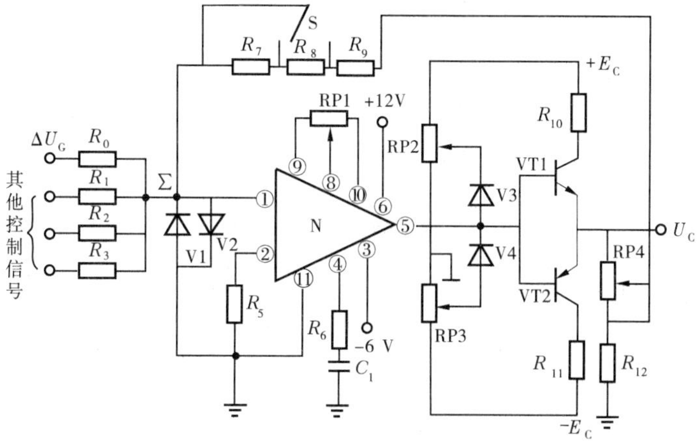

图 4-30　综合放大单元的实际电路图

调零电位器,使电路输入电压为零时,输出电压也为零。电阻 R_6 和电容 C_1 组成外接消振电路,用于消除高频自激振荡。三级管 VT1、VT2 构成互补射极跟随器。电阻 R_{10}、R_{11} 为限流电阻,用于防止跟随器输出端短路时烧坏管子。当放大器输出电压为负时,三极管 VT1 截止,VT2 导通,电流经过负载(R_{12}和 RP4)、VT2 流向负电源,U_C 为负电压。反之,当放大器输出电压为正时,三极管 VT1 导通,VT2 截止,电流从正电源经 VT1 流入负载,U_C 为正电压。

综合放大单元的工作特性如图 4-31(a)所示,该工作特性用电路进行平移后如图 4-31(b)所示。综合放大单元的输出电压 U_C 就是移相触发单元的控制电压。

3. 移相触发单元

移相触发单元的任务是产生触发脉冲,其相位可以改变,用来改变整流桥中晶闸管元件的控制角 α,使其输出电压随控制电压的大小而改变,从而达到调节励磁的目的。移相触发单元由同步、移相、脉冲形成和脉冲放大等环节组成,如图 4-32 所示。

1)同步电路

晶闸管整流电路要求在晶闸管每次承受正向电压的某一时刻,向它的控制极送出触发脉冲,才能使晶闸管导通。而且当控制电压一定时,各相的控制角相同。晶闸管触发脉冲与主电路之间的这种相位配合关系,称为同步。

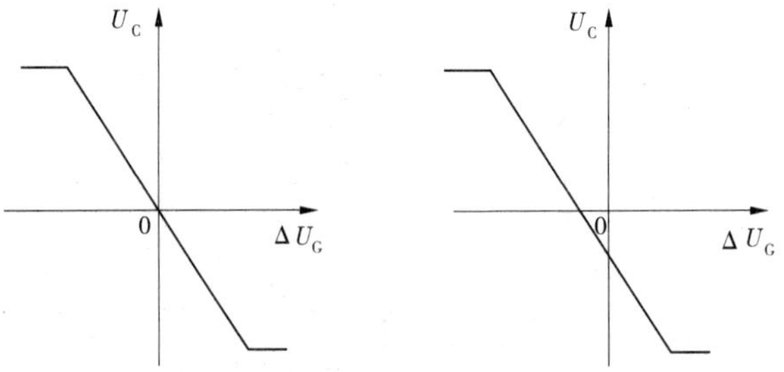

(a)平移前的特性　　　　(b)平移后的特性

图 4-31　综合放大单元的工作特性

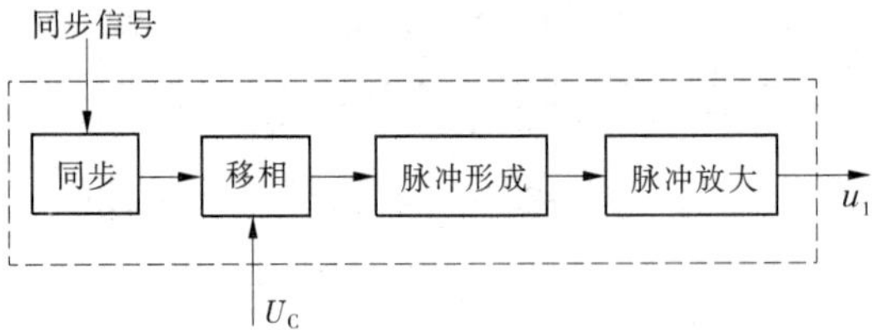

图 4-32　移相触发单元组成框图

根据全控桥式整流电路的工作特点，当 $0° < \alpha < 90°$时，全控桥工作在整流状态，当 $90° < \alpha < 180°$时，全控桥工作在逆变状态。为适应三相全控整流桥电路的工作特点，移相触发单元电路除引入同步电压外，还有限制控制角 α 的最大电压值 $\dot{U}_{\alpha max}$和最小电压值 $\dot{U}_{\alpha min}$的作用，如图 4-33 所示为三相全控桥式整流电路 VTH1 的触发电路的同步电压，其中 U_K 为综合放大单元的输出电压，即控制电压，控制触发脉冲 u_{g1} 的相位变化；$\dot{U}_{ch1}$ 作为 VTH1 触发电路中电容的充电电源，供脉冲放大用，$\dot{U}_{ch1}$ 取自于同步变压器 TT_1 二次侧 C 相电压，超前 $\dot{U}_A$ 相角 120°，如图 4-34 所示。同步变压器 TT_1 一次侧接成 Y 形，二次侧接成两个 Y 形，其中一组为 Y，yn0 接线，另一组为 Y，yn6 接线，于是 TT_1 二次侧电压分别为 $\dot{U}'_a$、$\dot{U}'_b$、$\dot{U}'_c$ 和 $-\dot{U}'_a$、$-\dot{U}'_b$、$-\dot{U}'_c$，供触发电路电容充电。$\dot{U}_{S1}$、$\dot{U}_{\alpha max}$、$\dot{U}_{\alpha min}$来自控制电压分配器，控制电压分配器由 TT_2、TT_3 供电。显然，TT_2、TT_3 作相位校正用，提供 $\dot{U}_{S1}$、$\dot{U}_{\alpha max}$、$\dot{U}_{\alpha min}$合适的相位。由图 4-33 可明显看出，晶闸管触发电路的同步电压超前晶闸管阳极电压 60°相角。另外，加大了与主电源 u_A、u_B、u_C 间的阻抗，同时引入滤波回路，以保证 $\dot{U}_{S1}$、$\dot{U}_{\alpha max}$、$\dot{U}_{\alpha min}$的相位不受主电源波形畸变的影响，从而提高控制电压相位的准确度。同步发电机的灭磁指令通过 K 触点发出，灭磁时 K 触点闭合，使控制角 $\alpha > 90°$，三相全控桥处于逆变运行，以满足灭磁需要。

2）移相触发电路

VTH1 移相触发单元原理图如图 4-35 所示。此电路有 6 个控制信号：同步电压信号 U_S、控制电压 U_C、偏置电压 U_{bi}、限制控制角 α 的电压 $\dot{U}_{\alpha max}$ 和 $\dot{U}_{\alpha min}$、逆变灭磁的辅助触点 K。

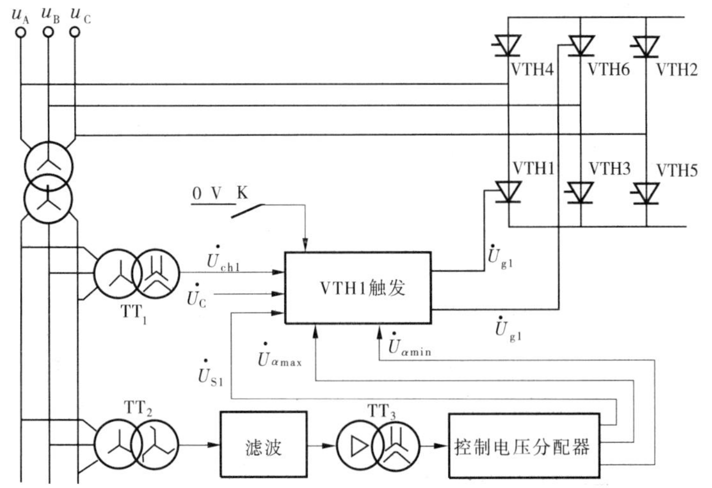

图 4-33　VTH1 移相触发单元的同步电压

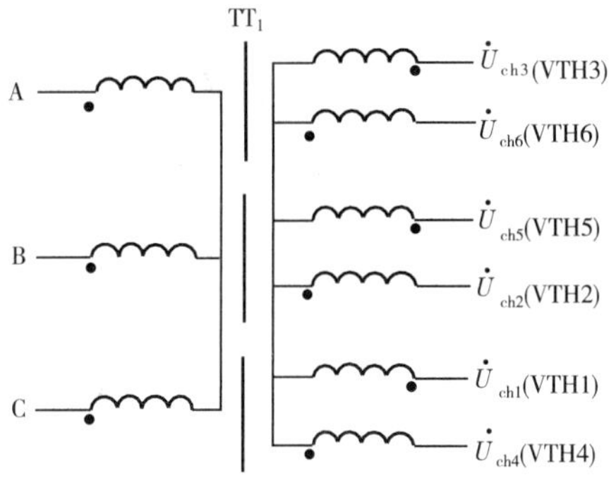

图 4-34　变压器 TT1 充电电路

为了便于分析，先只考虑同步电压信号 U_S、调节器的控制电压 U_C 和偏置电压 U_{bi} 信号作用时，触发脉冲的产生过程。如图 4-36 所示，若设 $U_\Sigma = U_S + U_{bi} + U_C$，则在 ωt_2 时刻，有 $U_\Sigma = 0$。

在 ωt_2 时刻之前，$U_\Sigma > 0$，此时，图 4-35 中加于 VT1 的基极电位为正，使 VT1 导通，集电极电位接近零。

在 ωt_2 时刻之后，$U_\Sigma < 0$，VT1 由导通变为截止。在 VT1 由导通变为截止的瞬间，VT1 集电极电位由低变高，接近工作电压 15 V，于是 C_2 通过 R_{15}、V11 形成充电回路。由于 R_{15}、C_2 值较小，电容 C_2 两端的电压很快达到单结管 VU 的峰值电压 U_P，使 VU 导通，C_2 对 R_7 放电形成尖窄脉冲，此脉冲电压经三极管 VT4 射极跟随，向晶闸管 VTH 发出触发脉冲。

在晶闸管 VTH 触发导通前，电容 C_1 已由 $\dot{U}_{ch}$ 提前充好电，所以当晶闸管 VTH 导通时，电容 C_1 通过 VTH、TP、V1 支路放电，于是脉冲变压器 TP 二次侧输出触发脉冲。图 4-35所示移相触发电路具有双脉冲功能，每触发电路一次同时送出两个触发脉冲。

当控制电压 U_C 变化时，$U_\Sigma = 0$ 的时刻随即改变，图 4-35 中三极管 VT1 由导通变截止的时刻改变，从而改变了移相触发电路输出的触发脉冲的相位，其波形如图 4-36 所示。

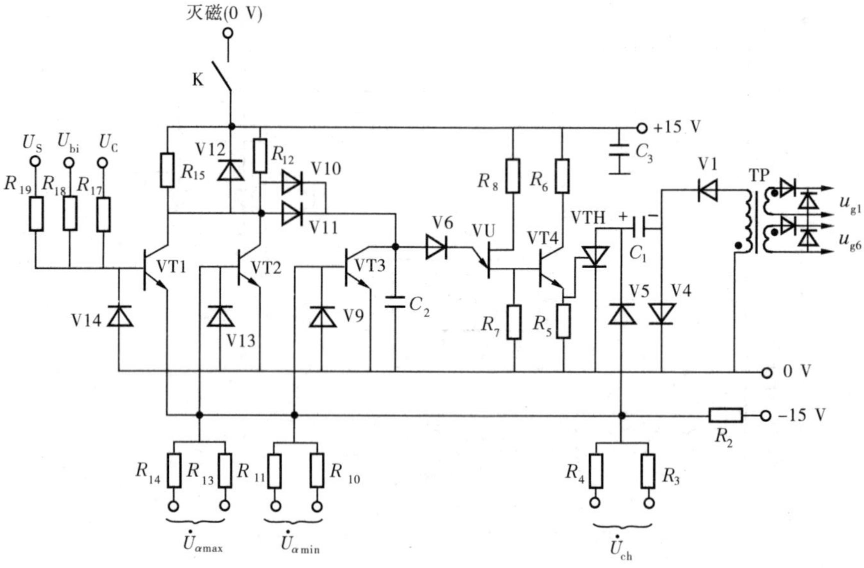

图 4-35　移相触发电路原理接线

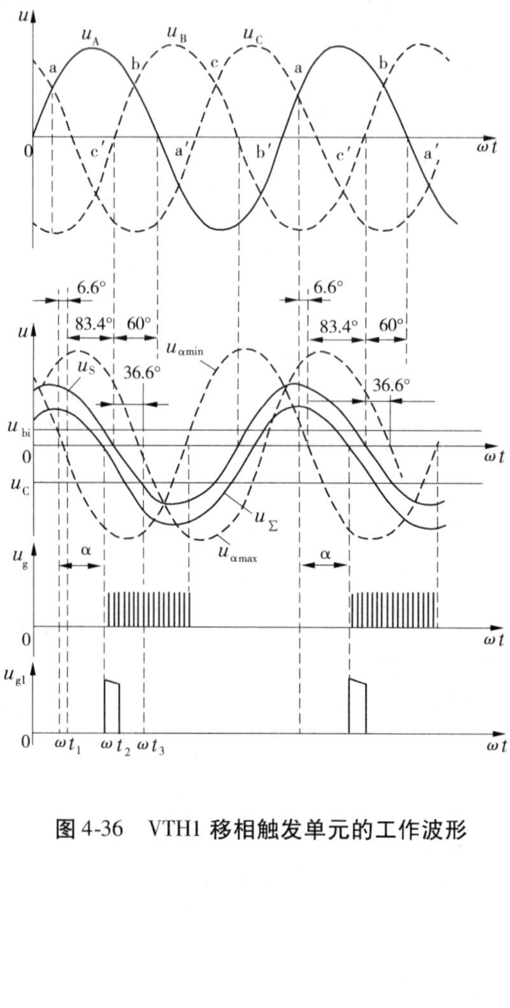

图 4-36　VTH1 移相触发单元的工作波形

当控制电压 U_C 的绝对值减小时，α 趋向 0°，但是 U_C 的绝对值过小有可能失去与同步电压 U_S、偏置电压 U_{bi}的叠加交点而使触发脉冲发生紊乱，对此需要设置最小 α 角限制，用 α_{min}表示。由 α 同步电路可知，α_{min}限制电压 $U_{\alpha min}$取自于控制电压分配器，$U_{\alpha min}$超前 U_S 的相角，有较为精确的计算值为 83.4°。

电容 C_2 能否充电除取决于三极管 VT1 由导通变截止外，还取决于 VT3 的状态，而它们的状态是受控制电压 U_C 和控制角限制电压 $U_{\alpha min}$控制的。其波形如图 4-36 所示。在 ωt_1 时刻之前，最小控制角限制电压 $U_{\alpha min}$为正，此电压经 R_{10}、R_{11}加在 VT3 基极，使 VT3 导通，电容 C_2 被三极管 VT3 短接而不能充电（即使 VT1 截止，电容 C_2 也不能充电）。只有在 $\omega t > \omega t_1$ 时，电容 C_2 才可能充电，可见最小控制角 α_{min}受 $U_{\alpha min}$限制，即 $\alpha_{min} = 90° - 83.4° = 6.6°$，计及电路充电延时，最小控制角 $\alpha_{min} = 10°$。

当控制电压 U_C 增大，α 趋向 180°时，易发生逆变颠覆，对此需要设置 α_{max}限制。α_{max}限制电压 $U_{\alpha max}$也取自于电压控制分配器，其原理与最小控制角受 $U_{\alpha min}$限制一样。

由 VT2 基极引入 $U_{\alpha max}$，$U_{\alpha max}$滞后 U_S 的角度是 360°。在 ωt_3 时刻，最大控制角限制电压 $U_{\alpha max}$由正变负，三极管 VT2 由导通变截止，其集电极电位由低变高。电容 C_2 经 R_{12}、V10 充电，U_{C2}达到 VU 峰点电压时，VU 导通发出脉冲触发晶闸管。当控制电压使三极管 VT1 在 ωt_3 时刻持续导通，最大控制角限制电压 $U_{\alpha max}$通过三极管 VT2 使触发电路在 ωt_3 时刻发出脉冲，使 $\omega t > \omega t_3$ 时，u_Σ 与 ωt 轴即使有交点也失去触发作用，可见最大控制角 α_{max}受 $U_{\alpha max}$的限制。此时 $\alpha_{max} = 90° + 36.6° = 126.6°$。

发电机因故解列，继电器 K 吸合，其触点将 0 V 经二极管 V12 输入，取消了 U_Σ（偏置电压、控制电压和同步电压的叠加电压）的控制作用，即二极管 V12 导通，V11 处于隔离状态。

可以看出，此时 α 固定为 126.6°，不受 U_C 的限制，符合三相全控桥处于逆变工作状态的要求，以实现发电机的逆变灭磁。

4.3.3 自动调节励磁装置的工作特性

励磁调节器静态工作特性是指可控整流桥输出电流与机端电压的关系曲线。由于测量比较单元、综合放大单元、移相触发单元、可控整流部分的工作特性已经求出，所以将这些工作特性合成，即为励磁调节器的静态工作特性。

先作出测量比较单元和综合放大单元的合成特性，即 $U_C = f(U_G)$关系曲线，如图 4-37(a)所示为测量比较单元的工作特性。图 4-37(b)所示为综合放大单元的工作特性，限幅的作用使工作特性出现 U_C 不随 ΔU_G 而变化的区段。由图中虚线箭头的方向可作出如图 4-37(c)所示的 $U_C = f(U_G)$的合成特性。粗黑段表示正常运行的工作区段。当 RP 增大时，$\Delta U_C / \Delta U_G$ 斜率有所减小。

作出 $U_C = f(U_G)$合成特性后，采用同样的方法，根据移相触发单元工作特性和可控整流桥工作特性即可得到励磁调节器的静态工作特性 $I_{EE} = f(U_G)$。具体作图方法如图 4-38 所示。

由图 4-38(d)可知，其工作特性与图 4-21 所示励磁调节器的工作特性是相同的，所以当在$\overline{ab}$段内工作时，励磁调节器有维持机端电压保持不变的能力。另外，当电力系统发生

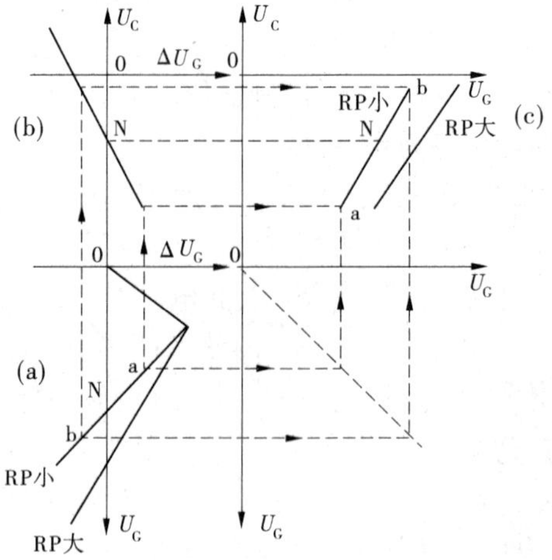

(a)测量比较单元的工作特性;(b)综合放大单元的工作特性;(c)$U_C=f(U_G)$合成特性

图 4-37　测量比较单元和综合放大单元的合成特性

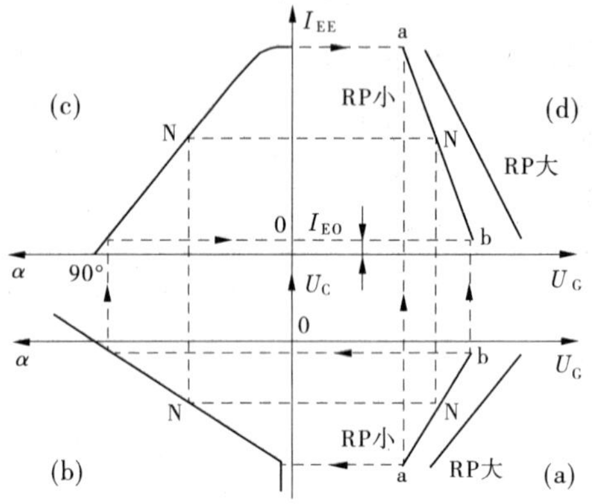

(a)$U_C=f(U_G)$合成特性;(b)移相触发单元工作特性;

(c)可控整流桥工作特性;(d)$I_{EE}=f(U_G)$工作特性

图 4-38　励磁调节器静态工作特性的合成

短路故障时,机端电压极度降低,此时 I_{EE}迅速增大,起到强励作用。

观察图 4-38(d)可知,改变 RP 的大小,就可左右移动测量比较单元的工作特性,从而移动励磁调节器的静态工作特性,即起到调整励磁调节器基准值 U_{set}的作用。

自动励磁调节器静态工作特性在工作区内的陡度,是调节器性能的重要指标之一,即

$$k=-\frac{\Delta I_{EE}}{\Delta U_G} \tag{4-14}$$

式中　k——调节器在工作段内的放大系数,负号表示 U_G 降低使 I_{EE}增大。

若将可控整流部分和移相触发单元的工作特性在运行点进行线性化,图 4-23 中调节器静态工作时各环节之间的关系可由式(4-13)改写为

$$k=-\frac{\Delta(\Delta U_G)}{\Delta U_G}\cdot\frac{\Delta U_C}{\Delta(\Delta U_G)}\cdot\frac{\Delta\alpha}{\Delta U_C}\cdot\frac{\Delta I_{EE}}{\Delta\alpha}=k_1k_2k_3k_4 \tag{4-15}$$

式中　k_1——测量比较单元放大系数，$k_1=\frac{\Delta(\Delta U_G)}{\Delta U_G}$；

k_2——综合放大单元放大系数，$k_2=\frac{\Delta U_C}{\Delta(\Delta U_G)}<0$；

k_3——移相触发单元放大系数，$k_3=\frac{\Delta\alpha}{\Delta U_C}$；

k_4——可控整流部分放大系数，$k_4=\frac{\Delta I_{EE}}{\Delta\alpha}$。

由式(4-15)可见，励磁调节器的放大系数等于各单元放大系数的乘积。它表示调节器工作特性曲线斜率的大小。

4.4　同步发电机的强行励磁与灭磁

4.4.1　同步发电机的强行励磁

电力系统发生短路故障或其他原因引起发电机端电压急剧下降时，会影响电力系统的稳定运行，因此，当发电机端电压降低到80%～85%额定值时，应迅速将发电机励磁增加到最大值，对电力系统稳定运行具有重要的意义。通常将这种措施称为强行励磁，简称强励。此时如能使发电机的励磁迅速上升到顶值，将有助于稳定电网运行，提高继电保护动作的灵敏度，缩短故障切除后系统电压的恢复时间，并有利于用户电动机的自启动和自同步时电力系统的工作条件。

为使强励充分发挥作用，各种励磁装置的强励都应满足强励顶值电压高、励磁响应速度快的基本要求。因此，在励磁系统中强励倍数和励磁电压响应比是衡量发电机强励能力的两项重要技术指标。

4.4.1.1　强励倍数

强励时，实际能达到的最高励磁电压 U_{Emax} 与额定励磁电压 U_{EN} 的比值，称为强励倍数，用 K_Q 表示，即

$$K_Q=\frac{U_{Emax}}{U_{EN}} \tag{4-16}$$

显然，K_Q 值愈大，强励效果愈好。但 K_Q 的大小受励磁系统结构和设备费用的限制，通常取1.2～2倍。

4.4.1.2　励磁电压响应比

励磁电压响应比又称励磁电压响应倍率，能反映出励磁响应速度的大小。强励时励磁电压必须要通过转子磁场才能起作用，而转子回路具有较大的时间常数，所以转子磁场的增加将滞后励磁电压的增加。

就如图4-6所示直流励磁机系统而言，强励时由于励磁机存在时滞作用，发电机的励磁电压起始上升较慢，然后较快上升，最后又缓慢上升到顶值，励磁电压 U_E 变化曲线如图4-39(a)所示。对于图4-11自并励励磁系统来说，强励时发电机励磁电压几乎是瞬间

上升的，励磁电压 U_E 变化曲线如图 4-39(b)所示。

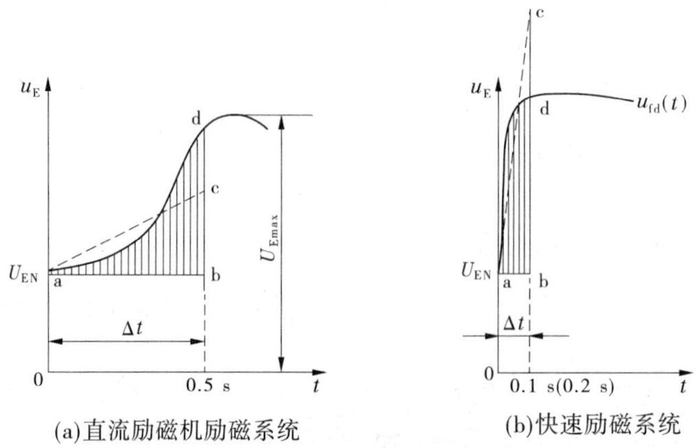

图 4-39　强励时发电机励磁电压变化曲线

在时间相同的条件下，阴影部分面积愈大，表示强励作用愈显著。为描述励磁上升速度，并对不同励磁系统进行比较，通常将图 4-39 中阴影面积 S_{abd} 等面积变换成 S_{abc}。这样，励磁电压的上升速率等效变换成常数。定义 Δt 内励磁电压等速上升的数值与额定励磁电压之比称为励磁电压响应比，即

$$励磁电压响应比 = \frac{bc/U_{EN}}{\Delta t} \quad (电压标幺值/s) \tag{4-17}$$

对直流励磁机系统，取 $\Delta t = 0.55$ s；对快速励磁系统，取 $\Delta t = 0.1$ s。

励磁电压响应比随不同的励磁系统而有所不同。对直流励磁机系统，该值一般为 $(0.8 \sim 1.2)U_{EN}$/s；对快速励磁系统，该值在 $3U_{EN}$/s 以上。

4.4.2　同步发电机的灭磁

运行中的同步发电机，如果出现内部故障或出口故障，继电保护装置应快速动作，将发电机从系统中切除，但发电机的感应电势仍然存在，继续供给短路点故障电流，将会使发电设备或绝缘材料等严重损坏。因此，当发电机内部或出口故障时，在跳开发电机出口断路器的同时，应迅速将发电机灭磁。

所谓灭磁就是把转子绕组的磁场尽快减弱到最小程度。考虑到励磁绕组是一个大电感，突然断开励磁回路必将产生很高的过电压，危及转子绕组绝缘，所以用断开励磁回路的方法来实现灭磁是不恰当的。为此，在断开励磁回路之前，应将转子绕组自动接到放电电阻或其他装置中，使磁场中储存的能量迅速消耗掉。因此，灭磁时间要短；灭磁过程中转子过电压不应超过允许值。以下分别介绍几种常用的灭磁方法。

4.4.2.1　利用放电电阻灭磁

利用放电电阻灭磁就是在励磁绕组中接入一常数电阻 R_m，即将励磁绕组所储存的能量转换为热能而消耗掉。如图 4-40 所示为励磁绕组对常数电阻放电灭磁的原理接线图。当发电机正常运行时，开关 Q 处于合闸位置，即励磁机经开关 Q 的主触头 Q1 供电给发电机的转子绕组励磁电流，而触头 Q2 断开。

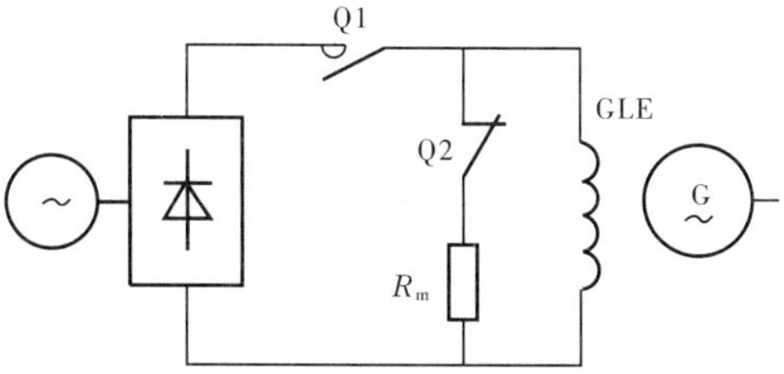

图 4-40　对常数电阻放电灭磁的原理接线图

当发电机退出运行需要灭磁时,灭磁开关 Q 跳闸,触头 Q2 先闭合,使励磁绕组接入放电电阻 R_m,然后触头 Q1 断开,可以防止励磁绕组切换到放电电阻时由于开路而产生危险的过电压。Q1 断开后,励磁绕组 GLE 通过 Q2 对 R_m 放电,灭磁开始。

利用放电电阻 R_m 灭磁的实质是将磁场能转换为热能,消耗在电阻上。这种传统的对放电电阻放电来灭磁的方法,其灭磁速度较慢。

4.4.2.2　用可控整流桥逆变灭磁

可控整流桥逆变灭磁方式只适合于励磁电源采用全控桥整流的机组。由三相全控整流桥的工作原理可知,在正常工作情况下,控制角 $0° < \alpha < 90°$,全控桥工作在整流状态,供给发电机励磁电流。当需要灭磁时,将全控桥的控制角 α 后退到最小逆变角,全控桥就可以从整流状态过渡到逆变状态。在逆变状态下,励磁绕组中储存的能量就逐渐被反送回交流电源侧。由于励磁绕组是无源的,随着储存能量的衰减和逆变电流的降低,逆变过程将随之结束。

这种灭磁方式由于能量直接通过逆变桥从直流侧反送到交流侧,所以不需要灭磁开关。它具有接线简单、经济等优点。但在自并励励磁系统中,逆变电压受机端电压的影响很大,当发生机端三相短路时,发电机端电压下降到很低,从而导致励磁电压较小,逆变灭磁时间加长,严重的甚至有可能致使逆变灭磁失败,总过程不如交流励磁机励磁系统快。在实际现场运行中,逆变灭磁更多的是作为备用灭磁方案用于正常停机。

4.4.2.3　利用灭弧栅灭磁

利用灭弧栅灭磁的实质是将磁场能转换为电弧能,消耗于灭弧栅片中。由于灭弧栅灭磁速度快,广泛应用于大、中型发电机组中。

如图 4-41 所示,当发电机正常运行时,灭磁开关 Q 处于合闸状态,触头 Q1、Q4 闭合,Q2、Q3 断开。当 Q 跳闸灭磁时,Q2、Q3 闭合,Q1 和 Q4 断开。在极短时间内,Q3 紧接着也断开,在断开的过程中产生电弧,横向磁场将电弧引入灭弧栅中,电弧被灭弧栅分割成很多短弧,同时径向磁场使电弧在灭弧栅内快速旋转,散失热量,直到熄灭。接入限流电阻 R_y,是为了防止励磁电源被短接。

在灭磁过程中,励磁电流逐渐衰减,当衰减到较小数值时,灭弧栅电弧不能维持,可能出现电流中断而引起过电压。为限制过电压,灭弧栅并接多段电阻,避免整个电弧同时熄灭,实现按顺序熄灭。只要适当选择灭弧栅旁路电阻,可将过电压限制在规定值以内。

4.4.2.4　非线性电阻灭磁

非线性电阻灭磁原理电路如图 4-42 所示。在正常运行时,开关 K 是闭合的,转子的

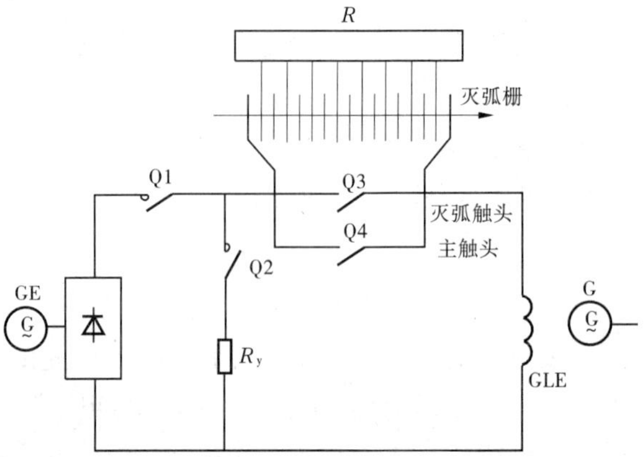

图 4-41　灭弧栅灭磁原理图

端电压维持在正常水平。由于非线性电阻 R_n 的阻值非常大,此时没有达到 R_n 的导通电压值(也称为击穿电压),因此 R_n 支路相当于开路。当收到灭磁指令后,开关 Q 跳开,由于转子励磁绕组电感的作用,R_n 的端电压迅速升高,当达到 R_n 的导通电压值时,R_n 的阻值迅速下降到很小值,电流 i_n 快速增大。当 i_n 等于励磁绕组回路中的励磁电流时,Q 的电弧熄灭,整个回路完成"换流"。这样,所有能量将在 R_n 和励磁绕组内阻上消耗掉。

由于 R_n 的端电压对流过它的电流不敏感,电流的衰减对端电压影响不大,所以电流衰减速度一直维持在较快的水平。因此,这种灭磁方式的灭磁速度基本恒定。

由此可见,非线性电阻灭磁是利用非线性电阻的非线性伏安特性,保证灭磁过程中灭磁电压能较好地维持在一个较高水平,从而保持电流快速衰减,达到快速灭磁的目的。国内厂家生产的非线性电阻灭磁由氧化锌非线性电阻构成。氧化锌非线性电阻的系数很小,正常电压下漏电流很小,可直接跨接在励磁绕组两端,灭磁可靠。

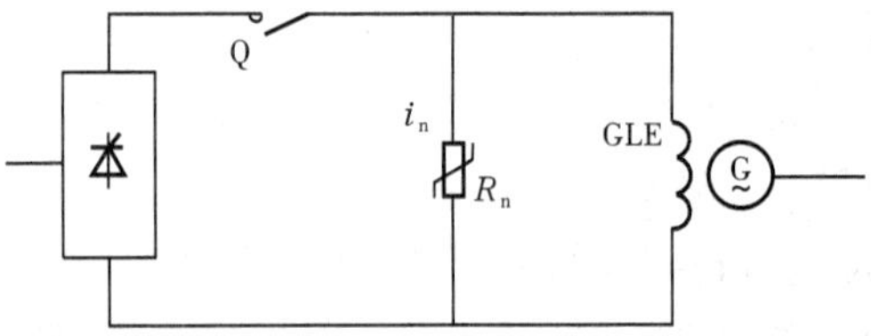

图 4-42　非线性电阻灭磁原理电路

综上所述,发电机的灭磁实际上是将励磁绕阻储存的能量消耗掉。采用线性电阻灭磁,是将励磁绕阻储存的能量转换为热能,并消耗在该电阻上;采用可控整流励磁系统中的逆变灭磁,是将励磁绕阻储存的能量馈送给励磁电源;采用灭弧栅灭磁,是将磁场能转换为电弧能,并消耗于灭弧栅片中;采用非线性电阻灭磁,是将能量在 R_n 和励磁绕组内阻上消耗掉。

4.5 并联运行发电机间无功负荷分配

4.5.1 对静态工作特性的要求

发电机的调整特性是指发电机在不同电压值时其励磁电流 I_E 与无功负荷 I_{GQ} 的关系曲线，如图 4-43(a)所示。外特性是指发电机的无功电流 I_{GQ} 与端电压 U_G 的关系曲线。如图 4-43(b)所示，图中用虚线表示了工作段 a、b 两点的作图过程。图 4-43(c)表示出了不同 RP 值的外特性。当励磁调节器与发电机闭环后，发电机的外特性不仅与励磁调节器的静态工作特性有关，而且还与发电机的调整特性有关。

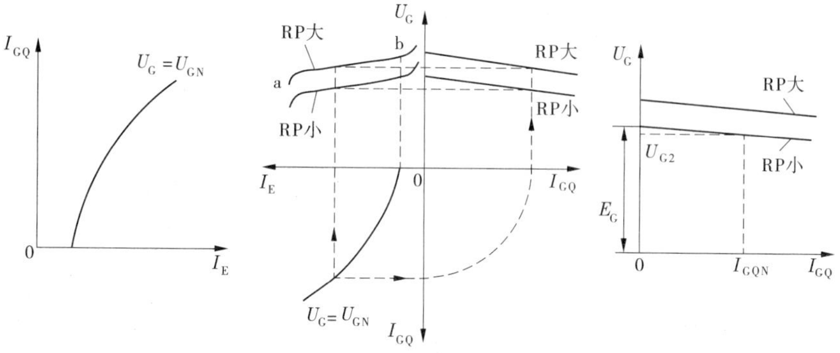

(a)调整特性　　(b)外特性合成　　(c)外特性

图 4-43　具有励磁调节器的同步发电机外特性

图 4-43(c)说明，发电机在加装自动励磁调节器后，当无功电流 I_{GQ} 变化时，发电机端电压 U_G 基本维持不变，达到了自动调压的目的；同时可看出，改变 RP 值，可上下平移发电机的外特性。而在某一具体 RP 值下，外特性随 I_{GQ} 的增加而稍有下倾，下倾的程度可用调差系数 K_u 来表示。调差系数定义为

$$K_u = \frac{E_G - U_{G2}}{U_{GN}} = E_{G*} - U_{G2*} \tag{4-18}$$

式中　E_G——发电机空载电动势；

　　U_{G2}——发电机带额定无功电流时的机端电压，一般取 $U_{G2} = U_{GN}$。

由式(4-18)可见，调差系数 K_u 表示无功电流由零增加到额定值时，发电机端电压的相对变化。调差系数 K_u 越小，无功电流变化时发电机端电压变化越小，所以调差系数 K_u 表征了励磁调节系统维持发电机端电压的能力。

由于同步发电机在电网中运行情况各异，对发电机的外特性提出了不同的要求。根据上述分析可知，要调整具有自动励磁调节器的发电机的外特性，实际上需要调整的是励磁调节器的静态工作特性，所以，在励磁调节器中设置调差单元以进行发电机外特性的调差系数调整；设置测量比较单元基准电压值的大小以平移发电机的外特性，即励磁调节器静态工作特性调整包括调差系数的调整和外特性的平移。

4.5.2 外特性的平移

在自动励磁调节器中设置了调差单元，如图4-23所示。由于发电机端电压的变化主要是由其无功电流引起的，故要求调差单元对无功电流的变化能灵敏地加以反映。至于有功电流，一般说来对发电机的端电压影响不大，故希望调差单元对有功电流的反映是不灵敏的。从以后的分析可以看到，引入调差单元后，虽然调差电阻上的附加电压降与发电机的定子电流成比例，但调差单元感受到的电压只随发电机的无功电流而改变。调差单元按其接线极性的不同可分为两类，即正调差接线和负调差接线。

4.5.2.1 调差单元的工作原理

图4-44所示为Y，y12电压互感器TV正调差接线的原理图。其输入量是发电机的端电压和定子电流。在图中规定的正方向下，调差单元输出电压 $\dot{U}_{A'}$、$\dot{U}_{B'}$、$\dot{U}_{C'}$ 与调差单元输入电压 $\dot{U}_A$、$\dot{U}_B$、$\dot{U}_C$ 间有如下关系：

$$\begin{cases}\dot{U}_{A'} = \dot{U}_A + \dot{I}_C R \\ \dot{U}_{B'} = \dot{U}_B \\ \dot{U}_{C'} = \dot{U}_C - \dot{I}_A R\end{cases} \tag{4-19}$$

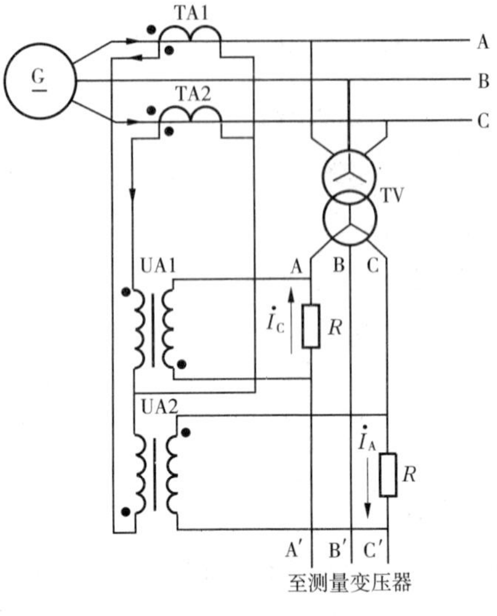

图4-44 正调差单元的原理接线图

当功率因数 $\cos\varphi = 0$ 时，电流为无功电流，作出相量图如图4-45(a)所示。由相量图可见，输出线电压三角形为一正三角形，其大小随无功电流而灵敏变化。输出线电压三角形与输入线电压三角形大小间的关系为

$$U'_{P-P} = U_{P-P} + RI_{QG} \tag{4-20}$$

显然，U'_{P-P}为调差单元的输出线电压，U_{P-P}为调差单元的输入线电压，故调整 R 的大小，可获得适当的正调差系数。

当功率因数 $\cos\varphi = 1$ 时，电流为有功电流，作出相量图如图4-45(b)所示。由相量图

可知,调差单元输出线电压仍为一正三角形,其大小为

$$U'_{P-P} = \sqrt{U^2_{P-P} + (I_{PG}R)^2} \tag{4-21}$$

其中,I_{PG}为发电机的有功电流。当 $U'_{P-P} = 100$ V、$I_{PG}R = 5\% \times 100$ V $= 5$ V 时,则 $U'_{P-P} = \sqrt{100^2 + 5^2} = 100.1$(V),即 $U'_{P-P} = U_{P-P}$,所以调差单元几乎不反映发电机有功电流的变化。

当功率因数 $0 < \cos\varphi < 1$ 时,电流既包含有功性质分量的电流,又包含无功性质分量的电流,作出相量图如图 4-45(c)所示(设 $\cos\varphi = 0.8$)。由上述分析可知,电流的有功分量基本不起作用,而电流的无功分量使调差单元输出电压灵敏变化。

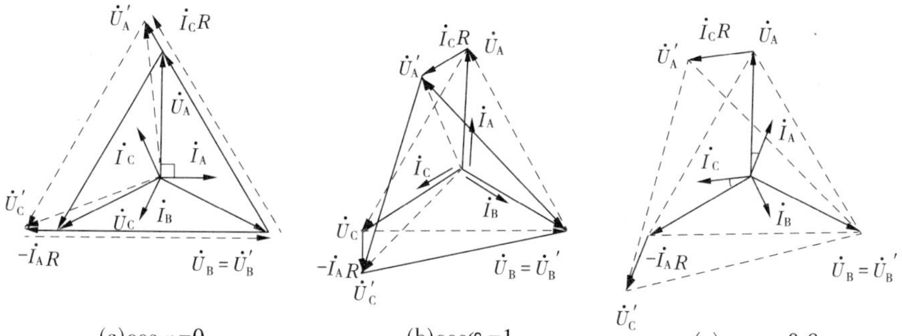

图 4-45　正调差单元相量图

对于负调差接线,只要将图 4-44 中 UA1、UA2 极性反接即可,此时 $\dot{I}_A$、$\dot{I}_C$ 流向与图 4-44 中相反,调差单元输出、输入电压间关系为

$$\begin{cases} \dot{U}_{A'} = \dot{U}_A - \dot{I}_C R \\ \dot{U}_{B'} = \dot{U}_B \\ \dot{U}_{C'} = \dot{U}_C + \dot{I}_A R \end{cases} \tag{4-22}$$

同上分析可得:与输入电压的关系为

$$U'_{P-P} = U_{P-P} - RI_{QG} \tag{2-23}$$

4.5.2.2　接入调差单元后发电机的外特性

由于调差单元基本上只反映无功电流的变化量,所以调差单元的输入、输出量之间可用公式表示为

$$U'_{P-P} = U_{P-P} \pm RI_{QG} \tag{4-24}$$

其中,取"+"时,表示正调差接线;取"-"时,表示负调差接线。对于按电压偏差进行比例调节的励磁调节,当调差单元退出工作时,发电机外特性的调差系数称为自然调差系数,用 K_{uo}表示,其固有的外特性是下倾的。自然调差系数是不可调的固定值,显然不能满足发电机的运行要求,如图 4-46 所示。当计及调差单元后,励磁调节装置利用调差单元可以得到不同的调差特性,如图 4-46 所示。由式(4-18)可知:

(1)当 $K_u > 0$ 时,为正调差系数,其调差特性下倾,发电机端电压随无功电流增大而降低,即当无功电流增大时,自动励磁调节器感受到的电压在上升,于是调节装置降低了

发电机的励磁电流，驱使发电机电压降低，所以得到下倾的外特性。R 值增大，外特性下倾的程度增大，调差系数也增大。因正调差特性主要用来稳定并联运行机组间无功电流的分配，所以实现正调差单元也称为电流稳定单元。

(2) 当 $K_u<0$ 时，为负调差系数，其调差特性上翘，发电机端电压随无功电流增大而升高，即当无功电流增大时，自动励磁调节器感受到的电压在下降，于是调节装置增加了发电机的励磁电流，驱使发电机电压升高，所以得到水平或上翘的外特性。同理，调整 R 值，也可以调整调差系数的大小。因负调差特性可以用来补偿线路或变压器的阻抗压降、保持升压变压器高压侧并列点或电力系统某点的电压水平，所以实现负调差单元也称为电流补偿单元。

(3) $K_u=0$ 时，为无差特性，调差特性呈水平，发电机端电压不随无功电流而变化，是恒定值。

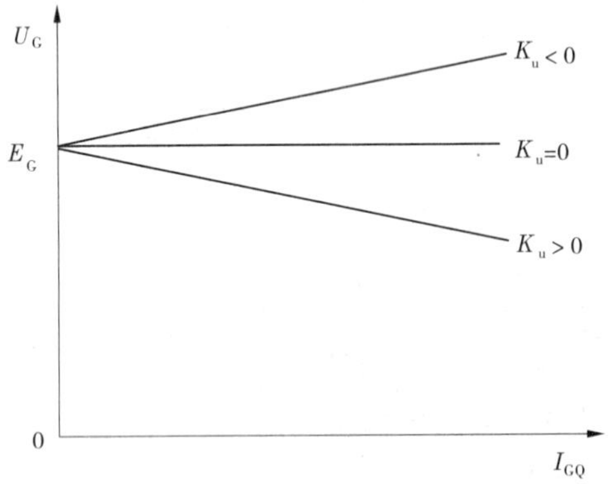

图 4-46 不同调差系数所对应的发电机外特性

4.5.3 并联运行发电机间无功负荷分配

4.5.3.1 两台正调差特性机组并联运行

两台正调差特性的机组在公共母线上并联运行，如图 4-47 所示，其调差特性分别为曲线 1 和曲线 2。两台机组在并联点母线电压为 U_1，则负担的无功电流分别为 I_{QG1} 和 I_{QG2}。

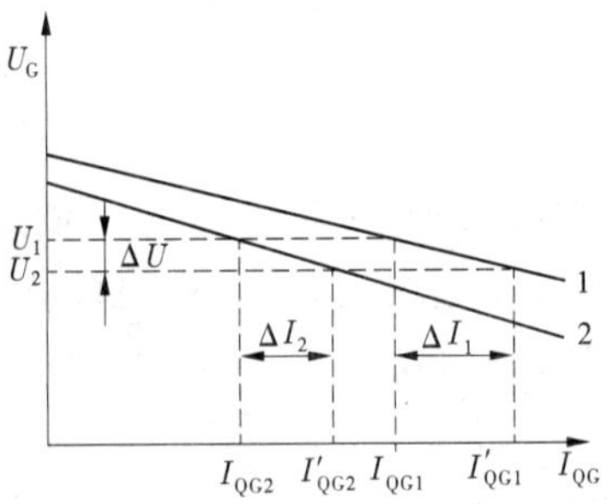

图 4-47 两台正调差特性机组并联运行

如果无功负荷 I_{QG} 增加，母线电压 U_1 下降，励磁调节器动作使新的稳定电压值为 U_2，这时两台发电机负担的无功负荷分别为 I'_{QG1} 和 I'_{QG2}，各机组的无功电流增量为 ΔI_1 和 ΔI_2，两台机组分别承担一部分增加的无功负荷，其和等于无功负荷电流的增量。

可见，此时两台机组能稳定并联运行，并可维持无功电流的稳定分配，其分配比例与调差系数有关。

设无功电流为零时机端电压为 U_{G0}，额定无功电流为 I_{QGN} 时的端电压为 U_{GN}，则母线电压为 U_G 时的无功电流为

$$I_{QG} = \frac{U_{G0} - U_G}{U_{G0} - U_{GN}} I_{QGN} \tag{4-25}$$

用标幺值表示为

$$I_{QG*} = \frac{-(U_G - U_{G0})/U_{GN}}{(U_{G0} - U_{GN})/U_{GN}} = -\frac{\Delta U_{G*}}{K_u} \tag{4-26}$$

若母线电压由 U_1 变到 U_2，则机组无功电流增量的标幺值为

$$\Delta I_{QG*} = -\frac{\Delta U_{G*}}{K_u} \tag{4-27}$$

由式(4-27)可见，当发电机在公共母线上并联运行时，若系统无功负荷波动，机组的无功电流增量与电压偏差成正比，与该机组的调差系数成反比。要使并联机组的无功电流增量按机组容量分配，则要求各机组具有相同的调差系数，即两机组的外特性相同。若 K_u 不相同，则调差系数小的机组承担的无功电流量增大。为了使无功电流分配稳定，调差系数不宜过小。

4.5.3.2　一台无差特性机组与一台有差特性机组并联运行

若有两台机组在公共母线上并联运行，第一台机组为无差调节特性，见图 4-48 中曲线 1，第二台机组为有差调节特性，且 $K_u > 0$，见图 4-48 中曲线 2。这时母线电压必定等于第一台机组的端电压 U_1，并保持不变，第二台机组的无功电流为 I_{QG2}。如果无功负荷改变，则第一台机组的无功电流将随之改变，而第二台机组的无功电流维持不变，仍为 I_{QG2}。移动第二台机组调差特性曲线 2 可以改变发电机无功负荷的分配。移动第一台机组调差特性曲线 1，不仅可以改变母线电压，而且可以改变第二台机组的无功电流。

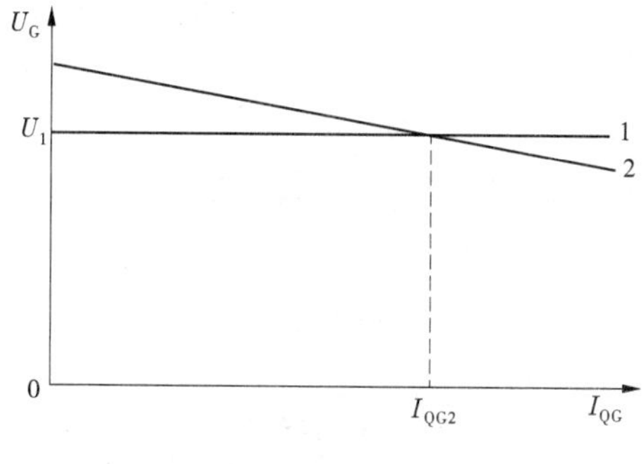

图 4-48　一台无差特性机组和一台有差($K_u > 0$)特性机组并联运行

由上面的分析可知，一台无差特性的机组可以和一台或多台正调差特性的机组在同一母线上并联运行。但由于无差特性机组将承担所有无功功率的变化量，无功功率的分

配是不合理的，所以在实际中很少采用。

4.5.3.3　一台正调差特性机组与一台负调差特性机组并联运行

如图 4-49 所示，第一台机组的负调差特性为曲线 1，第二台机组的正调差特性为曲线 2。两机组在同一母线上并联运行时，设并联点母线电压为 U_1，两台机组相应的无功电流分别为 I_{QG1} 和 I_{QG2}。当系统中无功负荷变化（如增大），无功功率在两机组间发生摆动，不能稳定分配，因此不允许负调差特性机组直接参与并联运行。

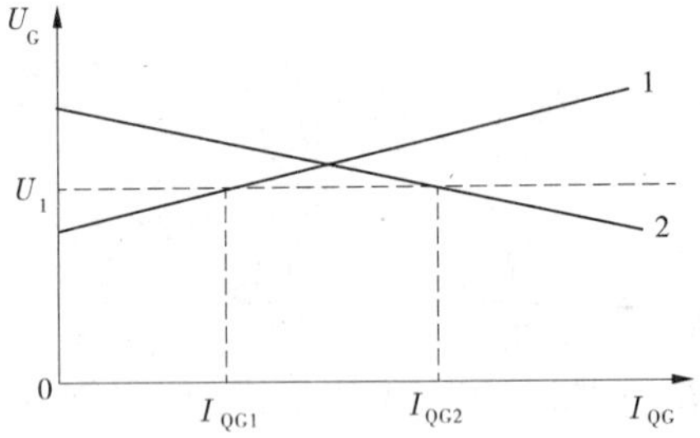

图 4-49　一台正调差特性机组与一台负调差特性机组并联运行

4.6　微机型励磁调节装置

随着电力系统的不断发展、发电机的单机容量的不断增加，电力系统越来越复杂，对励磁调节器的要求也在日益提高，如更优的励磁调节性能、更多和更灵活的限制等附加功能。由于半导体调节器功能均由硬件实现，增加功能就必须增加相应的硬件，大量的硬件电路使得励磁调节器装置十分复杂，增加了维护工作量，降低了装置的可靠性，使其发展潜力受到影响。同时，随着计算机技术、数字控制技术和微电子技术的飞速发展和日益成熟，同步发电机微机型励磁调节装置已逐渐替代半导体励磁调节器。

微机型励磁调节装置与半导体励磁调节器比较，在构成的主要环节上都是相似的，微机型励磁调节装置借助其软件优势，在实现复杂控制和增加辅助功能等方面有很大的优越性和灵活性。本节讨论微机型励磁调节装置的特点、构成与原理。

4.6.1　微机型励磁调节装置的特点

4.6.1.1　硬件简单，可靠性高

由于采用了微处理器，以往调节器的操作回路、部分可控整流触发回路、各种保护功能、机械或电子的电压整定机构都可以简化或省去，采用软件来完成。这样就大大减少了印刷电路板的数量，电路元件少，焊点少，接插件少，因此调节器故障维修带来的停机时间大大减小，使装置可靠性得到极大提高。

4.6.1.2　硬件易实现标准化，便于产品更新换代

微机型励磁调节器，硬件的功能主要是输入发电机的参数，如电压、电流、励磁电压、励磁电流等，输出各控制、报警信号及触发脉冲。对于不同容量、不同型号的发电机，只要改变软件及输出功率部分就可以。这样便于标准化生产，便于产品升级换代，硬件的调试

工作量也大大减少。

4.6.1.3 便于实现复杂的控制方式

利用计算机强有力的判断和逻辑运算能力及软件的灵活性，可以在励磁控制中实现复杂的控制方式，如最优控制、自适应控制、人工智能等，往往要求大量的计算和判断，这对半导体励磁调节器来说几乎是不可能实现的，而微机型励磁调节装置为实现复杂的控制提供了可能性。

4.6.1.4 通信方便

可以通过通信总线、串行接口或常规模拟量方式方便灵活地与上位计算机通信、接收上位计算机控制命令。上位计算机可直接改变机组给定电压值，非常简单地实现全厂机组的无功成组调节及母线电压的实时控制，便于实现全厂的自动化。

4.6.1.5 显示直观

发电机的各种运行状态、运行参数、保护定值等都可以通过显示面板的数码管显示出来，不仅可以显示十进制数，还可以显示十六进制数。除此之外，还可以显示各种故障信号，为运行人员提供了极大的方便。

4.6.2 微机励磁调节装置的构成

微机型励磁调节装置是由一专用的计算机控制系统构成的，如按计算机控制系统来划分，则由硬件（即电气元件）和软件（即程序）两部分组成。

4.6.2.1 硬件电路

典型微机型励磁调节装置框图如图 4-50 所示。由于大规模集成电路技术日益进步，计算机技术不断更新，具体的系统从单微处理器、多微处理器向分布式、网络方向发展。所以微机型励磁调节装置的硬件也随之发展，没有固定模式。但按照计算机控制系统组成原则，硬件的基本配置由主机、输入输出接口和输入输出过程通道等环节组成。

(1)主机：由微处理器 CPU、RAM、ROM 存储器等器件组成主机，主机是调节器的核心部件。它根据输入通道采集来的发电机运行状态变量的数值在 CPU 中进行调节计算和逻辑判断，并将实时采样数据、控制计算过程中的一些中间数据和主程序中控制用的计数值等存放在可读写的存储器 RAM 中，将固定数据、设计值、应用软件和系统软件等事先固化存放在只读存储器 ROM 或 EPROM、EEPROM 中。按照预定的程序进行信息处理求得控制量，通过数字移相脉冲接口电路发出与控制角对应的脉冲信号，从而实现对发电机励磁电流 I_E 的控制。

(2)模拟量输入通道：为了维持机端电压水平和机组间无功负荷的分配，需测得发电机的运行电压 U_G、电流 I_G。有的产品还输入发电机无功功率 Q_G、有功功率 P_G 和励磁电流 I_E 等，分别经过各自的变送器变成直流电压，然后按预定的顺序依次接入 A/D 转换器，将输入的这些模拟量转换成数字量后再输入到微机型励磁调节装置的主机中。在图 4-50 中，输入两路发电机电压 U_{G1} 和 U_{G2} 是为了防止电压互感器断线时产生误调节。

(3)开关量输入、输出通道：因励磁调节装置需要采集发电机运行状态信号，如断路器、灭磁开关等的状态信号。这些状态信号经转换后与数字量输入接口电路连接。

励磁系统运行中异常情况的告警或保护等动作信号从接口电路输出后，驱动相应的

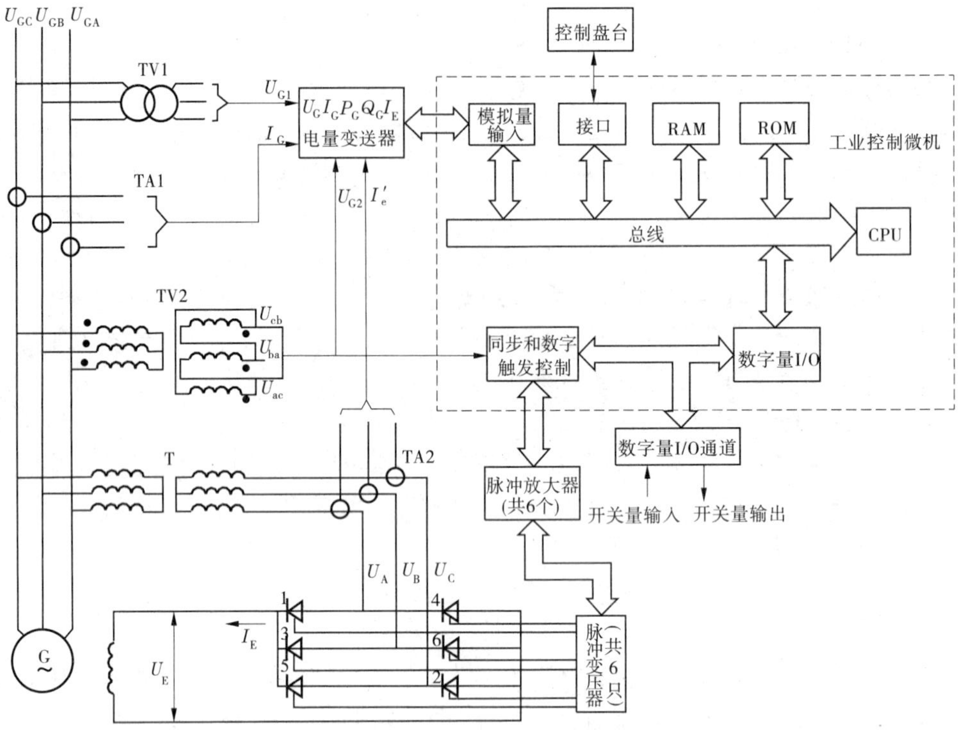

图 4-50　典型微机型励磁调节装置框图

设备,如灯光、音响等。

(4)接口电路:在计算机控制系统中,输入、输出通道必须由接口电路来完成两者间传递信息的任务。励磁调节装置除采用通用的接口电路如并行和管理接口(中断、计数/定时)外,图 4-50 所示的励磁调节装置中,还设置了监控盘台连接的接口电路、专用的数字移相脉冲特殊接口。

(5)脉冲输出通道:同步和数字触发控制电路是微机型励磁调节装置的一个专用输出过程通道。它的作用是将计算机 CPU 计算出来的、用数字量表示的晶闸管控制角转换成晶闸管的触发脉冲。输出的控制脉冲信号需经中间放大、末级放大后,才能触发大功率晶闸管控制其输出电流。为了保证晶闸管按规定的顺序导通,必须有同步电压信号。

(6)运行操作设备:励磁调节装置有一套供运行人员操作的控制设备,用于增、减励磁和监视调节器的运行。另外,还有供程序员使用的操作键盘,用于调试程序、设定参数等。

4.6.2.2　软件框图

发电机的励磁调节是一个快速实时的闭环调节,它对发电机机端电压的变化要有很高的响应速度,以维持端电压在给定水平;同时,为了保证发电机的安全运行,励磁调节装置还必须具有对发电机及励磁系统起保护作用的一些限制功能,如强励和低励限制等。

微机型励磁调节装置的调节和限制及控制等功能,都是通过软件实现的。它不仅取代了模拟式励磁调节装置中某些调节和限制电路,而且扩充了许多模拟电路难以实现的功能,充分体现了微机型励磁调节装置的优越性。

微机型励磁调节装置的软件由监控程序和应用程序组成。监控程序就是计算机系统软件,主要为程序的编制、调试和修改等服务,而与励磁调节没有直接关系,但仍作为软件的组成部分安置在微机型励磁调节器中。应用程序包括主程序和调节控制程序,是实现励磁调节和完成数据处理、控制计算、控制命令的发出及限制、保护等功能的程序,以及用于实现交流信号的采样及数据处理、触发脉冲的软件分相和机端电压的频率测量等功能。微机型励磁调节装置软件设计主要集中在主程序和调节控制程序。

1. 主程序的流程及功能

如图4-51所示为主程序流程图,在主程序中主要由系统初始化、开机条件判别及开机前设置、开中断、故障检测及检测设置、终端显示和人机接口命令过程构成。

系统初始化就是在微机型励磁调节装置接通电源后、正式工作前,对主机以及开关量、模拟量输入输出等各个部分进行模式和初始状态设置,包括对中断初始化、串行口和并行口初始化等。系统初始化程序运行结束就意味着微机型励磁调节装置已准备就绪,随时可以进入调节控制状态。

开机条件判别及开机前设置流程图如图4-52所示。现假定微机型励磁调节装置用于水轮发电机励磁系统。首先判别是否有开机命令。若无开机命令,则检查发电机断路器分、合状态。若发电机断路器处于“分”状态,表明发电机尚未具备开机条件,程序转入开机前设置,然后重新进行开机条件判别;若发电机断路器处于“合” 状态,则表明发电机已并入电网运行,转速一定在95%以上,程序退出开机条件判别。若有开机命令,则反复不断地查询发电机转速是否达到95%,一旦达到了,表明开机条件满足,结束开机条件判别,进入下一阶段。

开机前设置主要是将电压给定值置于空载额定位置以及将一些故障限制复位。

主程序中“开中断”环节表示微机型励磁调节装置在此将调用各种调节控制程序实

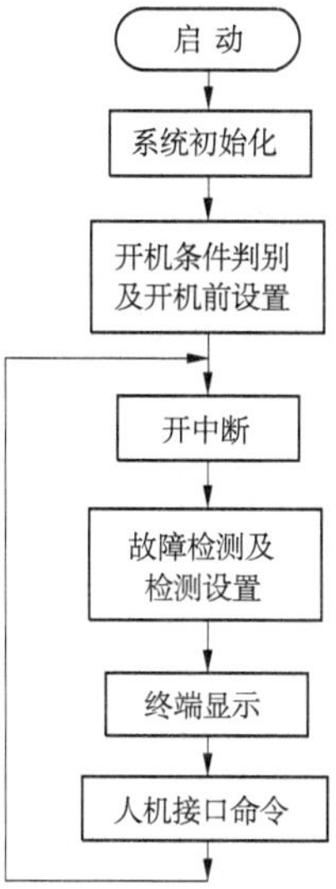

图4-51 主程序流程图

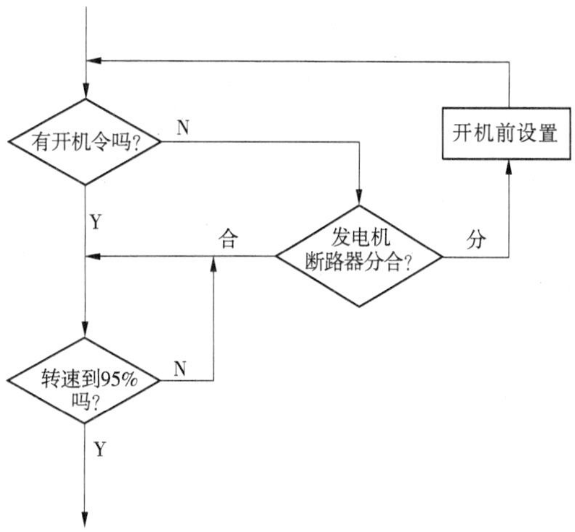

图4-52 开机条件判别及开机前设置流程图

现各种功能。开中断后，中断信号一出现，CPU 即中断主程序转而执行中断程序，中断程序执行完毕，将返回主程序继续执行。

TV 断线判别、工作电源检测、硬件信号检测、自恢复等，是通过微机型励磁调节装置中配备的励磁系统故障的检测及处理程序实现的。检测设置就是设置了一个标志，表明励磁系统已经出现了故障，以便执行故障处理程序。

为了监视发电机和微机型励磁调节器的运行情况，可通过 CRT 动态地将发电机和励磁调节装置的一些状态变量显示在屏幕上。终端显示程序将需要监视的量从计算机存储器中按一定格式送往终端 CRT 显示出来。

在调试过程中，人机接口命令程序对电压偏差的比例积分微分（PID）调节参数、调差系数等参数在线进行修改。

2. 调节控制程序的流程和功能

调节控制程序流程如图 4-53 所示。对于图 4-16 所示晶闸管全控桥式整流电路，每个交流周期内触发 6 次，对于 50 Hz 的工频励磁电源则每秒触发 300 次。为了满足这种实时性要求，中断信号每隔 60°电角度出现一次，每次中断间隔时间约 3.3 ms。要在每个中断间隔时间内，执行完所有的调节控制计算和限制判别等程序是不可能的。因此，程序采用分时执行方式，在每个周期的 6 个中断区间，分别执行不同的功能程序。这 6 个中断区间以同步信号为标志。

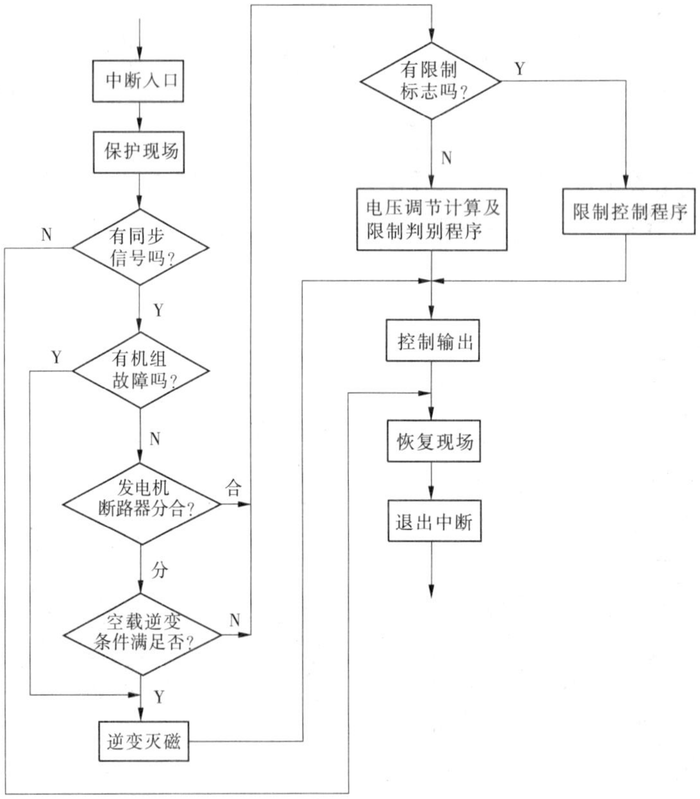

图 4-53　调节控制程序流程图

进入中断以后，首先压栈保护现场，将被中断的主程序断点和寄存器的内容保护起来，以便中断结束后返回到主程序断点继续运行。

接下来查询是否有同步信号。同步信号是通过开关量输入输出接口读入的。

(1)若没有同步信号，则表示没有励磁电源，不执行调节控制程序，退出中断。

(2)若有同步信号，则查询是否有机组故障信号。因为机组故障是紧急事件，必须马上处理。一旦查询到机组故障信号，便转入逆变灭磁程序。

若机组正常无故障，且发电机断路器在分开状态（即机组空载运行），则检查空载逆变条件是否满足。空载逆变条件有三个：①有停机令；②发电机机端电压大于130%额定电压；③发电机频率低于45 Hz。

以上三个空载逆变条件中只要有其中任一个成立，则转入逆变灭磁程序。如果发电机处于闭合状态（即机组并网运行），或空载运行而不需逆变灭磁，则转入调节计算程序或限制控制程序。

在执行调节计算程序或限制程序之前，首先检查是否有限制标志。限制标志包括强励限制标志、过励限制标志和欠励限制标志。若有限制标志，则转入限制控制程序；若无限制标志，则转入正常调节计算及限制判别程序。

执行电压调节计算程序或限制程序后，就得出晶闸管的控制角和应触发的桥臂号。“控制输出”将输出到同步和数字触发控制电路，生成晶闸管的触发脉冲。然后恢复现场，退出中断，回到主程序。

3. 电压调节计算

电压调节计算流程包括采样程序、调差计算程序和对电压偏差的比例调节等。

采样程序的作用是将各种变送器送来的电气量经A/D转换成微机能识别的数字量，供电压调节计算使用。被采集的量有发电机电压、有功功率、电感性无功功率、电容性无功功率、转子电流和发电机电压给定值。

调差计算是为了保证并联运行机组间合理分配无功功率而进行的计算，作用相当于模拟式励磁调节装置的调差单元。

在硬件配置不变的情况下，微机型励磁调节装置采用不同的算法就可实现不同的控制规律，如对电压偏差的比例(P)调节、比例积分(PI)调节、比例积分微分(PID)调节等。实现不同的控制规律只需修改软件，而不需修改硬件。这样可以很方便地用同一套硬件构成满足不同要求的发电机励磁系统，体现了微机型励磁调节装置特有的灵活性。

4. 限制判别程序

为了保证电网事故时发电机尽量不解列，而又不危及发电机安全运行，容量在100 MW以上的发电机一般应设置励磁电流限制。励磁电流限制的设置包括强励定时或反时限限制、过励延时限制和欠励限制。为了防止发电机空载运行时由于励磁电流过大导致发电机过饱和而引起过热，还应设置发电机空载最大励磁限制。在模拟式励磁系统中电路实现比较困难，一般不设置或只设置必要的几种。所以，在微机励磁系统中，只增加一些应用程序，不增加或很少增加硬设备，就可实现上述各种限制。因此，微机励磁调节装置都配置有较完善的励磁电流限制功能。

限制判别程序的作用是判别发电机是否运行到了应该对励磁电流进行限制的状态。

当被限制的参数超过限制值时，持续一定时间后，程序设置某种限制标志，表明发电机的某一运行参数已经超过了限制值，应该进行限制了。在下一次中断，进入调节控制程序之前，首先检查是否有限制标志：若有，则执行限制控制程序；若无，则执行调节计算程序，如图 4-53 所示。

4.6.3 微机型励磁调节装置的原理

微机型励磁调节装置采用软件移相触发。与模拟式移相触发相类似，也是由同步移相、脉冲形成和脉冲放大环节组成的。

数字移相就是将 PID 计算（即比例、积分、微分运算，作用相当于模拟控制装置中的综合放大单元）输出的数字量 y 转换为控制角 α，并在规定的角度区间内形成脉冲，经功率放大后形成触发脉冲，来触发相应晶闸管。对三相全控桥触发脉冲，控制角 α 有上、下限，即 $\alpha_{min} \leqslant \alpha \leqslant \alpha_{max}$，如取 $\alpha_{min} = 5°$、$\alpha_{max} = 150°$。此外，须采用双脉冲触发。

4.6.3.1 数字移相

数字移相工作特性就是输出的控制角 α 与输入量 y 间的关系曲线。根据自动励磁调节装置的调节规律，发电机机端电压在给定值 U_{set}/K 水平上运行。当机端电压 U_G 降低时，励磁电压应升高，此时控制角 α 应减小，驱使机端电压 U_G 升高，从而使机端电压维持在给定水平上运行。

当机端电压升高时，控制角 α 应增大，使励磁电压降低，驱使机端电压 U_G 降低，从而使机端电压维持在 U_{set}/K 水平上运行。注意到上述规律有线性关系，并作出数字移相工作特性，如图 4-54 所示。图中粗线段表示发电机正常运行时的工作范围。$\alpha = f(y)$ 工作特性曲线不随 U_{set} 而改变。

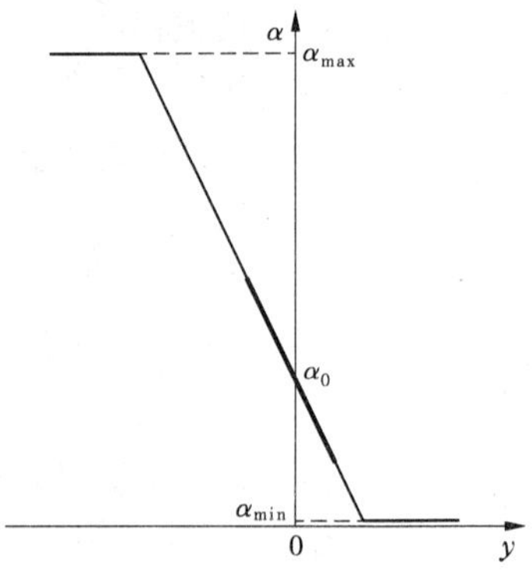

图 4-54 数字移相工作特性

数字移相就是将数字量 y 在规定的角度区间内转换成时间 t_α，再由 t_α 转换为工频电角度 α，从而实现数字移相。

数字移相是通过软件和可编程定时/计数器（如 8253 芯片）实现的。从本章 4.3 节中已经知道，三相全控桥式整流电路输出电压的高低取决于控制角 α 的大小，而 α 的大小可用触发脉冲距 α 角起始点的延时 t_α 来表示，再折算成对应的计数脉冲个数 D。α 换算为 t_α 的公式为

$$t_\alpha = \frac{\alpha}{360°}T \tag{4-28}$$

式中 T——可控硅交流电源的周期。

如加到定时/计数器中的计数脉冲的频率为 f_c，则与 t_α 对应的计数脉冲数为

$$D = t_\alpha f_c = \frac{\alpha}{360°}Tf_c \tag{4-29}$$

整个移相触发的过程是：如果已知控制角 α（ΔU_G 和 ΔQ 通过软件计算确定），用式(4-29)可求得计算机的写入数 D，经过数据总线送到 8253 芯片中，计数器为减法计数

器，计数结束时，计数器输出端输出低电平信号，经功率放大电路和脉冲变压器，形成触发脉冲，去触发相应可控硅。

4.6.3.2 同步电路

同步电路的任务是将同步变压器二次侧电压进行处理，以处理后的方波作为定时计数器的门控信号，指明控制角 α 的计时起始点，以触发相应可控硅。同步信号的采集一般有两种方式：一种方式是采集单相同步信号，其他几个同步点由计算机算出；另一种方式是由硬件实现 6 个同步点。

由硬件实现的三相同步整形电路中的数字移相脉冲原理图如图 4-55 所示，图中采用两个 8253 芯片，输出 6 个触发脉冲，作为三相全控桥的双脉冲触发，脉冲间隔为 60°。

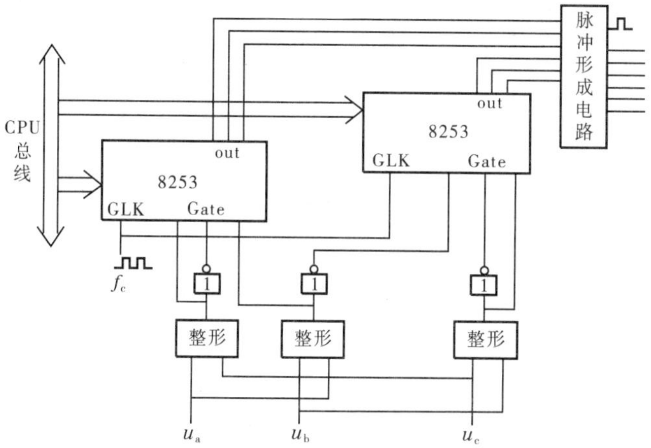

图 4-55 三相数字移相脉冲原理

如图 4-56 所示，线电压 u_{ac}、u_{ba}、u_{cb}经方波整形后可得宽度为 180°的 3 个方波，它们各自的反相器也是 3 个宽 180°的方波，这 6 个方波依次间隔 60°。它们的上升沿正好与 6 个自然换相点对应，分别接到两个 8253 芯片的 6 个 Gate 端，作为三相全控桥晶闸管控制角 α 的计时起点，6 个输出端信号经转换后得到输出的触发脉冲信号。

同步信号整形电路采用的抗干扰措施：一是采用电容耦合方式引入同步变压器二次电压；二是用光电管实现模拟部分与数字部分的电气隔离。

在自并励励磁系统中，触发脉冲属于弱电，励磁电压属于强电，所以脉冲放大输出的脉冲变压器一、二次绕组间应有足够高的隔离耐压水平；又因励磁电流大，可控整流柜不止一面，故触发脉冲输出数量要满足要求，输出功率要足够大，以保证晶闸管触发导通。

4.6.3.3 运行控制方式

1. *恒励磁电流方式*

这种方式又称电手动。电压互感器断开时自动进入此方式，也可以在励磁机试验时，人为地切换到此方式。该方式以稳定励磁电流为目的，无强励强减功能，其算法是以励磁电流为给定值，测定电流偏差，进行 PID 运算，得到控制电压 U_C 经移相触发控制 α 角，达到恒励磁作用。

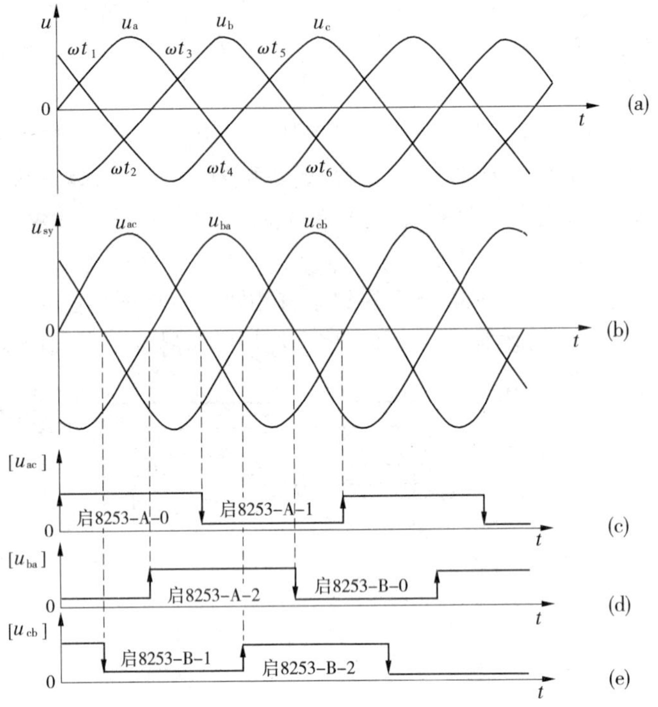

(a)交流电源相电压;(b)可控硅同步电压;(c)、(d)、(e)整形后的方波电压

图 4-56 同步电压波形

2. 恒无功功率方式

机组并入无限大系统后,可进入恒无功功率方式。多运用在并列运行机组上,以无功功率作为给定值,测无功功率偏差进行 PID 计算。

3. 恒功率因数

以恒无功功率为基础,根据发电机有功功率,计算出给定 $\cos\varphi$ 下的无功功率,以此无功功率为给定值,做恒无功运行。

4. 跟踪母线电压起励方式

该方式是建立在恒机端电压的运行方式下,把母线电压作为恒电压方式的给定值,即成为跟踪母线电压的起励方式。常在机组启动时用,机组并入系统后,自动返回恒压运行,可以缩短机组并网时间。

4.6.3.4 限制和保护

1. 伏赫限制

同步发电机解列运行时,其机端电压有可能升得较高,而其频率也有可能降得较低,如果其机端电压 U_G 与其频率 f 的比值 U_G/f(称为伏赫比)过高,则同步发电机及与其相连的主变压器(单元接线机组)的铁芯就会发生磁饱和,使空载激磁电流加大,造成铁芯过热。因此,有必要对比值 U_G/f 加以限制。伏赫限制的任务就是在机组解列运行时,确保比值 U_G/f 不超出安全数值。比值 U_G/f 的整定值通常取标幺值 1.1 ~1.15。

2. 欠励瞬时限制（最小励磁限制）

欠励瞬时限制的作用是防止发电机因励磁电流过度减小而引起失步或因机组过度进相运行而引起发电机定子的端部过热。

当发电机的励磁不足时，发电机的定子电流将变成超前功率因数角，发电机从系统吸收感性无功功率，进入进相运行。励磁电流越小，发电机从系统吸收的无功功率就越多，其进相运行就越深。在系统处于轻负荷运行状态时，利用一部分发电机进相运行吸收系统过剩的无功功率，避免系统电压因无功功率过剩上升过高，是一种比较经济、简便的调压措施。然而，发电机的进相运行不是无限制的，而要受到静态稳定和定子端部温升的限制。当发电机因吸收无功功率过多而导致机组过度进相运行时，容易导致发电机失稳和定子端部过热。为此，必须设置发电机欠励瞬时限制环节。

3. 最大励磁电流瞬时限制

最大励磁电流瞬时限制的作用是：限制同步发电机励磁电流的最大值（顶值），防止超出设计允许的强励倍数，避免励磁功率单元及发电机转子绕组超极限运行而损坏。

最大励磁电流瞬时限制的工作原理是：检测励磁电流，并与最大励磁电流限制整定值比较，若小于限制值，限制不动作；若大于限制值，限制瞬时动作。瞬时限制晶闸管整流桥中晶闸管控制角在预先规定的范围内，立即减小励磁调节装置的输出，迫使励磁功率单元迅速减小输出的励磁电流。当励磁电流下降到限制整定值以下时，限制解除动作。

最大励磁电流瞬时限制整定值应高于强励时的励磁电流，一般可取 2.5 ~ 2.8 倍额定励磁电流。

4. 反时限延时过励磁电流限制

反时限延时过励磁电流限制是用于防止同步发电机转子绕组因长时间过流而过热。同步发电机的励磁绕组及励磁功率单元的长期工作电流，是按额定励磁电流的 1.1 倍设计的，当励磁电流超过了额定励磁电流的 1.1 倍时，就称之为“过励”。

反时限延时过励磁电流限制实际上由一个热量积分器加一个定值小于 1.1 倍额定励磁电流的定电流调节器组成。通常，该限制提供了反时限限制特性，即按发电机转子容许发热极限曲线对发电机转子电流进行限制。

5. 整流柜最大出力限制

在自并励励磁系统中，若晶闸管元件故障、快速熔断器熔断或冷却风机停运等硅整流柜发生局部故障，则应根据具体情况判断是否限制发电机负荷，限制其最大出力，以免发生过载而扩大故障。如果此时不对整流柜的最大出力进行限制，那么发生强励时，整流柜可能严重过载而扩大故障甚至完全烧毁，严重危及发电机组的安全运行。如多台整流桥并列运行，则当一台整流柜故障时，可不限负荷、不限强励；如接着另一台再发生故障，则需限制发电机励磁电流，不致引起整流柜故障扩大，同时解除强励。

6. 空载过电压限制

发电机空载运行时，为防止发电机过电压，危及定子及相连设备的绝缘，当发电机电压升至空载过电压动作整定值时，及时输出逆变角，进行逆变灭磁。

小　结

励磁系统是同步发电机的重要组成部分，而自动调节励磁装置，又是励磁系统中的关键部分。由于自动调节励磁装置的调节作用，正常运行条件下励磁系统将能自动地改变励磁电流，以维持发电机端电压在给定水平，并能在并列运行的机组间稳定合理地分配无功功率。在电力系统发生事故导致电压降低时，能实现强行励磁。

同步发电机励磁系统的类型主要有直流励磁机供电励磁、交流励磁机经整流供电励磁、自并励静止励磁系统。发电机自并励系统中发电机的励磁电源不用励磁机，直接由同步发电机输出端通过可控整流器取得励磁电流。这种系统在机组启动过程中为建立磁场，应设置起励电源。机组运行正常后，将起励电源退出。因这种励磁装置没有转动部分，故又称静止励磁系统。

同步发电机励磁系统中整流电路的主要任务是：将交流电压整流成直流电压供给发电机励磁绕组或励磁机的励磁绕组。重点分析三相半控桥和三相全控桥的整流电路及输出电压与控制角的关系，三相半控桥电路只能工作在整流工作状态，而三相全控桥可以工作在整流状态，还可工作在逆变状态。

励磁调节器的主要功能是维持发电机端电压和实现并联运行机组间无功功率的合理分配。重点讨论调节器基本控制部分的测量比较单元、综合放大单元和移相触发单元的工作原理和静态工作特性。

当发电机电压急剧下降时，将励磁迅速增加到顶值的措施称为强行励磁，简称强励。用强励倍数和励磁电压响应比来衡量强励的能力。灭磁就是把转子绕组的磁场尽快减弱到最小程度。常用的灭磁方法有：利用放电电阻灭磁、用可控整流桥逆变灭磁、利用灭弧栅灭磁、非线性电阻灭磁。

合理调整机组的外特性，可以实现机组间无功负荷的合理分配。

微机型励磁调节装置是由一专用的计算机控制系统构成的，如按计算机控制系统来划分，则由硬件（即电气元件）和软件（即程序）两部分组成。微机型励磁调节装置与半导体励磁调节器比较，在构成的主要环节上都是相似的，微机型励磁调节装置借助其软件优势，在实现复杂控制和增加辅助功能等方面有很大的优越性和灵活性。微机型励磁调节装置软件设计主要集中在主程序和调节控制程序。

习　题

一、填空题

1. 同步发电机的励磁方式有____________________。
2. 同步发电机的灭磁方式有____________________。
3. 同步发电机的励磁调节方式分为__________和__________。
4. 自动调节励磁装置的强行励磁效果取决于__________和__________。

5. 采用可控硅励磁装置时，发电机常用起励方式有__________、__________、__________三种。

6. 三相半控桥式整流电路中采用续流二极管的作用是__________________。

7. 可控整流电路的作用是__________________。

8. 自并励励磁方式的励磁电源通常取自于__________________。

9. 三相半控桥式整流电路输出电压的平均值与控制角 α 的关系是__________；三相全控桥式整流电路输出电压的平均值与控制角 α 的关系是__________。

10. 发电机端直接并列机组，为使无功功率按机组容量成比例分配，调差系数应__________，调压特性曲线应__________。

11. 发电机变压器组，为使发电机能稳定运行，且并列点有较高的电压，发电机调差系数应为__________，并列点调压特性__________。

12. 可控硅自动调节励磁装置由__________________组成。

13. 改变调差环节的__________可改变调差系数的大小，改变调差环节的__________可改变调差系数的正负。

14. 微机型励磁调节器的通道输入信号中模拟量有__________________。

二、判断题

1. 并列运行机组改变励磁电流主要是改变发电机无功功率的输出，而单机运行时改变励磁电流引起发电机端电压的变化。(   )

2. 可控硅励磁装置是通过电压整定电位器来调整发电机给定电压的。(   )

3. 强励能提高电力系统暂态稳定性，强减能迅速将电压降到空载电压，二者对发电机并联运行都起良性作用。(   )

4. 强励顶值电压倍数越大，暂态同步电势越高，对电力系统暂态稳定越有利。(   )

5. 对于机端并联运行的发电机，无差特性的发电机不得多于一台，负调差特性的发电机可参与并联运行。(   )

6. 转动着的发电机，即使未知是否励磁，亦应认为有电压。(   )

7. 强行励磁允许时间取决于转子绕组允许的过负荷能力。(   )

8. 在可控硅励磁装置出现故障(测量比较或放大单元)检修时，为使发电机能继续发电，应装手动调节单元。(   )

9. 在发电机励磁绕组对灭磁电阻放电灭磁过程中，增大灭磁电阻可缩短灭磁时间，故灭磁电阻可选择大些。(   )

10. 发电机采用可控硅励磁装置时，要建立机端电压往往需起励电源。(   )

三、选择题

1. 要使无功负荷按机组容量分配，并联运行的发电机的调差系数应为(   )。

(A)正调差　　(B)负调差　　(C)正且相等　　(D)无差

2. 同步发电机强励的允许时间取决于(   )。

(A)转子绕组允许的过负荷能力　　(B)转子绕组的绝缘水平

(C)发电机的冷却方式　　　　　　　　(D)定子绕组允许的过复合

3. 微机型励磁调节器与模拟型励磁调节器构成的主要环节是(　　)。

(A)相似的　　(B)不相似的　　(C)完全不同的　　(D)完全相同的

4. 励磁系统能够提高(　　)动作的可靠性和灵敏度。

(A)励磁装置　　(B)自动装置　　(C)继电保护装置　　(D)同步装置

5. 三相桥式整流电路工作在逆变状态时,其控制角(　　)。

(A)等于90°　　(B)大于90°　　(C)小于90°　　(D)等于60°

6. 同步发电机励磁自动调节不包括(　　)。

(A)自动励磁调节器　　(B)继电强行励磁装置

(C)自动准同步装置　　(D)自动灭磁装置

7. 电力系统发生短路故障时,自动励磁调节器能使短路电流(　　)。

(A)增大　　(B)不一定　　(C)减小　　(D)不变

8. 调差单元的输出主要反映发电机(　　)的变化量。

(A)有功电流　　(B)无功电流　　(C)负荷电流　　(D)机端电压

9. 三相全控桥式整流电路,在$90° < \alpha < 180°$时,工作在(　　)状态。

(A)逆变　　(B)整流

(C)交流变直流　　(D)为发电机提供励磁电流

10. 负调差特性的发电机可以(　　)。

(A)与负调差特性的发电机直接并联运行

(B)与无差特性的发电机直接并联运行

(C)与正调差特性的发电机直接并联运行

(D)经升压变压器后并联运行

11. 发电机在启动时,强励装置(　　)动作。

(A)应该　　(B)不应该　　(C)视具体情况　　(D)不一定

12. 对同步发电机灭磁时,不能采用(　　)。

(A)直接断开发电机的励磁绕组　　(B)励磁绕组对常数电阻放电

(C)励磁绕组对非线性电阻放电　　(D)逆变灭磁

13. 自动准同步装置输出调压脉冲作用于待并发电机励磁调节器的(　　)。

(A)电压测量单元　　(B)电压给定单元

(C)无功调差单元　　(D)移相触发单元

14. 对单独运行的同步发电机,励磁调节的作用是(　　)。

(A)保持机端电压恒定　　(B)调节发电机发出的无功功率

(C)调节发电机发出的有功功率

(D)保持机端电压恒定和调节发电机发出的无功功率

15. 对与系统并联运行的同步发电机,励磁调节的作用是(　　)。

(A)保持机端电压恒定

(B)调节发电机发出的无功功率

(C)调节发电机发出的有功功率

(D)保持机端电压恒定和调节发电机发出的无功功率

16. 同步发电机励磁自动调节的作用不包括(　　)。

(A)提高系统的动态稳定

(B)系统正常运行时维持发电机或系统的某点电压水平

(C)合理分配机组间的无功负荷

(D)合理分配机组间的有功负荷

17. 励磁调节器接入正调差单元后,发电机的外特性呈(　　)特性。

(A)水平　　(B)上翘　　(C)下倾　　(D)水平或上翘

四、问答题

1. 同步发电机自动励磁调节的作用是什么?

2. 对自动调节励磁系统的基本要求有哪些?

3. 同步发电机常见的励磁方式有哪几种?

4. 励磁系统中可控整流电路的作用是什么?

5. 三相全控桥触发脉冲形成电路中,为何要采用同步电压?

6. 三相全控桥式整流电路工作中,当控制角 $\alpha = 90°$ 时,输出电压波形有何特点?

7. 三相全控桥实现逆变的条件是什么?

8. 何谓三相全控桥的逆变角? 为何逆变角不能过小?

9. 半导体励磁调节器有哪些主要单元? 各单元有何作用?

10. 何谓励磁调节器的静态工作特性? 画出半导体励磁调节器各单元的工作特性,并合成出励磁调节器的静态工作特性。

11. 分析图 4-27 所示的对称电压比较及整定电路的工作原理。

12. 何谓强励? 强励的作用是什么? 衡量强励性能的指标是什么?

13. 何谓灭磁? 常见的灭磁方法有哪些? 将灭磁方法加以比较。

14. 何谓发电机的调整特性? 何谓发电机的外特性?

15. 在励磁调节装置中为什么要设置调差单元?

16. 说明并联运行发电机间无功负荷分配与调差系数的关系。

17. 微机型励磁调节装置主要由哪几部分构成? 各部分有何作用?

18. 试对微机型励磁调节装置和模拟型励磁调节装置的性能特点作简单比较。

第 5 章　按频率自动减负荷装置

教学要求

理解低频运行的危害、电力系统频率特性、负荷调节效应；掌握按频率自动减负荷原理及分级实现方法；熟悉各级的动作频率、切除负荷量、动作时间的确定；掌握按频率自动减负荷装置原理接线、理解防误动的措施；熟悉数字式频率继电器的构成原理；掌握微机型按频率自动减负荷装置的构成原理。

5.1　电力系统的频率特性

电力系统低频运行是非常危险的，这是因为电源与负荷在低频下重新平衡很不稳定，甚至会发生频率崩溃，严重威胁电网的安全运行，并对发电设备和用户造成严重损坏。其危害主要表现为以下几个方面：

(1) 引起汽轮机叶片断裂。在运行中，汽轮机叶片由于受不均匀气流冲击而发生振动。在正常频率运行情况下，汽轮机叶片不发生共振。当低频运行时，末级叶片可能发生共振或接近于共振，从而使叶片振动应力大大增加，如运行时间长，叶片可能损坏甚至断裂。

(2) 使发电机出力降低。频率降低，转速下降，发电机两端的风扇鼓进的风量减小，冷却条件变坏，如果仍维持出力不变，则发电机的温度升高，可能超过绝缘材料的温度允许值，为了使温度不超过容许值，势必要降低发电机出力。

(3) 使发电机机端电压下降。因为频率下降，会引起内电势下降而导致电压降低，同时，频率降低，使发电机转速降低、同轴励磁电流减小，使发电机的机端电压进一步下降。

(4) 使火电厂辅机设备出力下降。当低频运行时，所有厂用交流电动机的转速都相应下降，因而火电厂的给水泵、风机、磨煤机等辅助设备的出力也将下降，而影响电厂的出力。其中，影响最大的是高压给水泵和磨煤机。由于出力的下降，电网有功电源更加缺乏，致使频率进一步下降，造成恶性循环。

(5) 给用户带来危害。频率下降，将使用户的电动机转速下降、出力降低，影响用户产品的产量和质量。另外，频率下降，将引起电钟不准、电器测量仪器误差增大、自动装置及继电保护误动作等。

电力系统在正常运行情况下，由于计划外负荷的变动，将引起频率的波动，当计划外负荷不超过发电机组的热备用容量，即系统中运行的发电机组容量能满足负荷的需要时，在自动调频系统的作用下，可使系统频率保持在额定值。

当电力系统发生事故而出现严重的功率缺额，而旋转备用容量又不足时，为了保证系统的安全运行，要在短时间内阻止频率的过度下降，进而使频率恢复到安全运行允许的水平内，比较有效的措施是根据频率下降程度自动断开一部分不重要负荷，以保证重要用户供电。这种能根据频率下降的程度自动断开部分不重要负荷的自动装置称为按频率自动减负荷装置，简称 AFL 装置。它是常用的保护系统安全运行的一种重要的自动控制装置。

5.1.1 负荷的静态频率特性

在系统稳定运行时，负荷功率 P_L 随着频率 f 而改变的特性 $P_L=f(f)$，称为负荷的静态频率特性。负荷对频率有不同的敏感度，这与负荷的性质有关，大致可分为三种：

第一类，负荷功率与频率无关，即 $P_{I*}=K_0$ 为常数，如电热设备、白炽灯等。$P_{I*}=P_I/P_{LN}$，其中 P_{LN}为整个系统的负荷额定功率。

第二类，负荷功率与频率的一次方成正比，即 $P_{II*}=K_1f_*$；如切削机床、卷扬机、球磨机等。其中 $f_*=f/f_N$，f 为系统运行的实际频率。

第三类，负荷功率与频率的二次方或者更高次方成正比，即 $P_{III*}=K_2f_*^2+K_3f_*^3+\cdots+K_nf_*^n$，如变压器的涡流损耗，鼓风机、循环水泵等。

于是当电力系统频率为 f 时，系统的总负荷功率可表示为

$$P_{L\Sigma}=(K_0+K_1f_*+K_2f_*^2+K_3f_*^3+\cdots+K_nf_*^n)P_{L\Sigma N}$$

或

$$P_{L\Sigma*}=K_0+K_1f_*+K_2f_*^2+K_3f_*^3+\cdots+K_nf_*^n \tag{5-1}$$

式中　K_0、K_1、K_2、…、K_n——各类负荷占总负荷的比例系数，$K_0+K_1+K_2+\cdots+K_n=1$。

由上式可知：系统频率变化时，系统总有功负荷消耗的有功功率作相应变化，其关系曲线如图 5-1 所示。由图可见，当系统频率升高时，系统总有功负荷消耗的有功功率随之增加；当频率降低时，系统总有功负荷消耗的有功功率随之减少。这种现象称为负荷的调节效应。该曲线可通过试验或通过运行统计数据获得。

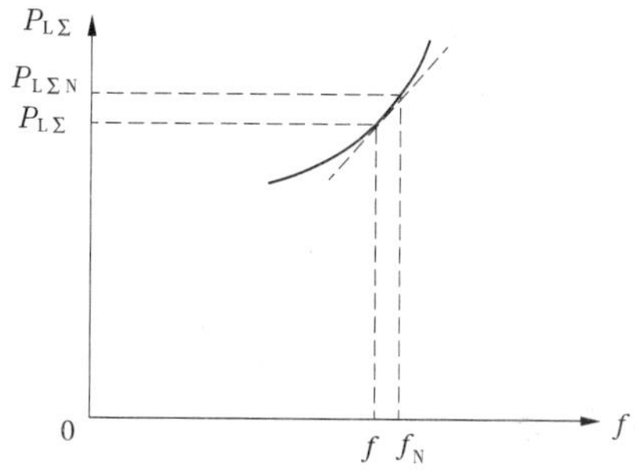

图 5-1　负荷的静态频率特性

负荷的调节效应可以用负荷调节效应系数来衡量。图 5-1 中，由于系统频率变化范围不大（45～50 Hz），此区间负荷的静态频率特性可以近似为一条直线，其斜率为

$$K_{L*}=\frac{P_{L\Sigma}-P_{L\Sigma N}}{P_{L\Sigma N}}\cdot\frac{f_N}{f-f_N}=\frac{\Delta P_{L\Sigma*}}{\Delta f_*} \tag{5-2}$$

或

$$\Delta P_{L\Sigma*}=K_{L*}\cdot\Delta f \tag{5-3}$$

式中　$P_{L\Sigma}$——频率为 f 时的系统负荷总有功功率；

$P_{L\Sigma N}$——额定频率 f_N 下系统负荷总有功功率；

f_N——额定频率。

K_{L*}的物理意义为：系统频率每下降（或上升）1%，系统负荷消耗的有功功率减少（或增加）的百分数。因负荷类型、性质随季节变化，所以 K_{L*}值随季节有 ±（10%～15%）的变化。一般 K_{L*}取值在 1～3 范围内。显然，不同的电力系统，其 K_{L*}值也不同，同一电力系统的 K_{L*}值在不同季节也有所不同。

【例 5-1】 某电力系统中，与频率无关的负荷占 30%，与频率成正比的负荷占 40%，与频率二次方成正比的负荷占 10%，与频率三次方成正比的负荷占 20%，求系统频率由 50 Hz 下降到 46 Hz 时负荷变化的百分值及 K_{L*} 的大小。

解：频率下降到 46 Hz 时，$f_* = \frac{46}{50} = 0.92$，$\Delta f_* = \frac{50-46}{50} = 0.08$。

由式(5-1)得

$$
\begin{aligned}
P_{L\Sigma *} &= K_0 + K_1 f_* + K_2 f_*^2 + K_3 f_*^3 \\
&= 0.3 + 0.4 \times 0.92 + 0.1 \times 0.92^2 + 0.2 \times 0.92^3 = 0.909
\end{aligned}
$$

则负荷变化的百分值为 $\Delta P_{L\Sigma *}\% = (1-0.909) \times 100\% = 9.1\%$

于是

$$K_{L*} = \frac{\Delta P_{L\Sigma *}}{\Delta f_*} = \frac{0.091}{0.08} = 1.14$$

负荷的调节效应对电力系统频率可起到一定的稳定作用。当电力系统有功功率平衡遭到破坏，出现有功功率缺额引起系统频率下降时，由于负荷的调节效应，负荷消耗的有功功率相应减少，负荷的调节效应可以补偿一些有功功率的不足，可减缓和减轻系统频率下降的程度，于是系统可以重新达到新的有功功率平衡，系统频率可以稳定在低于额定值的频率上运行。

但是，负荷的调节效应毕竟是有限的。当电力系统出现较大的有功功率缺额时，仅靠负荷的调节效应来补偿有功功率缺额，系统频率将会降低到不允许的程度，从而破坏系统的安全稳定运行。在这种情况下，必须借助 AFL 装置来切除一部分不重要的负荷，才能保证系统的安全稳定运行。因此 AFL 装置是电力系统发生故障，出现较大的有功功率缺额，频率大幅度降低时，保证系统稳定运行的一种安全自动装置。

5.1.2 电力系统的动态频率特性

当电力系统由于事故性有功功率缺额使频率下降时，系统频率由额定值 f_N 变化到新稳定值 f_∞ 要经历一个时间过程。这一过程称为电力系统的动态频率特性。如图 5-2 所示，这是一个按指数规律变化的过程。

$$f = f_\infty + (f_N - f_\infty) e^{-\frac{t}{T_f}} \tag{5-4}$$

系统频率变化的时间常数 T_f 一般在 4 ~ 10 s 之间。大系统的时间常数较大，小系统的较小。

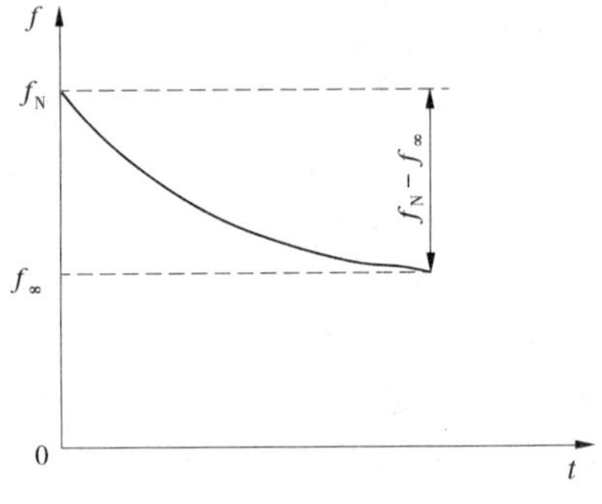

图 5-2 系统动态频率特性

5.2 按频率自动减负荷装置的工作原理

当电力系统发生严重功率缺额时，AFL 装置的任务是迅速断开相应数量的用户，恢复有功功率的平衡，使系统频率不低于某一允许值，确保电力系统安全运行，防止事故的扩大。

5.2.1 最大功率缺额的确定

在电力系统中，AFL 装置是用来应对严重功率缺额事故的重要措施之一，它通过切除负荷功率（通常是比较不重要的负荷）的办法来制止系统频率的大幅度下降，借以取得逐步恢复系统正常工作的条件。因此，必须考虑即使系统发生最严重事故的情况下，即出现最大可能的功率缺额时，接至 AFL 装置的用户功率量也能使系统频率恢复在可运行的水平，以避免系统事故的扩大。可见，确定系统事故情况下的最大可能功率缺额，以及接入 AFL 装置的相应的功率值，是保证系统安全运行的重要环节。

AFL 装置切除负荷的总额应根据系统实际可能发生的最大功率缺额来确定。系统可能出现的最大功率缺额要依系统装机容量的情况、机组的性能、重要输电线路的容量、网络的结构、故障的几率等因素具体分析，如断开一台或几台大机组或大电厂、断开重要送电线路来分析。如果系统因联络线路事故而解列成几个部分运行时，还必须考虑各部分可能发生的最大功率缺额。总之，应按实际可能的最不利情况计算。

考虑到 AFL 装置动作后，并不需要频率恢复到额定值，只需达到恢复频率（一般为 48～49.5 Hz）即可，这样可少切除一部分负荷。进一步的恢复工作，可由运行人员来处理。因此，AFL 装置切除负荷总额可稍低于最大功率缺额。

若系统最大功率缺额 P_{Umax} 已确定，则根据负荷调节效应可确定 AFL 装置切除负荷总额。设正常运行时系统负荷总功率为 $P_{\mathrm{L\Sigma N}}$，切除负荷总额为 ΔP_{Lmax}，额定频率与恢复频率 f_{re} 之差为 Δf，根据关系式 $\Delta P_{\mathrm{L\Sigma *}}=K_{\mathrm{L}}\Delta f_*$ 可得

$$\left.\begin{aligned}&\frac{P_{\mathrm{Umax}}-\Delta P_{\mathrm{Lmax}}}{P_{\mathrm{L\Sigma N}}-\Delta P_{\mathrm{Lmax}}}=K_{\mathrm{L}}\frac{f_{\mathrm{N}}-f_{\mathrm{re}}}{f_{\mathrm{N}}}=K_{\mathrm{L}}\Delta f_*\\&\Delta f_*=\frac{f_{\mathrm{N}}-f_{\mathrm{re}}}{f_{\mathrm{N}}}\end{aligned}\right\}\tag{5-5}$$

式中　Δf_*——恢复频率相差的相对值。

可推出 AFL 装置切除负荷总额为

$$\Delta P_{\mathrm{Lmax}}=\frac{P_{\mathrm{Umax}}-K_{\mathrm{L}}\Delta f_*P_{\mathrm{L\Sigma N}}}{1-K_{\mathrm{L}}\Delta f_*}\tag{5-6}$$

式（5-6）表明，若系统负荷总功率、最大功率缺额已知，系统恢复频率确定，就可根据该式求得 AFL 装置切除负荷总额。反过来，若已知系统某种事故下产生的功率缺额为 P_{U}，装置动作后，切除负荷量为 ΔP_{L}，现要求系统的稳定频率 f_∞，同样根据负荷调节效应，可得

$$\frac{P_{\mathrm{U}}-\Delta P_{\mathrm{L}}}{P_{\mathrm{L\Sigma N}}-P_{\mathrm{L}}}=K_{\mathrm{L}}\frac{f_{\mathrm{N}}-f_\infty}{f_{\mathrm{N}}}\tag{5-7}$$

$$f_\infty=f_{\mathrm{N}}\left(1-\frac{1}{K_{\mathrm{L}}}\cdot\frac{P_{\mathrm{U}}-\Delta P_{\mathrm{L}}}{P_{\mathrm{L\Sigma N}}-P_{\mathrm{L}}}\right)\tag{5-8}$$

这样，就可求得系统的稳定频率。

【例 5-2】　某系统的负荷总功率为 $P_{\mathrm{L\Sigma N}}=5\ 000$ MW，系统最大功率缺额 $P_{\mathrm{Umax}}=1\ 200$ MW，设负荷调节效应系数 $K_{\mathrm{L}}=2$，AFL 装置动作后，希望系统恢复频率为 $f_{\mathrm{re}}=48$

Hz，求接入 AFL 装置的功率总数 ΔP_{Lmax}。

解：希望恢复频率偏差的标幺值为

$$\Delta f_{*} = \frac{50 - 48}{50} = 0.04$$

由 $\Delta P_{\mathrm{Lmax}} = \dfrac{P_{\mathrm{Umax}} - K_{\mathrm{L}}\Delta f_{*} P_{\mathrm{L\Sigma N}}}{1 - K_{\mathrm{L}}\Delta f_{*}}$ 可得

$$\Delta P_{\mathrm{Lmax}} = \frac{1\,200 - 2 \times 5\,000 \times 0.04}{1 - 2 \times 0.04} = 870(\mathrm{MW})$$

接入 AFL 装置功率总数为 870 MW，这样即使发生如设想那样的严重事故，仍能使系统频率恢复值不低于 48 Hz。

5.2.2 按频率自动减负荷装置分级实现

AFL 装置应根据频率下降的程度分级切除负荷。电力系统所发生的功率缺额不同，频率下降的程度也不同。为了提高供电的可靠性，应尽可能少地断开负荷，为此所切除负荷的总容量应根据频率下降的程度及负荷的重要性分级切除，即将 AFL 装置切除负荷的容量按照负荷的重要性分成若干级，分配在不同的动作频率上，重要负荷接在最后一级上，在系统频率下降过程中，AFL 装置按动作频率值的高低有顺序地分批切除负荷，以适应不同功率缺额的需要。当频率下降到第二级频率值时，第一级 AFL 装置动作，切除接在第一级上的次要负荷。若频率开始恢复，下一级就不再动作。若频率继续下降，则说明上一级所断开的负荷功率不足以补偿功率缺额。当频率下降至第二级动作频率值时，第二级动作，切除接在第二级上的较重要负荷。若频率仍然下降，再切除下一级负荷，依次逐级动作，直至频率开始回升，才说明所断开负荷与功率缺额接近。AFL 装置就是采用这种逐级逼近法来求得每次事故所产生的功率缺额应断开的负荷数值的。

在 AFL 动作过程中，可能出现某一级动作后，系统频率稳定在恢复频率以下，但又不足以使下一级动作的情况，这样会使系统频率长期悬浮在低于恢复频率以下的水平，这是不允许的。为此在原有基本 AFL 装置外还装设带长延时的附加级，其动作频率不低于基本级的第一级动作频率，一般为 48 ~ 48.5 Hz。由于附加级是在系统频率已经比较稳定时启动的，因此其动作时限一般为 15 ~ 25 s，相当于系统频率变化时间常数的 2 ~ 3 倍。附加级按时间又分为若干级，各级时间差不小于 5 s。这样附加级各级的动作频率相同，但动作时限不一样，它按时间先后次序分级切除负荷，使频率回升并稳定到恢复频率以上。

5.2.2.1 AFL 装置的动作顺序

在电力系统发生事故的情况下，被迫采取断开部分负荷的办法以确保系统的安全运行，这对于被切除的用户来说，无疑会造成不少困难，因此应力求尽可能少断开负荷。

如上所述，接于 AFL 装置的总功率是按系统最严重事故的情况来考虑的。然而，系统的运行方式很多，而且事故的严重程度也有很大差别，对于各种可能发生的事故，都要求 AFL 装置能作出恰当的反应，切除相应数量的负荷功率，既不过多又不过少，只有分批断开负荷功率采用逐步修正的办法，才能取得较为满意的结果。目前得到实际应用的是按频率降低值切除负荷，即按频率自动减载。

AFL 装置是在电力系统发生事故时系统频率下降过程中，按频率的不同数值分批地切除负荷。也就是将接至 AFL 装置的总功率 ΔP_{Lmax} 分配在不同启动频率值分批地切除，以适应不同功率缺额的需要。根据启动频率的不同，AFL 装置可分为若干级。

为了确定 AFL 装置的级数，首先应确定装置的动作频率范围，即选定第一级启动频率 f_1 和最后一级启动频率 f_n 的数值。

1. 第一级启动频率 f_1 的选择

AFL 装置第一级动作频率的确定应考虑下述两个方面。从系统运行的观点来看，希望第一级动作频率愈接近额定值愈好，因为这样可以使后面各级动作频率相应高些，因此第一级的动作频率值宜选得高些。但又必须考虑电力系统投入旋转备用容量所需的时间延迟，避免因暂时性频率下降而不必要地断开负荷的情况。因此，兼顾上述两方面的情况，第一级启动频率一般整定在 48 ~ 48.5 Hz。在以水电厂为主的电力系统中，由于水轮机的调速系统动作较慢，故第一级启动频率宜取低值。

2. 最后一级启动频率 f_n 的选择

最后一级启动频率应由系统所允许的最低下限确定。对于高温高压的火电厂，当频率低于 46 ~ 46.5 Hz 时，厂用电已不能正常工作。在频率低于 45 Hz 时，就有“电压崩溃”的危险。因此，最后一级启动频率一般以不低于 46 ~ 46.5 Hz 为宜。

3. 频率级差问题

频率级差及 AFL 装置级数的确定。频率级差即相邻两级动作频率之差，一般按 AFL 装置动作的选择性要求来确定，即前一级动作后，若频率仍继续下降，后一级才应该动作，即为 AFL 装置动作的选择性。这就要求相邻两级动作频率具有一定的级差 Δf。Δf 的大小取决于频率继电器的测量误差 Δf_{r} 以及前级 AFL 装置启动到负荷断开这段时间内频率的下降值 Δf_{t}（一般取 0.15 Hz），即

$$\Delta f = 2\Delta f_{\mathrm{r}} + \Delta f_{\mathrm{t}} + f_{\mathrm{s}} \tag{5-9}$$

式中　f_{s}——频差裕度，一般取 0.05 Hz。

一般，采用晶体管型低频率继电器时，由于测量误差较大，取 $\Delta f = 0.5$ Hz。采用数字式频率继电器时，测量误差小，Δf 可缩至 0.3 Hz 或更小。

需要指出的是，大容量电力系统一般要求 AFL 装置动作迅速，尽量缩短级差，可能使得 AFL 装置不一定严格按选择性动作。

4. AFL 装置级数的确定

AFL 装置的级数 N 可根据第一级启动频率 f_1 和最后一级启动频率 f_n 以及频率级差 Δf 计算出，即

$$N = \frac{f_1 - f_n}{\Delta f} + 1 \tag{5-10}$$

级数 N 取整数，N 越大，每级断开的负荷就越小，这样装置所切除的负荷量就越有可能接近于实际功率缺额，具有较好的适应性。一般 AFL 装置取 3 ~ 7 级。

5.2.2.2　AFL 装置基本级的动作时间

AFL 装置动作时，原则上应尽可能快，这是延缓系统频率下降的最有效的措施。但考

虑到系统发生事故,系统振荡或系统电压急剧下降时,可能引起频率继电器误动,所以要求 AFL 装置动作带 0.3 ~0.5 s 延时,以躲过暂态过程可能出现的误动作。

5.3 按频率自动减负荷装置接线及防止误动措施

5.3.1 装置接线

电力系统 AFL 装置由 N 级基本段以及若干级后备段所组成,它们分散配置在电力系统的变电所中,其中每一级就是一组 AFL 装置。各级 AFL 装置工作框图如图 5-3 所示,典型的 AFL 装置原理接线图如图 5-4 所示。它由低频率继电器 KF、时间继电器 KT、出口中间继电器 KCO 组成。

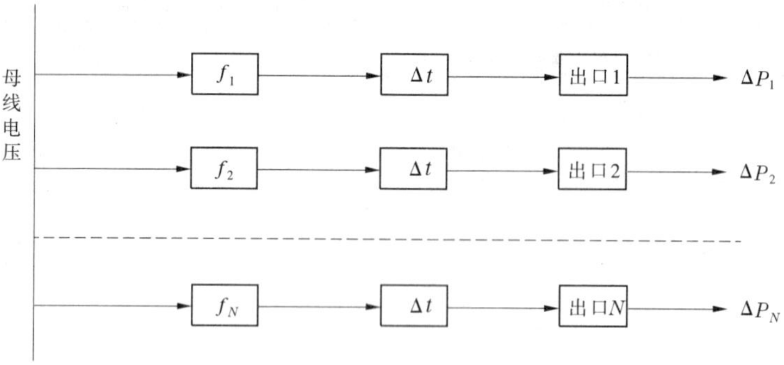

图 5-3 AFL 装置工作框图

当频率降低至低频率继电器 KF 的动作频率时,KF 立即启动,其动合触点闭合,启动时间继电器 KT,经整定时限后延时动合触点闭合,启动出口中间继电器 KCO,KCO 动作,其动合触点闭合,并控制这级用户的断路器跳闸,断开相应负荷。

其中,低频率继电器 KF 是 AFL 装置的启动元件,也是主要元件,用来测量频率。我国目前使用的频率继电器有感应型、晶体管型、数字式三种。其中,数字式低频率继电器以其高精度、快速、返回系数接近 1、可靠性高等优点,应用越来越普遍。时间继电器 KT 的作用是防止 AFL 装置误动作。

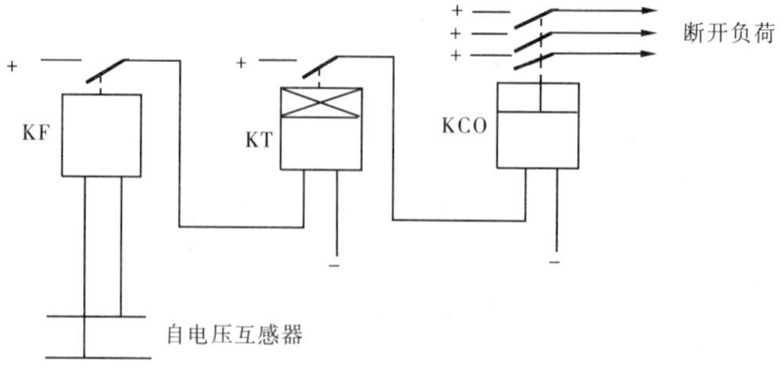

图 5-4 各级 AFL 装置原理接线图

数字式频率继电器原理框图如图 5-5 所示。从电压互感器来的电压 u 经变压器 YB 降压,一个副边供稳压电源 WY,另一副边经切换开关接点将电压 SK－1 信号送到测量回路。

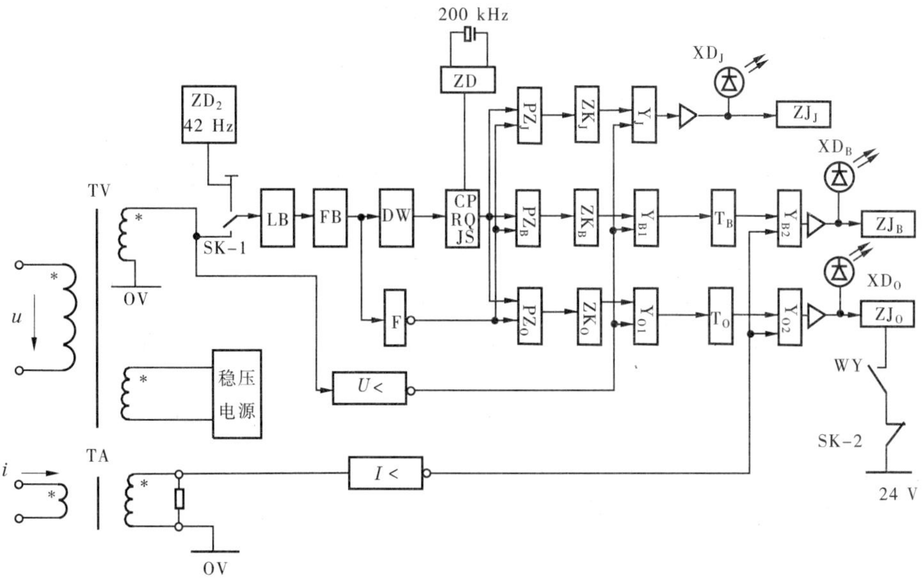

图 5-5　数字式频率继电器原理框图

电压信号经低通滤波器 LB 滤波得到正弦波信号,经过方波形成器 FB 及单稳态触发器 DW 后得一个脉宽为 4 ~5 μs 的脉冲,脉冲周期正好与输入电压周期相同。脉冲信号加至计数器 JS 的清零端 R,于是,在输入信号的每一周期开始时,计数器被清零。在两个输入电压脉冲信号间,JS 对频率为 200 kHz 的石英振荡器的时钟脉冲数计数,计数值为 N。则输入电压的频率为

$$f = \frac{1}{T} = \frac{1}{N} \times 2 \times 10^3 \quad (\mathrm{Hz}) \tag{5-11}$$

JS 输出送到 3 个工作回路:正常监视回路 J、闭锁回路 B、输出回路 O。每一个回路均由频率整定电路 PZ 与脉冲展宽电路 ZK 组成。各回路的频率整定值不同。一般有 PZ_J 整定为 51 Hz,PZ_B 整定为 49. 5 Hz,PZ_0 则根据 AFL 装置要求确定。当 JS 测出的频率值小于 PZ 的整定值时,相应 PZ 有脉冲输出,并经 ZK 展宽成连续信号。因此,如果电压正常,则 Y_J 输出使 XD_J 发光,同时中间继电器 ZJ_J 动作,起监视作用。当系统频率低于额定值后,闭锁回路启动,经过 T_B 延时,并在负荷电流大于闭锁值(一般为正常负荷电流的 25%)时,闭锁电路 $I<$ 有输出,YB_2 满足“与”条件,闭锁电路导通,使信号 XD_B 发光,同时中间继电器 ZJ_B 动作,ZJ_B 的常开接点闭合,使出口中间继电器 ZJ_0 做好接通的准备,允许 ZPJH 动作,即解除闭锁。当系统频率下降到 PZ_0 的整定值或以下,且电压、电流均不低于闭锁值时,出口回路经过延时 T_0 后使信号灯发光,中间继电器 ZJ_0 动作,完成切除负荷任务。

反相器 F 与计数器输出构成与条件。防止在输入信号为零时,整定电路可能有误输出。

$U<$:为低压闭锁电路,用以防止母线附近短路或输入信号为零时出现误动作。同时也可以防止系统振荡及负荷反馈引起的误动作。一般对闭锁电压整定为60 V。

$I<$:为电流闭锁回路,是为了防止负荷反馈引起的误动作。

装置的监视回路是监视装置是否处于正常工作状态,当装置内部故障时,XD_J 熄,同时 ZJ_J 返回,发出报警信号。

闭锁回路则是防止当输出回路因元件损坏而导致出口继电器误动作的可能。

ZD_2 为一多谐振荡器,产生42 Hz频率的试验信号。当开关SK转至试验挡时,SK－2断开出口回路,SK－1将42 Hz信号引入测量回路,若装置完好,XD_J、XD_B、XD_O 则同时发光。

5.3.2 AFL装置运行中可能的误动作与防止措施

电力系统在运行中,因为某些异常状态,虽未产生真正的功率缺额而AFL的频率继电器可能动作而误切负荷,故应有防止措施。

水电为主的系统,即使在启动频率上已有所考虑,但因水电机组调速机构动作缓慢,旋转备用需经10～15 s才能起作用,可能暂时发生功率缺额,AFL已动作后,旋转备用才真正开始投入。之后,频率就会恢复到额定值,甚至超过。可在频率恢复到额定时,对被切负荷进行按频率自动重合闸来补救,或者加大AFL前几级的动作时限。

地区性的短时供电中断时,各种运行中的电动机的动能反馈,会在短时间内维持一个低频率的而幅值并不太低的电压,即引起AFL误动作。等到自动重合闸或备用电源投入时,部分负荷已被切除。为防止这种误动作,可以使AFL带一定时间躲过负荷反馈,这往往要延时到1.5 s,或者,加电流闭锁或电压闭锁。上述数字式继电器就考虑了这一措施。对于带接点的继电器,可以用电流闭锁继电器的接点与频率继电器接点串联来实现闭锁,电流闭锁继电器的动作电流应小于AFL动作时的最小负荷电流。用电压闭锁方式时,电压继电器的接点也是与频率继电器接点串联,电压继电器的动作电压取为0.65～0.7倍额定值。同样,对这种误动作,也可用按频率自动重合闸来恢复已切除负荷。

在小容量的电力系统,系统中有很大冲击性负荷时,频率将瞬时下降很快,而导致AFL误动作。这也往往靠对AFL加延时,误动作后用按频率自动重合闸来补救。

5.4 微机型按频率自动减负荷装置

微机型按频率自动减负荷装置硬件原理框图如图5-6所示。它主要由主机模块、频率的检测、闭锁信号的输入、功能设置和定值修改、开关量输出、串行通信接口等六部分组成。

5.4.1 主机模块

MSC－96系列单片机中的80C196是16位单片机,片内有可编程的高速输入/输出HIS/HSO,内部定时器配合软件编程就能具有优越的定时功能;片内具有8通道的10位A/D转换器,为实现按频率自动减负荷装置的闭锁功能提供了方便;片内的异步、同步串行口使该微机系统可以与上级计算机通信。因此，用 Intel 80C196 单片机扩展了随机存储器 RAM 和程序存储器 EPROM，以及存放定值用的可带电擦除和随机写入的 EPROM 和译码电路等必要的外围芯片，构成单片机应用系统。

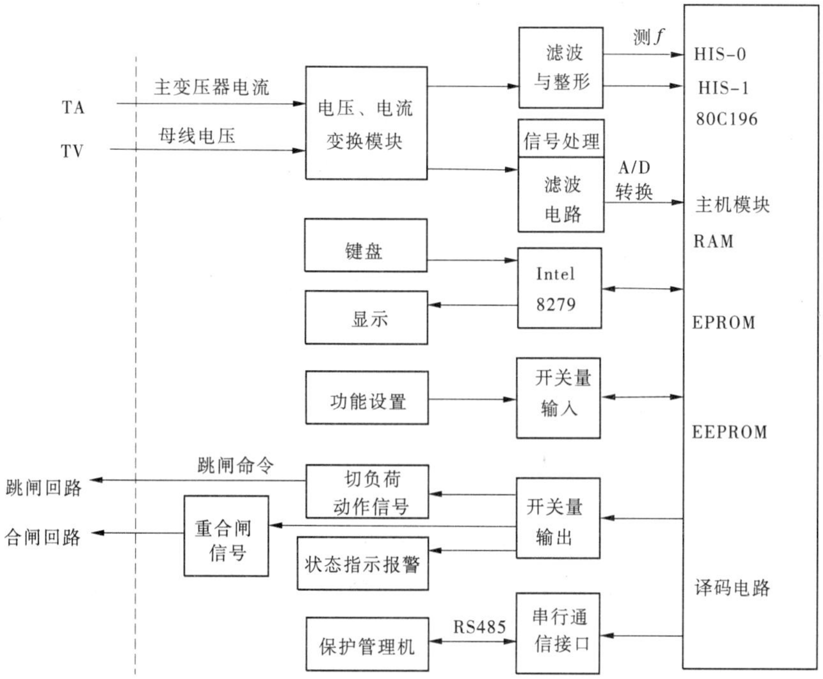

图 5-6　微机型按频率自动减负荷装置硬件原理图

5.4.2　频率的检测

按频率自动减负荷装置的关键环节是测频电路。为了准确测量电力系统的频率，必须将系统的电压由电压互感器 TV 输入，经过电压变换器变换成与 TV 输入成正比的、幅值在 ±5 V 范围内的同频率的电压信号，再经低通滤波和整形，转换为与输入同频率的矩形波，将此矩形波连接至 Intel80C196 单片机的高速输入口 HIS－0 作为测频的启动信号。可以利用矩形波的上升沿启动单片机对内部时钟脉冲开始计数，而利用矩形波的下降沿，结束计数。根据半周波内单片机计数的值，便可推算出系统的频率。由于 Intel80C196 单片机有多个高速输入口，因此可以将整形后的信号通过两个高速输入口（HIS－0 和 HIS－1）进行检测，将两个口检测结果进行比较，以提高测频的准确性。这种测频方法既简单，又能保证测量精度。

5.4.3　闭锁信号的输入

为了保证按频率自动减负荷装置的可靠性，在外界干扰下不误动，以及当变电所进、出线发生故障，母线电压急剧下降导致测频错误时，装置不致误发控制命令，除采用 df/dt 闭锁外，还设置了低电压及低电流等闭锁措施。为此，必须输入母线电压和主变压器电流。这些模拟信号分别由电压互感器 TV 和电流互感器 TA 输入，经电压、电流变换模块转换成幅值较低的电压信号,再经信号处理和滤波电路进行滤波和移动电平,使其转换成满足 80C196 片内 10 位 A/D 要求的单极性电压信号,并送给单片机进行 A/D 转换,如图 5-6所示。

5.4.4 功能设置和定值修改

按频率自动减负荷装置在不同变电所应用时,由于各变电所在电力系统中的地位不同,负荷情况不同,因此装置必须提供功能设置和定值修改的功能,以便用户根据需要设置,如欲使按频率自动减负荷装置按几级切负荷、各回线所处的级次设置需投入哪些闭锁功能、重合闸投入与否等,这些都属于功能设置的范围。对各级次的动作频率 f 的定值和动作时限,以及各种闭锁功能的闭锁定值,都可以在按频率自动减负荷装置面板上设置或修改。

5.4.5 开关量输出

在按频率自动减负荷装置中,全部开关量输出经光电隔离可输出如下三种类型的控制信号。

(1)跳闸命令:用以按级次切除该切除的负荷。

(2)报警信号:指示动作级次、测频故障报警等。

(3)重合闸动作信号:对于设置重合闸功能的情况,则能够发出重合闸动作信号。

5.4.6 串行通信接口

提供 RS485 和 RS232 的通信接口,可以与保护管理机等通信。

小　结

按频率自动减负荷装置是当电力系统因事故发生有功功率缺额引起频率下降时,能根据频率下降的程度,自动断开部分次要负荷,以阻止频率过度降低,保证系统的稳定运行和重要负荷的连续供电的一种重要自动装置。

实现按频率自动减负荷的基本原则:所切除的总额应根据系统实际可能出现的最大功率缺额确定;各级 AFL 装置所切除的负荷值应根据负荷调节按频率自效应和该级的动作频率确定;AFL 装置包括快速动作的基本级和带长延时的附加级两种;分级实现等。

AFL 装置原理接线由低频继电器 KF、时间继电器 KT、出口中间继电器 KCO 组成。数字式低频率继电器以其高精度、快速、返回系数接近 1,可靠性高等优点,得到普遍使用。但 AFL 装置在运行中也可能因某些原因造成其误动作,需要有相应的防止措施。

微机型按频率自动减负荷装置硬件由主机模块、频率的检测、闭锁信号的输入、功能设置和定值修改、开关量输出、串行通信接口等六部分组成。

习　题

一、填空题

1. 当系统频率变化时，负荷吸取的有功功率随着变化，这种现象称为____________。

2. AFL 装置附加级动作后，系统频率____________出现高于额定频率的现象；基本级动作后，系统频率____________高于额定频率。

3. AFL 装置的接线是由____组成的。

4. 根据电力系统的动态频率特性，若在功率缺额时系统稳定频率为 47.5 Hz，系统频率变化的时间常数为 8 s，当系统的频率从额定值降至 49 Hz 时，要经过____________时间。

5. 确定 AFL 装置启动频率范围时，第一级启动频率一般取____________，最后一级启动频率由系统所允许的____________________来确定，对于以高温高压为主的发电厂电力系统，一般不低于______________________。

6. 随负荷性质的不同，按负荷与频率的关系可把负荷分为______________________。

7. AFL 装置所减负荷总值，应根据具体的电力系统可能出现的______________来考虑，所减负荷的总值应________________最大的__________________。

8. 电力系统中有功功率出现缺额时，系统频率将____________，功率缺额愈大，频率____________愈多，如果不采取措施将出现____________运行。

二、判断题

1. 对 AFL 装置其分级级数中，基级有分级而附加级不分级。(　　)

2. 随负荷性质的不同，按负荷与频率的关系可把负荷分为两大类：①与频率无关的负荷；②与频率成正比的负荷。(　　)

3. AFL 装置的基本级和附加级的动作时限都为 0.5 s。(　　)

4. AFL 装置的动作时间只要带 0.5 s 延时即可防止电压突变时低频继电器触点抖动产生 AFL 装置误动作。(　　)

5. 为防止在电源中断时因负荷反馈而引起按频率自动减负荷装置误动作，可采用低电流或过电压闭锁措施。(　　)

6. 电力系统频率上升时，负荷吸取的有功功率将下降。(　　)

7. AFL 装置中电流闭锁元件的作用是防止电流反馈造成低频继电器误动作。(　　)

8. 停用 AFL 装置时，可以不打开重合闸放电压板。(　　)

9. 对于无功功率缺额，用迅速增加无功功率的方法来解决，而对于有功功率缺额，同样可用增加有功功率的方法解决。(　　)

三、选择题

1. 当系统频率下降时，负荷吸取的有功功率(　　)。

(A)随着下降　　(B)随着升高　　(C)保持不变　　(D)保持额定频率

2. AFL 装置的级差大小取决于(　　)。

(A)频率继电器的测量误差　　(B)前级启动到负荷断开这段时间内频率的下降值

(C)系统容量的大小和特性　　(D)A 和 B

3. AFL 装置第一级启动频率为 49 Hz，最后一级的启动频率为 46.5 Hz，级差为 0.5 Hz，则该装置的级数为(　　)。

(A)4 级　　(B)5 级　　(C)6 级　　(D)7 级

4. 运行的电力系统，当(　　)时，将出现频率下降。

(A)所有发电机发出的有功功率超过电力系统总有功负荷的需要

(B)所有发电机发出的有功功率不满足电力系统总有功负荷的需要

(C)所有发电机发出的无功功率超过电力系统总无功负荷的需要

(D)所有发电机发出的无功功率不满足电力系统总无功负荷的需要

5. 当电力系统出现大量功率缺额时，(　　)能够有效阻止系统频率异常下降。

(A)大量投入负荷　　(B)大量切除发电机

(C)AFL 装置动作　　(D)负荷调节效应

6. AFL 装置应该分级动作，确定被切除负荷时，应(　　)。

(A)首先切除重要负荷，必要时切除次要负荷

(B)首先切除次要负荷，必要时切除重要负荷

(C)首先切除居民负荷，必要时切除工业负荷

(D)首先切除工业负荷，必要时切除居民负荷

7. 当电力系统出现功率缺额时，如果只靠负荷调节效应进行补偿，系统的稳定频率为 47 Hz，此时若通过 AFL 动作切除一部分负荷，系统的稳定频率(　　)。

(A)保持 47 Hz 不变　　(B)将低于 47 Hz

(C)将高于 47 Hz　　(D)可能低于 47 Hz 也可能高于 47 Hz

8. (　　)不是造成频率下降，可能使 AFL 误动的原因。

(A)系统短路故障　　(B)突然切除机组或增加负荷

(C)供电电源中断负荷反馈　　(D)投入发电机组

四、问答题

1. 何谓静态频率特性？何谓动态频率特性？

2. 什么叫 AFL 装置？有什么作用？

3. 某系统发电机的出力保持不变，K_L 的值不变，投入相当于 25% 负荷、切除相当于 25% 负荷的发电功率，这两种情况下，系统的稳定频率是否相等？试说明。

4. AFL 装置由哪些元件组成？各元件的作用是什么？结合图 5-4 说明 AFL 装置的工作原理。

5. 试述数字式低频率继电器的工作原理。

6. AFL 装置在什么情况下会发生误动作？如何防止？

7. 实现 AFL 装置的基本原则是什么？它与附加级的整定原则有什么不同？

8. 微机型按频率自动减负荷装置硬件由哪些部分组成？

五、计算题

1. 某系统用户总功率为 $P_{L\Sigma N}=2\ 800$ MW，设系统的最大功率缺额是 $\Delta P_{umax}=900$ MW 时，要求 AFL 装置切除负荷后系统频率恢复到 $f_{re}=48$ Hz，假设 $K_{L*}=2$，试求 ΔP_{Lmax}。

2. 某系统如图 5-7 所示，其中 QF3 装有 AAT 装置，在发电功率保持不变的前提下，线路 CE 发生永久性故障，试求 A 系统的稳定频率？若频率要恢复到 48.5 Hz，应切除多少负荷？（取负荷调节效应系数 $K_L=2$）

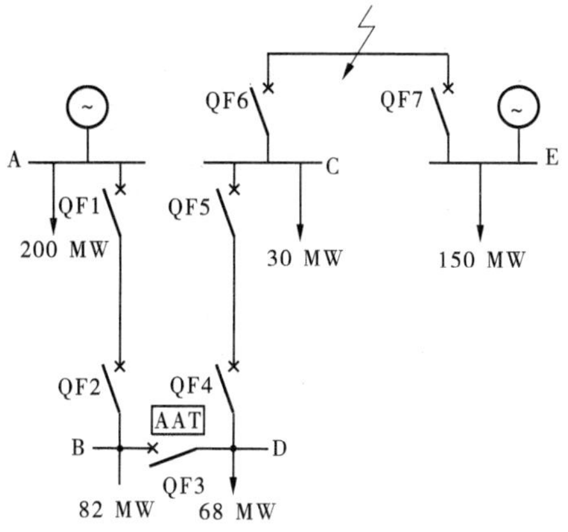

图 5-7

第6章　故障录波装置

教学要求

熟悉故障录波装置的作用、录取量选择;熟悉微机型故障录波装置。

6.1　故障录波装置的作用及录取量的选择

故障录波装置是当电力系统发生故障时,能迅速、直接记录下与故障有关的运行参数的一种自动记录装置。系统正常运行时,故障录波装置不动作(不录波);当系统发生故障及振荡时,通过启动装置迅速自动录波,直接记录下反映故障录波装置安装处的系统故障电气量。故障录波装置所记录的电气量为与系统一次值有一定比例关系的电流互感器和电压互感器的二次值,是分析系统振荡和故障的可靠数据。

6.1.1　故障录波装置的作用

故障录波装置的作用主要体现在以下几个方面:

(1)正确分析事故原因、研究防止对策提供重要资料。通过录取的故障过程波形图,可以反映故障类型、相别、故障电流、电压大小,断路器的跳合闸时间和重合闸是否成功等情况。据此可以分析故障原因,研究防范措施,减少故障发生或为及时处理事故提供可靠的依据。

(2)便于查找故障点,加速处理事故进程,减轻巡线人员劳动强度。利用录取的电流、电压波形,可以推算出一次电流、电压数值,由此计算出故障点位置,使巡线范围大大缩小,省时、省力,对迅速恢复供电具有重要的作用。

(3)分析评价继电保护及自动装置的动作情况,及时发现设备缺陷,以便消除事故隐患。根据故障录波资料可以正确评价继电保护和自动装置工作情况(正确动作、误动、拒动),尤其是发生转换性故障时,故障录波能够提供资料。

(4)了解电力系统情况、迅速处理事故。从故障录波图的电气量变化曲线,可以清楚地了解电力系统的运行情况,并判断事故原因,为及时、正确处理事故提供依据。

(5)实测系统参数,研究系统振荡。故障录波可以实测某些难以用普通试验方法得到的参数,为系统的有关计算提供可靠数据。

由此可见,故障录波装置对保证电力系统安全运行有十分重要和显著的作用,同时,还可积累运行经验,提高运行水平。因此,故障录波装置在电力系统中得到广泛的应用。

6.1.2　故障录波装置的发展

故障录波装置的发展现已经历了三个阶段,第一阶段是机械—油墨式故障录波装置,已被淘汰。第二阶段是机械—光学式故障录波装置,现仍有少量在运行使用。光线式故障录波装置是借助振动子将电信号转换为光信号,最后将故障波形记录在胶卷上。如较早投入运行并被广泛采用的 PGL 型故障录波装置就是采用光线式记录原理构成的。第三阶段是微机—数字式故障录波装置,现已大量在运行使用。其主要优点如下:

(1)功能完整,自成体系。数字式故障录波器具有 16 路模拟量输入、16 路开关量输入,还可以由 2 ~3 台录波器组屏构成 32 路或 48 路的故障录波屏,因此具有扩展灵活、工作相对独立的特点。当一台录波器发生异常时,不会影响其他录波器的工作,提高了可靠性。

录波器还具有自检、互检功能,能随时检测到装置异常情况,并发信号输出检测结果。

(2)软件启动录波。每一模拟量通道均可启动录波。采用键盘设定录波启动方式及启动限值。每一启动方式均有三种选择:突变量启动、低限启动和过限启动,还可设定系统的振荡启动。由于采用了软件启动方式,具有人机对话功能,因此便于在工作现场整定限值,也简化了硬件配置。

(3)录波时间长,录波完整、不间断。具有三个循环存放的录波数据存储空间,每个存储空间可以存储一次未经压缩的录波数据,每次录波时间为 4.2 s,其中有故障前的 100 ms。不间断录波时间最长为 12.6 s(3 次)。每次录波后数据自动存盘,快速清空数据存储空间,以便连续录波。存盘后自动绘图输出。

采用不间断方式采集数据及故障判断。在存盘及绘图过程中,若系统再次发生故障,仍可进行录波且不影响当前的存盘及绘图。

(4)具有完善的智能化打印绘图功能。打印输出时能够对录波数据进行分析,自动确定绘图比例,自动选择电气量有变化的部分。打印输出的信息报告内容包括故障时刻、故障元件、故障地点、故障类型、自动重合闸动作情况、开关量动作顺序等。

(5)故障录波数据后期处理。对故障录波后的数据,可在 PC 机上用专用的软件进行离线处理。可对录波数据全过程模拟量的每一部分及开关量进行放大、缩小、定格、重新排列、打印输出等,还可利用 FAX 卡远传录波数据到调度中心进行分析处理。

(6)掉电保护功能。掉电时,实时时钟及录波数据等信息不丢失。

(7)人机对话功能。定值、时钟和各种操作指令均可通过面板上按键和显示器进行直接的观察和操作。

6.1.3 故障录波装置录取量的选择

故障录波装置录取量的选择一般应满足以下要求:

(1)线路零序电流必录。

(2)录取波形应能明确看出故障类型、相别、故障电流、电压的量值及变化规律,跳合闸的时间等。

(3)录波量力求完整,如对 220 kV 及以上线路三相电流应当录全。

(4)在可能发生振荡的线路上,可录一相功率量。

(5)对于装有相差高频保护的线路,当需要录取高频信号时,可少录一相该线的电流,利用录取电流的振动子改录高频信号。对少录的一相电流可采取纵横配合的方法来弥补。

(6)当需要记忆量时,可录一组电流及一组相电压。零序电流一般可录稳态值,不必经过延迟。

6.2 微机型故障录波装置

6.2.1 装置构成

微机型故障录波装置由硬件、软件两部分组成。其中,硬件部分由辅助变换器、前置机、后台机等三部分组成,其组成如图 6-1 所示。

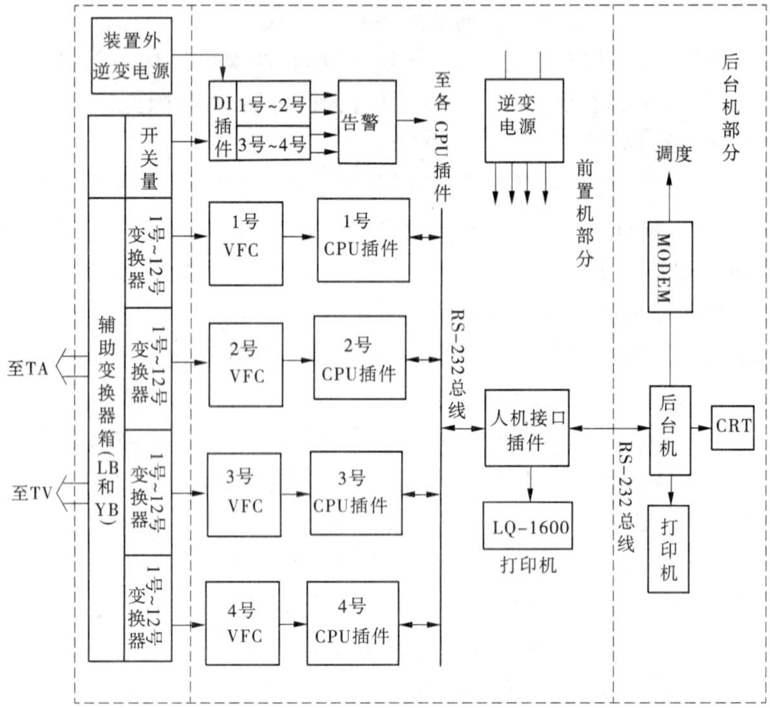

图 6-1 故障录波装置组成图

辅助变换器用于变换电流、电压等模拟量,以适应单片微机的 A/D 转换要求。

前置机部分用于数据采集系统和判断启动用,将故障信息快速及时传到后台。前置机是一个多 CPU 系统,它由 4 个数据采集 CPU 插件、1 个人机接口插件、开关量输入插件、逆变电源及告警插件组成,实际上是一个智能数据采集系统。每块数据采集 CPU 插件与微机保护的 CPU 插件结构基本相同,但数据采集 CPU 插件的容量要大得多,如每块 CPU 插件的静态 RAM 有 512 KB,而后台 PC 机的内存和硬盘容量更大。如此容量的配置可以满足每次 600 s 动态过程的存储记录的要求。为了提高装置的抗干扰能力及采样速率,采用了 VFC 式 A/D 转换方式,VFC 转换后的频率信号经光电隔离后送 CPU 采样,CPU 总线不引出插件,与外部的联络采用串行总线 RS－232 或 RS－422 通信。

后台机部分主要用于数据处理和管理。由一台 PC 机和一台显示器构成,或由笔记本构成。后台机在前置机给出启动命令后即接收前置机送来的故障录波数据、信息,通过数据处理及管理,完成故障测距计算,给出各种统计数据表格,绘图打印输出。输出的信息可以在显示器上显示,也可以送至远方调度。

6.2.2 微机型故障录波装置的软件原理

软件是微机型故障录波装置的核心,软件功能决定录波装置的性能。微机型故障录波装置的软件由三个部分组成,即主程序、采样中断服务程序及故障录波程序。

6.2.2.1 主程序原理说明

微机型故障录波装置的主程序流程框图如图 6-2 所示。

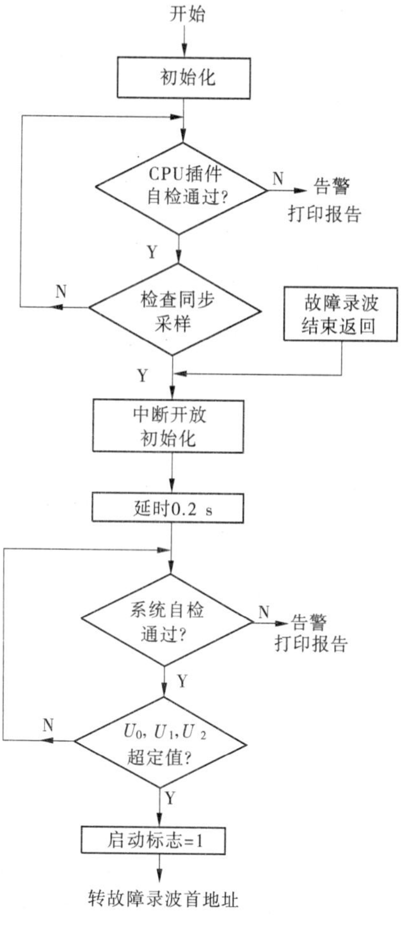

图 6-2 主程序流程框图

数据采集 CPU 插件的主程序上电复位后开始初始化,这是插件芯片级的初始化,对各芯片的功能及方式初始化。随后对 CPU 插件自检,这是芯片级的自检,例如 RAM、ROM、EPROM、EEPROM 及 CPU 本身的自检。接下来是同步采样信号检测,这是一项十分重要的检测。前置机的各数据采集 CPU 插件对录波信号的采样必须是同步采样,这样得到的采样数据才是有意义的采样值,才能用作同一时刻的各种物理波形的比较。所有各 CPU 插件均用一条线专门接收人机接口插件的同步采样脉冲,同步采样信号检测就是检测同步采样脉冲是否正常。如 CPU 插件自检和同步采样信号检测未通过,则告警并打印报告。

中断开放主要是指允许采样中断。采样中断开放后,将定时从主程序转入采样中断服务程序,完成采样任务后再回到主程序。但是由于开始时刻 CPU 插件 RAM 中均为随机数据,必须经 0.2 s 延时将 RAM 中所有单元均填入真正采样值才能开始运行。

系统自检是指 TA、TV 的断线检测或者其他专业自检。如检测出断线,则告警并打印报告。TA、TV 二次断线自检有专门的断线判据,该判据与保护中的判据大同小异,这里不再重复。

系统自检后,就可以进行录波自启动的判断。在主程序中安排的自启动判据是反映系统故障的电压 U_0、U_1、U_2 各序分量值是否超过定值。如系统自检无故障,系统电压各序分量也没超过定值,那么程序就一直在这里循环检测,直到系统自检出故障才进入告警程序或超过定值后进入故障录波程序。

6.2.2.2 采样中断服务程序原理说明

1. *存储单元采样值刷新*

采样中断服务程序流程框图如图 6-3 所示。

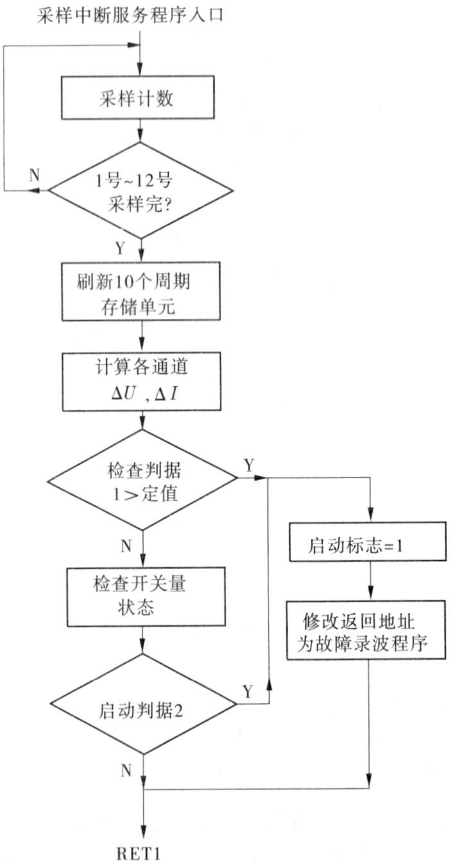

图 6-3 采样中断服务程序流程框图

进入采样服务中断程序后,采样计算 VFC 输出的脉冲数。对采样 CPU 插件的 12 路模拟量全部采样结束,将最近的 10 周中采样计数存储单元所存储的采样值全部刷新换为最新的采样值,这就是通常所说的存储单元采样值刷新。

2. 自启动判据检测

根据刚刷新的计数值,计算各通道已选定的突变量,判断是否大于整定值,如大于整定值,则使启动标志位置于1,修改返回地址为故障录波程序首地址,即进入故障录波程序;如不大于整定值,则进入开关量自启动判据程序。如选定的自启动开关量状态为1,则立即启动标志位,转入故障录波程序,否则结束采样中断服务程序回到主程序中循环。

6.2.2.3 故障录波程序原理说明

故障录波程序流程框图如图6-4所示。

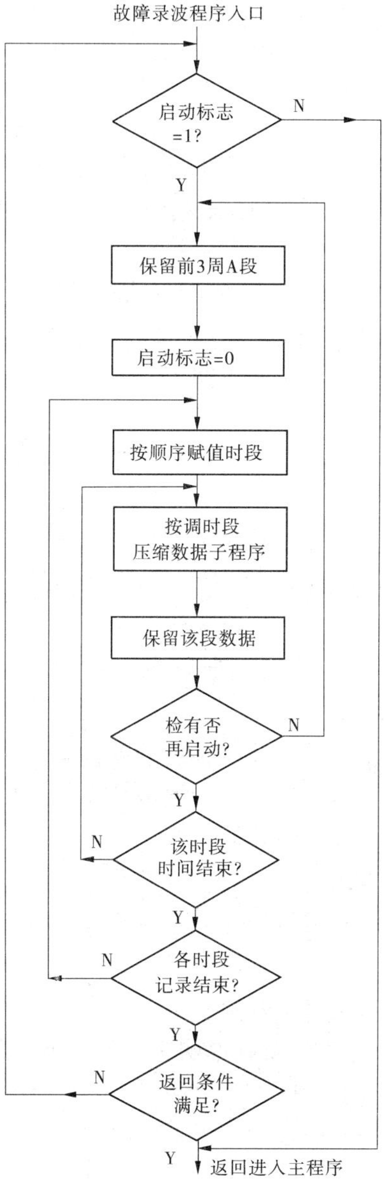

图6-4 故障录波程序流程框图

根据故障录波的划分时段、顺序记录的原理，检测启动标志后就保留故障前 3 周的首段记录，随即清启动标志位（以便在故障录波过程中，定时进入中断服务程序时检测有否再启动），然后按顺序赋值录波段，再进入按时段压缩数据子程序（数据处理程序）并保留被压缩的数据。如在录波及数据处理过程中，检出系统又发生故障（即检出再启动），则录波重新进行，转入录波初始程序。整个故障录波过程就是按时段（A ~ E）逐段顺序记录、不断循环完成录波的。

6.2.3 微机型故障录波装置的功能

由微机型故障录波装置的硬件组成及各部分的作用可知，微机型故障录波装置的功能主要由前置机来完成，而前置机的作用主要由其软件来实现，因此前置机的软件功能主要有 3 个，即数据采集任务、判断启动任务、及时将数据传送至后台 PC 机。

6.2.3.1 数据采集任务

数据采集任务是在接收人机插件发出的同步采集信息，根据 1 000 Hz 的采样率，即 1 ms进行一次定时采样及计算，每次定时采样均进入采样中断服务程序。因此，数据采集是在采样中断服务程序中完成的。

在正常运行时，不断采样计算并不断刷新 10 周正常运行采样计算数据。一旦装置启动，立即保留 3 周正常运行的最新数据作为首段数据记录。保留故障前 3 周数据是必要的，用于保证故障录波波形的连续性，并有助于分析系统故障。

6.2.3.2 判断启动任务

微机型故障录波装置的故障录波启动分为内部启动和外部启动两种情况。

6.2.3.3 数据通信任务

将数据采集信息通过串行总线及时地传送到人机接口插件，利用人机接口插件中的串行口通信中断服务程序，将录波的数据信息再传入后台机永久保存。

6.3 故障录波装置的应用

微机型故障录波装置都是以程序检测各启动条件是否满足。因此，启动条件的设置关系到故障时刻录波装置能否可靠启动以及能否对故障状态进行全面可靠的记录。

6.3.1 故障录波装置的启动

微机型故障录波装置的故障录波启动分为内部启动和外部启动两种情况。

6.3.1.1 内部启动

1. 各相相电压和零序电压突变量启动

对超高压电网中任一节点来说，反映电网重大暂态变化的根本标志是母线电压的突然变化，以相电压突变量为启动条件，可以监测接入变电所高压母线上的任一元件发生故障或有重大操作而引起的电网暂态过程。为了反映电网暂态过程的发生及转换，例如线路发生故障（电压突然降低）、故障线路跳闸（电压突然增高），必须同时选取突增量与突减量启动，保证在电网每一次新的暂态开始，这个启动条件都能可靠地启动一次。电力行业标准规定相电压突变量为 $\Delta U_h \geqslant \pm 5\% U_N$。

以零序电压突变量为启动条件,可以在电网发生故障以及进行重合闸时进一步支持故障录波器的可靠启动。电力行业标准规定零序电压突变量为 $\Delta U \geqslant \pm 2\% U_N$。

2. 过压和欠压启动

电力系统运行电压的高低,直接影响电力设备安全与电网稳定运行。长时间的越高限运行,将危及运行设备安全,而在超过允许电压上限的情况下突然对变压器合闸,极易引起变压器损坏。运行电压过低,则会降低线路的稳定传输裕度,容易在较轻的系统扰动下,使系统发生静稳定破坏。

电力行业标准规定:

(1)正序电压越限启动值为 $110\% U_N \leqslant U_1 \leqslant 90\% U_N$;

(2)负序启动值为 $U_2 \geqslant 3\% U_N$;

(3)零序电压启动值为 $U_0 \geqslant 2\% U_N$。

以低电压越限作为启动条件,需要计及作为测量电压源的电压互感器停用的可能性。例如 330 ~ 500 kV 电网普遍采用抽取线路电压互感器二次侧电压的方式来启动录波器,如果线路因事故或检修,将可能长时间停电;母线检修时,母线电压互感器也将长期停电。因此,当故障录波装置检测到被测电压在较长一段时间内很低,说明电压互感器停运或线路停电,应将低压越限条件自动退出。

对于长时期电压越限运行情况,应当记录其全过程,但只需记录电压量,其他量可以不记录。单纯的电压越限,在电力系统无功功率补偿配置不合理或某些重要无功功率补偿设备因故退出运行的情况下,可能在系统中某些节点上长期存在,做全程的完整记录当然是必要的。它无论对总结重大设备损坏事故的原因,或者记录电压崩溃的全过程,都有特别重要的意义。但它的记录要求,应当与一般记录情况有区别,除非发生电压崩溃,它将是一种长期存在只有缓慢波动的系统异常现象,采样周期可以延长或者对过程作相应处理,在可以对全过程作完整描述的前提下,减少不必要的数据存储。

3. 主变压器中性点电流越限启动

利用变压器中性点电流作为启动条件,可以进一步提高电网故障时启动记录的可靠性,也可以反映变压器的合闸涌流过程。较大的变压器中性点电流的出现,反映电网三相不平衡,可以用以监测同一母线配出线路是否发生了影响较大的非全相运行状态。电力行业标准规定:变压器中性点电流越限启动值为 $3I_0 \geqslant 10\% I_N$。

4. 频率越限与变化率启动

频率越限在电力系统运行状态不正常的某些特殊情况下,可能会长期存在,除非发生系统频率崩溃。其特点是频率变化极为缓慢,对记录数据的处理和单纯的低电压情况要求相似。以频率变化率作启动条件,是要求记录当系统突然失去一个大电源情况下的系统频率变化过程。

电力行业标准规定:

(1)频率越限启动值为 $50.5\ \text{Hz} \leqslant f \leqslant 49.5\ \text{Hz}$;

(2)频率变化率启动值为 $\frac{df}{dt} \geqslant 0.1\ \text{Hz/s}$。

5. 系统振荡启动

系统振荡可能有如下几种情况：

(1)由静态稳定破坏引起的系统振荡。在初始阶段，母线电压必然低于额定值较多，利用90% U_N 电压启动条件，可以启动记录稳定破坏的全过程数据。失去稳定后的系统表现，与失去暂态稳定的系统表现一样，即母线电压、线路电流和线路功率作大幅度波动。

(2)由暂态稳定破坏引起的系统振荡。这种振荡总是由于短路故障或突然切去重负荷送电回路等大扰动引起的，所以利用反映电压突变量的条件可以启动记录，取得全过程数据。失去稳定后的系统现象和静态稳定破坏后的系统现象一样。

(3)因为失去动态稳定引起的系统振荡。失去动态稳定的系统表现为母线电压，线路电流和线路功率作增幅振荡而失去同步，其结果是系统稳定破坏。更多的一种情况是由增幅振荡而演变为达到一定幅度和周期的稳定振荡，这种现象称之为"摇摆"。

为检测同步摇摆，可以用线路电流或功率在某一给定时间内的变化率作为条件。电力行业标准规定同步摇摆的启动值为：线路同一相电流变化，0.5 s 内最大值与最小值之差大于等于10% I_N。利用电压变化条件不能可靠反映系统振荡。因为振荡时的母线电压变化，与母线离振荡中心的距离有关，离振荡中心愈远，变化愈小，到了大电源母线，则基本不变。

6.3.1.2 外部启动

1. 断路器的保护跳闸信号启动

记录继电保护的跳闸命令，配合短路过程情况，用来检查继电保护装置和断路器的动作行为，是故障记录最重要的内容之一。

由继电保护装置跳闸命令启动故障动态记录时，应当选用与发出断路器跳闸命令同步的触点信号(最好是跳闸出口继电器的触点)，以准确记录启动时刻。为了避免干扰，以空触点经双绞线输出到故障录波器是必要的。

2. 手动和遥控启动

可以由变电所就地和上级调度来远方命令启动。

6.3.2 录波数据采样及记录方式

微机型故障录波装置是通过将故障前后的数据记录保存在存储器中的方式来实现其录波功能的。为保证录波数据的准确性，我国对微机型故障录波装置的数据记录方式做了如下规定。

6.3.2.1 分时段记录方式

依据电力部 DL/T 553—1994《220 ~ 500 kV 电力系统故障动态记录技术准则》，装置对模拟量的采集和记录采用分时段进行的方式，各时段所处的位置和记录的时间长短，如图 6-5 所示。

由图 6-5 可见，故障记录可分为 A、B、C、D、E 共 5 个时段，对于这 5 个时段，不仅故障量记录的时间长短不同，而且故障量的采样频率也不一样。

①A 时段。系统大扰动开始前的状态数据，输出原始记录波形及有效值，记录时间大于0.04 s。

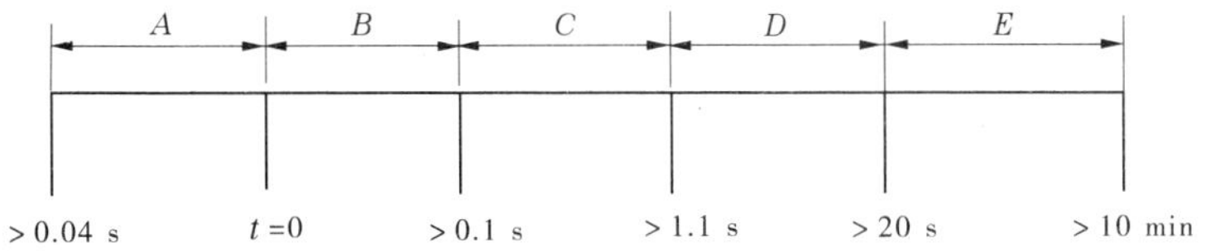

图 6-5　数据记录方式图

②*B* 时段。系统大扰动后初期的状态数据，可直接输出原始记录波形，可观察到 5 次谐波，同时也输出每一周波的工频有效值及直流分量值，记录时间大于 0.1 s。

③*C* 时段。系统大扰动后中期的状态数据，输出连续的工频有效值，记录时间大于 1.1 s。

④*D* 时段。系统动态过程数据，每 0.1 s 输出一个工频有效值，记录时间大于 20 s。

⑤*E* 时段。系统长过程的动态数据，每 1 s 输出一个工频有效值，记录时间大于 10 min。

输出数据的时间标签，对短路故障等突变事件，以系统大扰动开始时刻（例如短路开始时刻），为该次事件的时间零坐标，误差不大于 1 ms。事件的校准时间由调度中心给定。

在满足采样要求的前提下，为了节省空间，压缩故障录波的数据量，采用变速采样的记录方式。*A*、*B* 时段为系统故障前和故障后的高速采样阶段，*C*、*D* 段一般指故障切除后较为稳定的那一段时间，为低速采样阶段。*E* 段指系统进入长过程录波，如长期振荡、低频、低压，一般是低速采样，仅记录有效值。

如果设备硬件条件允许，可以考虑适当延长波形记录事件和将 *D* 时段改为 0.05 s 记录一次。此外，在系统振荡过程中，也宜于全部用 *D* 时段运行。实际分段记录的波形如图 6-6 所示。

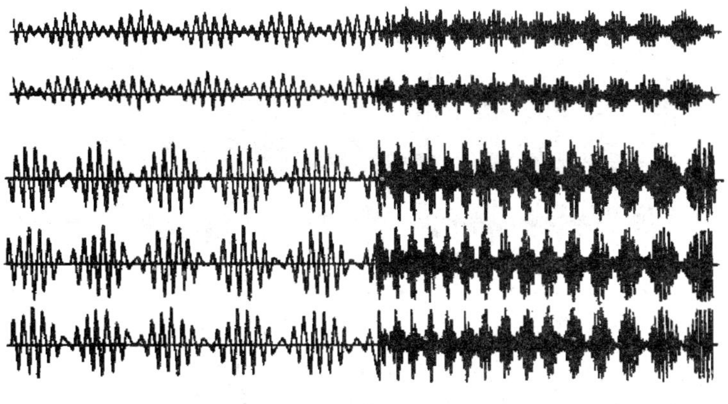

图 6-6　分段记录的波形图

6.3.2.2　不定长录波

目前，微机型故障录波装置可以实现 3 s ~ 10 min 不定长录波，它由启动次数和故障性质决定。

1. 非振荡故障启动

在某一时刻，启动量满足任一启动条件，装置启动录波。如果在录波的过程中有且仅有一次故障启动，装置将按 A—B—C—E 时段顺序进行录波。当装置在已启动的录波过程中，有突变量输出或断路器跳合闸信号时，若在 B、C 时段，则由 $t=0$ 时刻开始沿 B、C、D、E 时段重复执行；否则应沿 A、B、C、D、E 时段重复执行。

以上启动方式的录波的结束条件为：所有启动量全部复归，并且记录时间大于 3 s。

2. 特殊启动方式

（1）如果出现长期的电压或频率越限，可只记录电压值和频率值，每秒一点或作相应处理；

（2）如果系统故障后引起振荡，而记录已进入 E 时段后，则立即转入按 D 时段记录，如果正在 D 时段则延长 20 s。

6.3.3 分析故障录波实例

某系统发生振荡同时短路的故障，监测线路所属变电所的故障录波装置记录了此过程。如图 6-7 所示为该线路 −0.050 ~ 7.000 s 时间段的波形曲线图，从图中可准确确定振荡起止时刻、短路发生时刻、每时刻各个录取量的大小等。三相相电流、相电压和零序电流、零序电压以及三相有功功率、无功功率的波形曲线可按要求显示、读取、打印等。

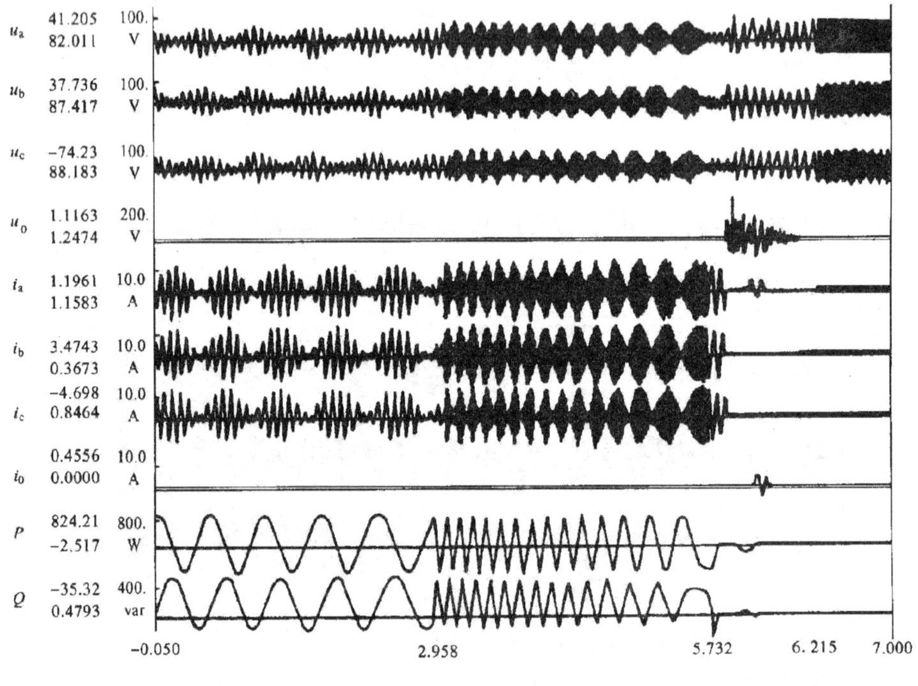

图 6-7　线路振荡加短路波形曲线

图 6-7 中左边数据的意义(以 u_a 的波形为例说明):

41.205 表示左光标对应时刻为 0.049 s 时 u_a 的二次值,单位为 V(图中未标出);

82.011 表示右光标对应时刻为 7.000 s 时 u_a 的二次值,单位为 V;

100 表示纵轴上白色刻度点与零点之间的长度代表值(二次值),单位为 V。

下面通过该例来说明故障录波波形图的分析与使用情况:

图 6-7 波形图为某被监测线路的三相电压(u_a、u_b、u_c)和零序电压(u_0)、三相电流(i_a、i_b、i_c)和零序电流(i_0)、三相有功功率 P 和三相无功功率 Q。

每个波形图左上面值均为左光标对应时刻的值,此图中左光标对应时刻为 0.049 s。移动左光标位置改变观察时刻,其值随之变化。每个波形图左下面值均为右光标对应时刻的值,此图中右光标对应时刻为 7.000 s。移动右光标位置改变观察时刻,其值随之变化。

通过对 -0.050 ~ 7.000 s 波形图观察、分析可知,系统振荡发生时刻为 0.000 s(时间前的"-"号表示故障前的时间),到 2.958 s 振荡加剧,振荡频率增加;在 5.732 s 系统又发生三相短路。三相短路开始时出现短时的零序电压和零序电流,是因为三相短路瞬间的不对称,此现象也被完整、准确地显示在图中。在 6.215 s 三相短路稳定,被检测线路储存在三相电压外,其他录取量均为零或接近零,表明三相短路的短路点在该线路很近的其他线路上。

移动左右光标改变观察时间段,对波形图进行放大、叠加、对比等处理,更便于分析和处理事故。另外,还可以通过录波图形离线分析软件打印输出录波报告单及其他所需波形和数据信息等。

小　结

故障录波装置是当电力系统发生故障时,能迅速直接记录下与故障有关的运行参数的一种自动记录装置。系统正常运行时,故障录波装置不动作;当系统发生故障及振荡时,通过启动装置迅速自动录波,直接记录下反映故障录波装置安装处的系统故障电气量,为正确分析事故原因、研究防止对策提供重要资料。

故障录波装置的发展有三个阶段:第一阶段是机械—油墨式故障录波装置,已被淘汰。第二阶段是机械—光学式故障录波装置,现仍有少量在运行使用。第三阶段是微机—数字式故障录波装置,由于其功能完整、自成体系,现已广泛使用。本章重点讲解微机型故障录波装置的组成及其工作原理、启动条件、录波数据的采样及记录方式。

习　题

一、填空题

1. 在主要发电厂、220 kV 及以上变电所和 110 kV 的重要变电所,应装设故障录波装置，并在电力系统故障时应__________，在系统振荡时也应__________，记录系统中有关的__________。

2. 利用故障录波器拍摄的录波图不仅可以迅速地判明故障__________和__________，而且还可以从录波图所提供的__________电流值，计算出故障地点。

3. 微机故障录波装置的软件功能主要有__________、__________、及时将数据传送至后台 PC 机。

二、判断题

1. 故障录波器一般用于大电流接地系统中，它记录相电流、零序电流、零序电压及三相电压。(　　)

2. 故障录波装置中的零序电流启动元件接于变压器中性点上。(　　)

3. 电力系统故障动态过程记录功能的采样速率允许较低，一般不超过 1.0 kHz，但记录时间长。(　　)

4. 按照 220～500 kV 电力系统故障动态记录准则的规定，故障录波装置每次启动后的记录时间至少应大于 3 s。(　　)

5. 微机型故障录波装置启动后，为避免对运行人员造成干扰，不宜给出声光启动信号。(　　)

6. 电力系统故障动态记录的模拟量采集方式，A 时段记录系统大扰动开始的状态数据，$t \geqslant 0.04$ s，B 时段记录大扰动后全部状态数据，并只要能观察到 3 次谐波即可。(　　)

三、选择题

1. 为正确分析事故原因、研究防止对策提供原始资料，是(　　)的作用之一。

(A) 故障录波装置　　(B) 振荡解列装置

(C) 低压解列装置　　(D) 低频解列装置

2. 故障录波装置的主要作用不包括(　　)。

(A) 分析、评价继电保护及自动装置的性能　　(B) 维持电力系统运行稳定性

(C) 实测电力系统参数，研究系统振荡　　(D) 帮助查找故障点

3. 220 kV 系统故障录波装置统计动作次数的原则是(　　)。

(A) 计入 220 kV 系统保护动作的总次数中

(B) 计入全部保护动作的总次数中

(C) 应单独对录波装置进行统计

四、问答题

1. 什么是故障录波装置？其作用是什么？

2. 微机型故障录波装置有哪些优点？

3. 故障录波装置录取量的选择一般应满足哪些要求？
4. 微机型故障录波装置由哪几部分组成？各组成部分有何作用？
5. 微机型故障录波装置有哪些功能？
6. 微机型故障录波装置的故障录波的启动分哪几种情况？各自的启动条件有哪些？
7. 我国对微机型故障录波装置的数据记录方式作了哪些规定？

第 7 章　水电站自动控制技术

教学要求

了解水轮发电机组自动化的要求；了解自动化元件的用途、类型、构成原理；分析、掌握蝶阀的自动控制电气接线原理；分析、掌握辅助设备自动控制接线原理及特点；掌握机组自动控制程序。

7.1　概　述

水轮发电机组自动化是为了满足水电站安全发电、保证电能质量和经济运行，同时以减少运行人员和改善劳动条件为原则，在水轮发电机组自动化运行经验的基础上，根据科学进步，新技术、新产品的产生和发展需要建立的。

水轮发电机组的自动控制设计中考虑了机组不同型式和结构、调速器型式、自动化元件配置、配套附属设备和运行方式等因素。水电站自动化一般包括水工闸门的自动化、水轮发电机组及其辅助设备的自动化、电气设备的自动化。

7.1.1　水轮发电机组自动化

7.1.1.1　水轮发电机组自动控制基本要求

(1)以一个指令完成机组的开机或停机；

(2)根据系统要求，以一个指令完成发电转调相或进行相反操作；

(3)开机过程中，应能进行相反的操作；

(4)机组内部事故应动作事故停机或同时关闭进水阀(或快速闸门)，外部事故可动作空载运行或事故停机；

(5)事故停机引出继电器自保持回路应由手动解除；

(6)水电站的发电机层应设紧急停机按钮或事故停机按钮。

油系统的下列装置应装设油位信号器：调速器和进水阀压油装置的油罐，推力轴承和导轴承的油槽，重力油箱和漏油箱。

7.1.1.2　水轮发电机组轴承润滑油系统自动控制要求

(1)采用内循环冷却的机组，应在开机的同时获得冷却水；冷却水中断时，应立即投入备用水源。

(2)外循环冷却的机组，必须在开机前获得润滑油；润滑油中断时，应自动投入备用油源。

(3)对采用弹性金属塑料瓦的轴承润滑油系统，当其油槽油位降低时可发出信号。

(4)采用水润滑的导轴承，应在给出开机指令的同时投入润滑水，当确认有水后，才允许启动机组;应保证润滑水的连续性,当润滑水中断时,应立即投入备用水源,润滑水管上应装设反映供水状态的示流信号装置。

(5)水轮发电机组应在开机同时打开冷却水电磁液压阀或启动冷却水泵组,机组冷却水管总管的排水侧应装设反映供水状态的示流信号装置。

下列水轮发电机组的部位应装设温度监视装置:推力轴承和导轴承的轴瓦;空气冷却器的进风和出风口;发电机定子线圈及铁芯。

7.1.1.3 水轮发电机组的制动装置自动控制要求

(1)发电机组应装设机械制动装置,亦可同时装设电气制动装置。

(2)水轮发电机组机械制动装置在停机过程中,当机组转速下降到35%额定转速以下时应投入制动装置,机组停止转动后解除制动。贯流式机组停机后,若无停机锁锭装置,不宜解除制动。

(3)机组采用电气制动装置时,可在机组转速下降到60%额定转速左右时投入电气制动,待机组转速继续下降到10%额定转速以下时投入机械制动装置,机组停转后解除制动。

(4)推力轴承采用弹性金属塑料瓦的机组,机械制动装置投入的转速允许低于20%额定转速。

(5)对冲击式机组,当机组转速下降到70%额定转速左右时,投入反喷嘴制动装置,机组停止转动后解除制动。

(6)在停机过程中,当导水叶剪断销剪断时,制动后不应解除制动。

(7)对具有高压油减载装置的机组,停机过程中机组转速下降到90%额定转速时,投入高压油减载装置,机械制动装置投入时的转速可降低到10%额定转速。

7.1.1.4 水轮发电机组应装设的水力机械事故保护

1. 事故停机同时关进水阀(或快速闸门)

(1)机组过速;

(2)事故停机过程中剪断销剪断。

水力机械事故应先动作关闭导水叶,在导水叶关至空载位置时跳开发电机断路器,并执行正常停机程序。

2. 事故停机

(1)轴承温度过高;

(2)水轮机导轴承润滑水中断;

(3)重力油箱油位过低;

(4)油压装置油压过低。

7.1.1.5 水轮发电机组应装设的水力机械故障保护

(1)轴承温度升高;

(2)空气冷却器温度升高;

(3)轴承油槽油位不正常;

(4)机组冷却水中断;

(5)油压装置油压降低;

(6)导水叶剪断销剪断;

(7)集油槽油位不正常;

(8)漏油箱油位过高;

(9)重力油箱油位降低;

(10)水轮机顶盖水位过高;

(11)开停机未完成;

(12)备用冷却水、润滑水投入;

(13)水力机械操作回路电源消失。

7.1.2 水电站辅助设备自动化

7.1.2.1 进水阀自动控制要求

(1)进水阀(蝶阀、球阀、闸阀)自动控制应能按一个控制指令完成开阀、关阀的自动控制。开启时应按先平压、后开启的控制程序进行。

(2)进水阀的自动控制应作为机组开机、停机控制的一个程序,由正常开、停机控制指令联动完成。紧急事故关阀指令应能直接动作关阀。

(3)水电站的快速闸门应在中控室或主机室设置紧急关闭闸门的控制按钮。

7.1.2.2 油压装置自动控制要求

(1)调速器的油压装置油压应保持在规定的工作压力范围内。压力油泵电动机应根据工作压力实现自动控制。

(2)辅助设备控制接线中的切换开关,宜设有手动、自动、备用和断开四个位置;采用自动转换工作制时,宜设手动、自动、断开三个位置。

7.1.2.3 空气压缩装置自动控制要求

(1)贮气罐或供气管道压力应保持在规定的工作压力范围内,空压机应根据工作压力实现自动控制。空压机出气管温度过高时应动作停泵并发出信号。

(2)空压机采用水冷却时,应先自动检查有水时才开机;停机时切除冷却水。空压机启动一般为空载启动,经延时关闭空载启动阀后,再向贮气罐内充气。

7.1.2.4 技术供水系统及集水井排水系统自动控制要求

(1)采用单元技术供水的发电机组,全厂设有一台公用的备用供水泵组。当总技术供水管水压下降时自动启动备用供水泵并自保持,同时发出信号。采用集中技术供水的发电机组,工作水泵宜与各台机组的开机联动。

(2)渗漏排水泵组控制接线的切换开关,宜设有手动、自动、备用和断开四个位置;并宜按自动轮换工作制的方式工作。

(3)全厂集水井应装设水位信号器,水位升高时,启动工作排水泵。当水位过高时应自动启动备用排水泵组并发出信号。

水电站辅助设备互为备用的电动机宜采用自动轮换工作制。当辅助设备采用可编程控制器控制时,可编程控制器可采用分散设置。无人值班(少人值守)的水电站可编程控制器宜集中设置。

7.2 水轮发电机组自动化元件

水轮发电机组的自动化元件分为信号元件和执行元件两大类。信号元件主要有转速信号器、温度信号器、液流信号器、液位信号器、剪断销信号器等；执行元件主要有电磁阀、液压操作阀等。

7.2.1 信号元件

7.2.1.1 转速信号器

转速信号器用于检测机组的转速。机组转速是反映机组运行工况的一个主要技术指标，根据机组不同的转速值，转速信号器可以发出不同的命令和信号，以对机组进行保护和自动操作。转速信号器有机械式、电磁式、数字式等。下面简要介绍机械式转速信号器和数字式转速信号器。

1. 机械式转速信号器

当电磁式转速信号器和数字式转速信号器发生故障时，机组将失去过速保护，为了预防这种情况，可同时采用机械式转速信号器作为双重保护。当水轮发电机组转速达到140%额定转速时，发出飞逸信号。

机械式转速信号器是利用离心力作用原理制成的，与水轮发电机的主轴直接相连。当水轮发电机组旋转时，与之相连的机械式转速信号器的离心块也随之旋转。机组转速越高，离心块的离心力就越大。离心力克服机械式转速信号器的弹簧力，带动滑动轴沿轴向移动，带动与滑动轴一体的动能板移动，当达到整定转速时，机械式转速信号器发出相应转速信号。

图 7-1 为 ZL－01 型机械式转速信号器的外形，带有 2 对动合、2 对动断触点，触点允许电流为 1 A，转速信号范围为 200～1 600 r/min，外形尺寸为 ϕ155 mm×145 mm。

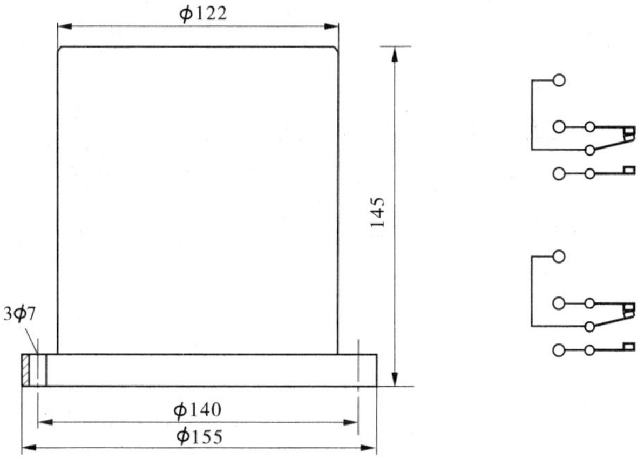

图 7-1 ZL－01 型机械式转速信号器外形与接点图

2. 数字式转速信号器

AXP 型数字式转速信号器是一种新型的转速信号器，利用 MCS－51 单片微型计算机的优点，使产品具有精度高、功能强、信号准确、抗干扰强、操作方便等特点。AXP 型数字式转速信号器集频率表、转速表、转速继电器、转速测控仪表于一体，能够记忆并保存当前机组转速的最大值，给机组过速事故分析带来方便。

AXP 型数字式转速信号器原理框图如图 7-2 所示，通过测周期进行测频。单片微型计算机的主频为 6 MHz，被测得的机组转速信号经过限幅、放大、整形为标准的矩形方波，送入单片机进行周期计算，经计算后换算成频率值、转速的百分比值、最大转速值等，供显示和记忆。

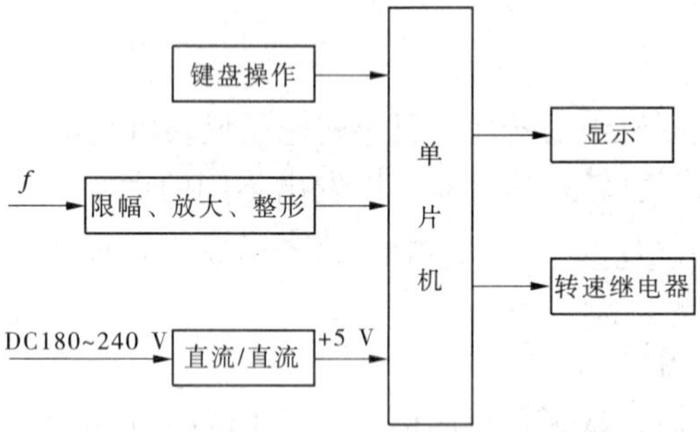

图 7-2　AXP 型数字式转速信号器原理框图

AXP 型数字式转速信号器前面板示意及背面接线图如图 7-3 所示。前面板上有 4 位数码显示屏，用于显示频率值、转速的百分比值或机组最大转速值等。有功能指示灯，用于指示 4 位数码显示的内容是频率值、转速的百分比值或是最大转速值。有 8 个继电器输出指示灯，当机组转速达到某设定的转速时，相应的指示灯亮，同时继电器动作，并发出信号。1#灯亮表示机组转速小于 2% 额定转速；2#灯亮表示机组转速小于 35% 额定转速；3#灯亮表示机组转速小于 60% 额定转速；4#灯亮表示机组转速小于 80% 额定转速；5#灯亮表示机组转速小于 85% 额定转速；6#灯亮表示机组转速小于 95% 额定转速；7#灯亮表示机组转速小于 115% 额定转速；8#灯亮表示机组转速小于 140% 额定转速。“显示转换”键用于转换数码显示的内容。“调显”键用于把机组最大转速值在数码显示屏中显示出来。“复位”键用于清除转速信号器，恢复正常工作。

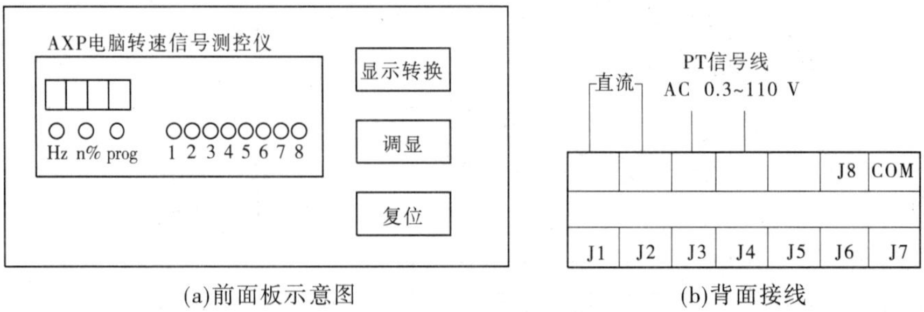

图 7-3　AXP 型数字式转速信号器前面板示意及背面接线图

转速信号器背面接线的“COM”端为 8 个转速信号继电器输出触点的公共端。当转速信号继电器的触点控制电压大于 DC 110 V 感性负载时，应在感性负载的两端并联一个续流二极管 VD，如图 7-4 所示，用于转速信号继电器触点的灭磁。

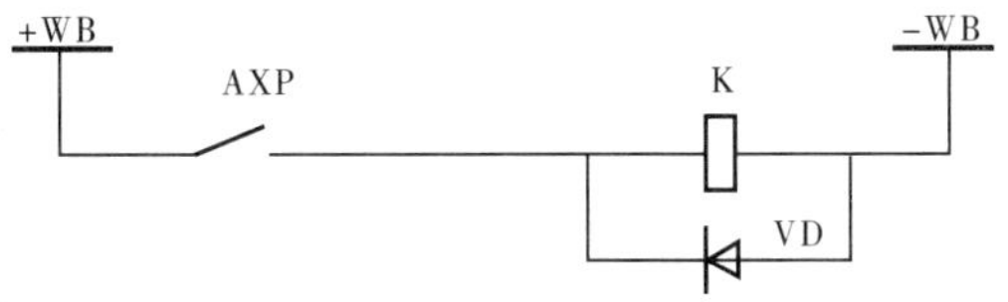

图 7-4 续流二极管

7.2.1.2 **温度信号器**

在机组及其辅助设备中，各发热部件和各摩擦表面的工作温度均有一定限制。如果温度超过这个限度，则可能引起这些部件或摩擦表面烧毁，因此必须对发热部件和摩擦表面的工作温度进行监视。一般采用温度信号器监视水轮机导轴承、发电机推力轴承和上下导轴承的轴瓦温度、发电机线圈和空气冷却器的进出口风温等。当工作温度升高至允许上限值时，发出故障信号；当工作温度继续上升至危险的过高值时，发出水力机械事故信号，并作用于事故停机。

目前，水电厂一般采用数字式温度信号器，如数字式 TDS－2000 温度信号器。

7.2.1.3 **压力信号器**

压力信号器用于监视油、气、水系统的压力。在机组制动系统、压力油槽、技术供水及气系统中，均装有压力信号器，以实现对压力值的自动控制和监视。

水电厂常用的压力信号器有电接点压力表、YTK－01 型压力信号器。

7.2.1.4 **液流信号器**

液流信号器用来对管道内的流体流通情况进行自动控制。当管道内流量很小或中断时，可自动发出信号，投入备用水源或作用于停机。主要用于水电站技术供水管路中，反映管路中技术供水的情况。

SLX 系列液流信号器为双向液流信号器，采用靶式结构，如图 7-5(a)、(b)所示，其测量元件是一长方形的平板靶，靶置于管路中央，并与水流方向垂直。当管路中有正常水流流过时，流体的流动对靶产生一作用力，此力与靶杆拔高旋转中心构成力矩；当管路中的水流大于液流信号器所整定的动作流量时，靶杆和靶在这个力矩的作用下发生倾斜，克服弹簧的作用力直至极限位置，如图 7-5(c)所示。在靶杆旋转过程中，带动推杆推动微动开关，使其动作，动合触点闭合，发出信号，表明管路中水流正常。

当管路中的水流逐渐减小时，水流在靶杆上的作用力逐渐减小，水流的作用力矩也逐渐减小，靶杆在弹簧力的作用下，使推杆逐渐离开微动开关。当管路中的水流小于液流信号器所整定的动作流量时，微动开关动断触点闭合、动合触点断开，表明管路中水流低于规定值，向控制系统发出报警信号。

如果管路中的水流方向改变，靶连同靶杆被推向相反的方向，使液流信号器另一边的微动开关动作。液流信号器在双向工作时与单向工作时的动作原理相似。

7.2.1.5 **液位信号器**

液位信号器用于监视水轮发电机组各轴承的油位，并可用于对机组顶盖漏水、集水井排水等水位进行自动控制。当监视处的液位过高或过低时，其触点动作，向控制系统发出报警信号。目前广泛采用浮子式液位信号器和电极式液位信号器。

ZWX－150 轴承油位信号器为浮子式液位信号器，主要由外管、磁性浮球、湿簧继电

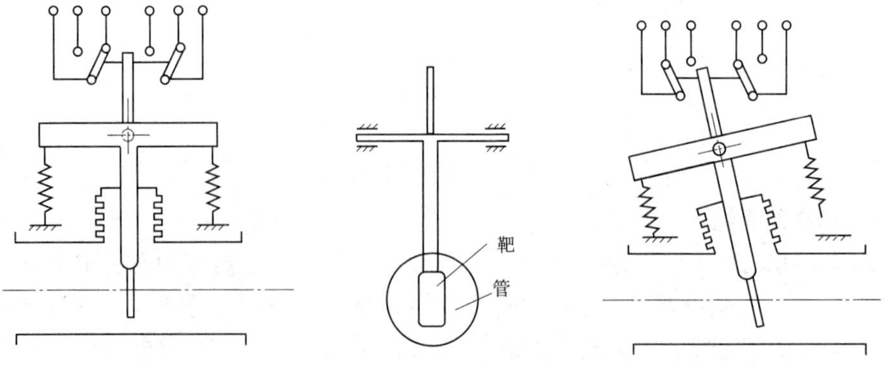

(a)未动作　　(b)平板靶　　(c)动作后

图 7-5　液流信号器

器、出线板等组成，如图 7-6 所示。

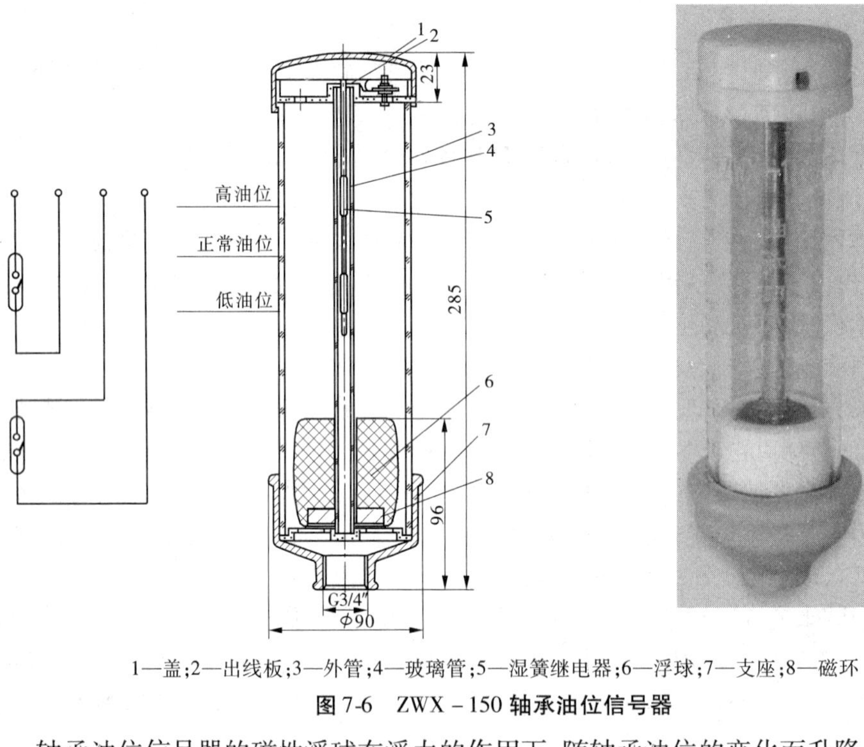

1—盖；2—出线板；3—外管；4—玻璃管；5—湿簧继电器；6—浮球；7—支座；8—磁环

图 7-6　ZWX－150 轴承油位信号器

轴承油位信号器的磁性浮球在浮力的作用下，随轴承油位的变化而升降，当浮球靠近所整定的湿簧触点时，在磁力的作用下，湿簧触点接通，发出油位过高或过低信号。运行人员可以透过玻璃直接观测轴承的油位。

在轴承油位信号器浮球中的磁钢内设有一个屏蔽罩，使浮球达到湿簧触点时，只能让湿簧触点接通一次，以保证动作准确可靠。

轴承油位信号器为立式安装，在出线孔处不能堵死，使信号器玻璃管内外的气压相等，使磁性浮球可以随油位自由上下浮动。轴承油位信号器与机组轴承油箱相连的管路应尽量伸至油箱中间的位置，使信号器玻璃管中的油面较稳定。

ZWX－150 轴承油位信号器触点使用电压为 DC 220 V 和 DC 110 V，触点容量小于 10 W，最高油位和最低油位各提供一对动合触点。ZWX－150 轴承油位信号器的测量范围可在 150 mm 内调整。

7.2.1.6 剪断销信号器

剪断销信号器由剪断销信号元件和剪断销信号装置组成，反映水轮机导叶剪断销剪断信号。一般装设在剪断销的轴孔内，每一个剪断销轴孔内装设一件。在正常停机过程中，若某个导叶被卡住，剪断销被剪断则发出报警信号；在机组事故停机过程中剪断销被剪断，则作用于紧急事故停机，并关闭机前主阀或快速闸门。

JX 和 BJX 剪断销信号元件为动断式信号元件，如图 7-7 所示。当导叶剪断销信号元件没有剪断时，剪断销信号元件的两个端子之间接通；当导叶剪断销信号元件被剪断时，剪断销信号元件的两个端子之间断开。

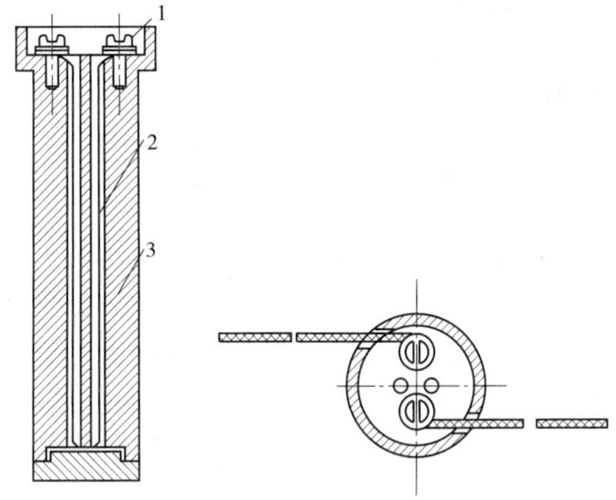

1—接线螺钉；2—导线；3—销体

图 7-7　剪断销信号元件

ZJX－1 型剪断销信号装置由变压器、整流桥、继电器、电阻、电容等元件组成，如图 7-8 所示。所有元件均装入嵌入式 DZ－200 系列中间继电器的壳体内。

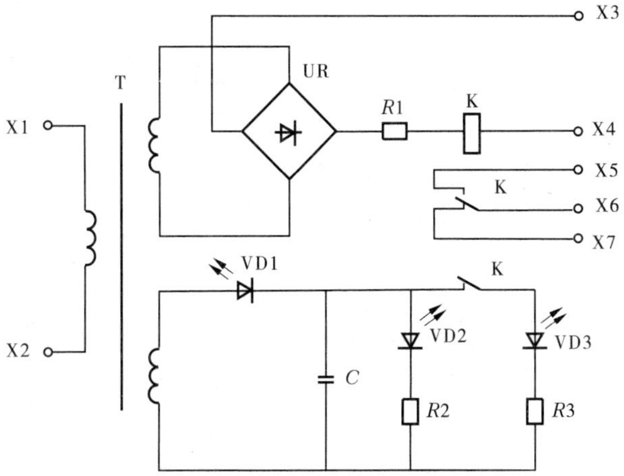

图 7-8　ZJX－1 型剪断销信号装置

在剪断销信号装置的端子 X1、X2 上接入 AC 220 V 电源，将所有剪断销信号元件串接，再将两端接至剪断销信号装置的端子 X3、X4 上。

当剪断销信号装置接通电源后，其电源指示灯 VD2 亮。若所有的剪断销信号元件没有被剪断，继电器 K 处于动作状态，端子 X5、X6 闭合，端子 X6、X7 断开；若有一个剪断销信号元件被剪断，则继电器 K 的回路被切断，继电器 K 复归，端子 X5、X6 断开，端子 X6、X7 闭合，剪断销剪断指示灯 VD3 亮。

7.2.2 执行元件

为了实现自动控制的目的，在油、水、气的管道上必须装设电磁操作或液压操作的自动阀门，统称它们为执行元件。

7.2.2.1 电磁阀

电磁阀是水轮发电机组自动化系统中的重要元件之一，通过电磁阀将电气信号转换为机械动作，是一种液压中间放大的变换元件，用于控制油、气、水管道的通断，其结构一般均由电磁操作部分和阀体构成。

下面简述 DPW－8(10)－63(B)型电磁配压阀、DP2 型弱电小功率电磁配压阀和 DYW－15－63B 型电液动配压阀的工作原理。

1. DPW－8(10)－63(B)型电磁配压阀

DPW－8(10)－63(B)型电磁配压阀是一种带有辅助触头的二位四通电磁换向阀，可以用于电站的各种液压控制系统中，为二位式执行机构换向配油，如液压阀、调速器油缸等。该阀主要由配压阀阀体、配压阀阀芯、电磁铁和辅助触头装置等四个部分组成。阀体水平卧放，阀体左右两端装有电磁铁，阀体上部装有柱塞和行程开关触头装置。

DPW－8(10)－63(B)型电磁配压阀电气原理图如图 7-9 所示，阀上共有四个外接油口，标记为 P 的油口外接压力油源，标记为 O 的油口外接回油管路，标记为 A、B 的两个油口分别接液压执行元件的两个工作油腔。柱塞体的两个腔分别与 A、B 接通。

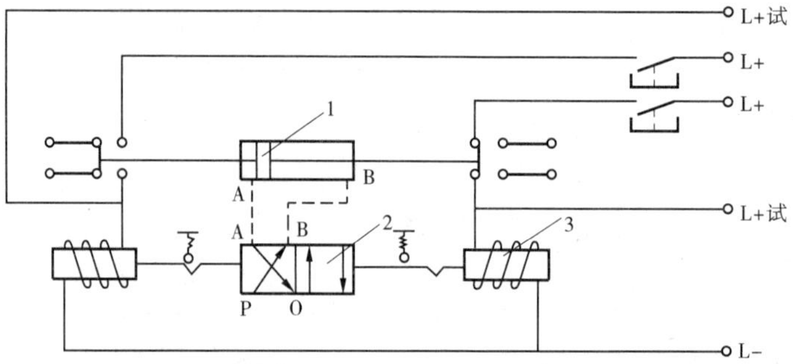

1—柱塞；2—阀芯；3—电磁铁

图 7-9　DPW－8(10)－63(B)型电磁配压阀电气原理图

当电磁配压阀处于图 7-9 所示的位置时，若右侧电磁铁通电，电磁铁铁芯被吸合，推动阀芯移向左端，使压力油口 P 与油口 A 接通，油口 B 与回油口 O 接通。同时，柱塞体左侧油腔进入压力油，柱塞体释放左端行程开关，使其触点闭合，为电磁配压阀的反方向动作做好准备。若左侧电磁铁通电，电磁铁铁芯被吸合，推动阀芯移向右端，使压力油口 P 与油口 B 接通，油口 A 与回油口 O 接通。同时，柱塞体右侧油腔进入压力油，柱塞体左侧油腔排油，将柱塞体推向左端，柱塞体推动左端行程开关，切断左侧电磁铁电源，柱塞体释放右端行程开关，使其触点闭合，为电磁配压阀的反方向动作做好准备。

2. DP2 型弱电小功率电磁配压阀

该阀由于采用主管道液压进行一次液压放大，并采用横轴、四通滑阀结构以及小钢珠锁扣措施，因此具有启动功率小、结构紧凑、体积小巧、加工方便、造价低等优点，并克服了立轴电磁配压阀容易发卡、动作不够可靠等缺点。

DP2 型电磁配压阀的油路和电气接线如图 7-10 所示。主阀为一油压驱动的二位四通阀，油路“O”孔与回油管通，压力油由“P”孔进入，根据主阀位置的不同，可与“A”孔或“B”孔相通。主阀右端供给常压，主阀左端受辅助阀控制，辅助阀由左右两个电磁铁驱动。当电磁铁线圈 W1 通电时，辅助阀向左移，主阀左端与压力油相通，因左端活塞受压面积与右端活塞受压面积之比为 2∶1，故当左端接通压力油时，就把主活塞推向右端，使“P”孔与“B”孔通、“A”孔与“O”孔通；当电磁铁线圈 W2 通电时，则辅助阀向右移，进行相反切换。电磁铁线圈都是短时通电的，由 FK 自动切断操作回路。

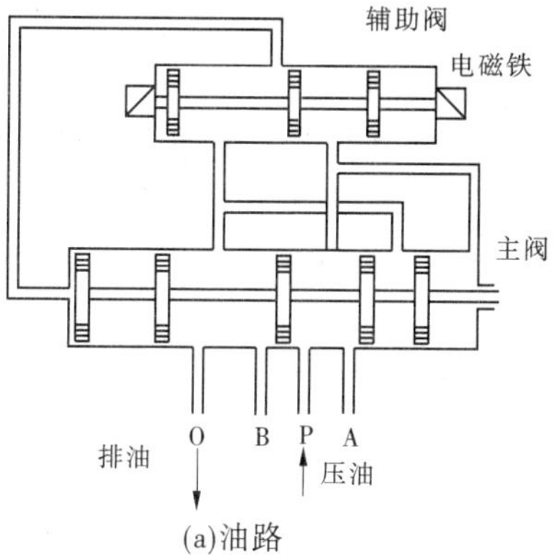

(a)油路

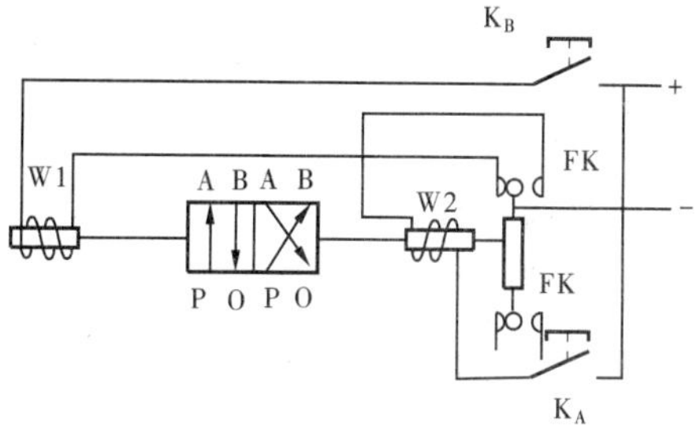

(b)电气接线图

图 7-10　DP2 型电磁配压阀油路和电气接线图

DP2 型电磁配压阀除远方操作外，也可手动操作。只要手动按电磁铁的衔铁顶杆，推动辅助阀的小活塞改变位置，即可达到手动切换的目的。

3. DYW－15－63B 型电液动配压阀

DYW－15－63B 型电液动配压阀也是一种带有辅助触头的二位四通电磁换向阀，比一般电磁配压阀多一级液压放大，因而可以控制较大流量的压力油。它应用于电站的各种液压控制系统中，为二位式换向执行机构换向配油，如液压阀、主阀油缸等，其结构如图 7-11所示。

该阀主要由主配压阀阀体、主配压阀阀芯、先导阀阀体、先导阀阀芯、电磁铁和辅助触头装置等六部分组成。主配压阀阀体水平放置，其上部放置先导阀阀体，先导阀左右两端装设电磁铁，先导阀阀体上部装有柱塞体和行程开关触头装置。

DYW－15－63B 型电液动配压阀电气原理图如图 7-12 所示。该阀共有四个外接油口，标记为 P 的油口外接压力油源，标记为 O 的油口外接回油管路，标记为 A、B 的两个油

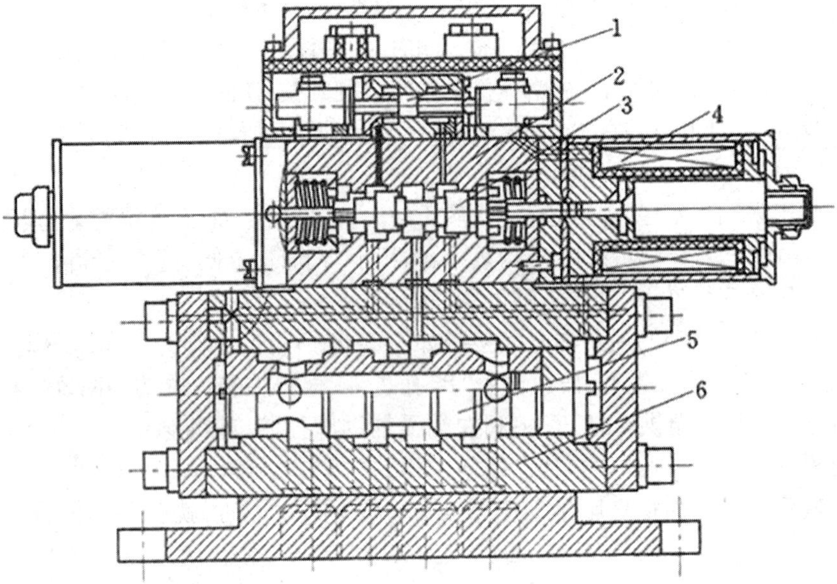

1—柱塞;2—先导阀阀体;3—先导阀阀芯;4—电磁铁; 5—主配压阀阀芯;6—主配压阀阀体

图 7-11　DYW－15－63B 型电液动配压阀结构图

口分别接液压执行元件的两个工作油腔。

先导阀实际上是一个二位四通换向阀,其油口 P 与外部压力油源相通,油口 O 与外部排油回路相通,油口 A 与主配压阀的左侧油腔和柱塞体的左侧油腔相通,油口 B 与主配压阀的右侧油腔和柱塞体的右侧油腔相通。

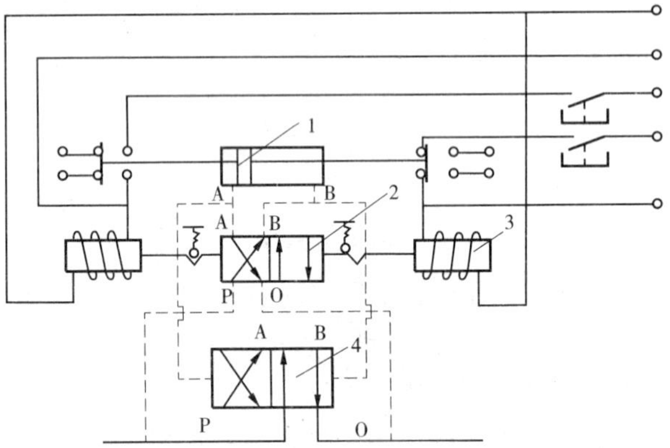

1—柱塞;2—先导阀;3—电磁铁;4—主配压阀

图 7-12　DYW－15－63B 型电液动配压阀电气原理图

当电液动配压阀处于图 7-12 所示的位置时,若右侧电磁铁通电,电磁铁铁芯被吸合,推动先导阀阀芯移向左端,使先导阀的压力油口 P 与油口 A 接通、油口 B 与回油口 O 接通。这样使主配压阀左侧油腔进入压力油,主配压阀右侧油腔与外部排油管接通排油,主配压阀阀芯在油压压差的作用下向右侧移动,使主配压阀的压力油口 P 与油口 B 接通,主配压阀的回油口 O 与油口 A 接通。同时,先导阀还使柱塞体左侧油腔进入压力油,柱塞体右侧油腔排油,将柱塞体推向右端,柱塞体推动右端行程开关,切断右侧电磁铁电源,柱塞体释放左端行程开关,使其触点闭合,为电液动配压阀的反方向动作做好准备。

若左侧电磁铁通电,电磁铁铁芯被吸合,推动先导阀阀芯移向右端,使先导阀的压力油口 P 与油口 B 接通、油口 A 与回油口 O 接通。这样使主配压阀右侧油腔进入压力油,主配压阀左侧油腔与外部排油管接通排油,主配压阀阀芯在油压压差的作用下向左侧移动,还使柱塞体右侧油腔进入压力油,柱塞体左侧油腔排油,将柱塞体推向左端,柱塞体推动左端行程开关,切断左侧电磁铁电源,柱塞体释放右端行程开关,使其触点闭合,为电液动配压阀的反方向动作做好准备。

7.2.2.2 液压操作阀

液压操作阀是一种用油压操作启闭的截止阀门,用于油、气、水管路上,以实现对管路内流体的通与断进行远距离控制。使用时一般与电磁配压阀组合在一起并需具备 220 V(或 110 V)直流电源及一定的压力油源。

1. SF 型液压操作阀

SF 型液压操作阀一般与 DP 型电磁配压阀组合使用,应用于压力小于 1 000 kPa 的水或气管道上,最大操作油压为 2 500 kPa。图 7-13 所示为其结构图,分为机械和液压操作机构两部分,这两部分用活塞杆 8 连接。中间部分为油与水的密封,采用垫料压盖方式。由密封处渗漏的油和水,通过泄油和泄水管排出。

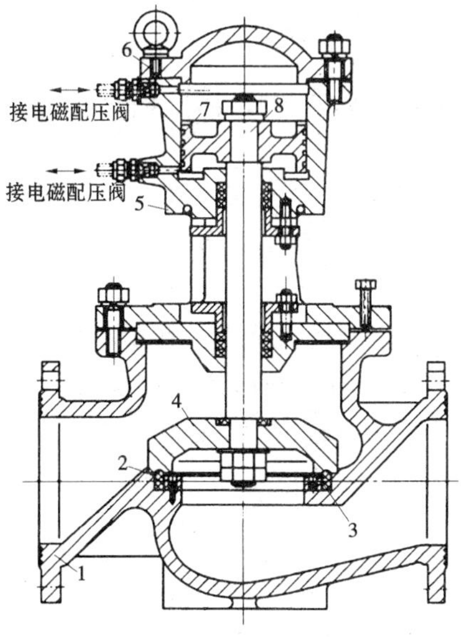

1—壳体;2—密封环;3—压环;4—阀盘;5—活塞缸;6—盖;7—活塞;8—活塞杆

图 7-13 SF 型液压操作阀结构图

活塞缸左侧的上下两油管与 DP 型电磁配压阀的两油管相连。当压力油经配压阀进入活塞缸的上腔时,下腔排油,其活塞 7 下移,通过活塞杆 8 使阀盘 4 紧压在橡皮密封环上,即将水或气管道关闭。相反,如果活塞缸 5 下腔通压力油,上腔排油,活塞 7 与阀盘 4

同时上移,将管道开启。上述电磁配压阀由于是立式结构,故不可避免地要有一套结构复杂的锁扣机构,因而降低了工作的可靠性。近年来,采用卧式阀芯结构,摒弃传统的锁扣机构,从而提高了动作的可靠性,并减少了电磁吸力。

2. YF 型油阀

YF 型油阀是受配压阀压力油控制而启闭的截止阀,有 YF-50、YF-80、YF-100、YF-150 四种规格,主要用于压力油管道需要远距离控制油路通断的地方。

YF 型油阀与电磁配压阀组合使用,其动作过程如下:当油阀活塞 3 上面的空腔与压力油源接通时,活塞即被压力油下移至其下端位置,阀门关闭,油路被截断。如果使活塞 3 上面的空腔与排油相通,则活塞 3 被油管内的压力油上推至上部位置,阀门打开,管道内油路畅通,如图 7-14 所示。

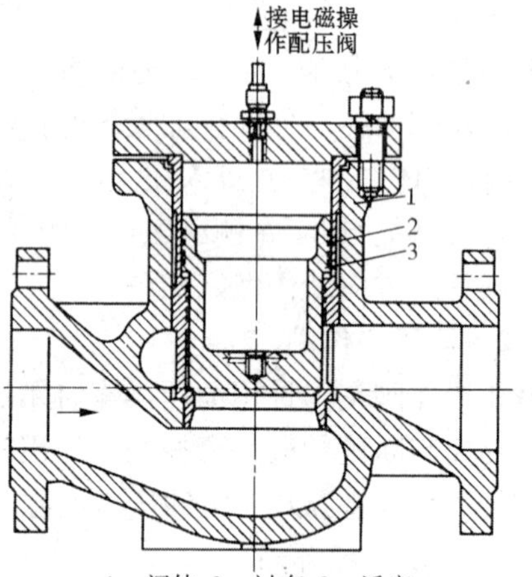

1—阀体;2—衬套;3—活塞

图 7-14　YF 型油阀结构图

7.3　蝶阀的自动控制

水轮发电机组的主阀装设在水轮机蜗壳进口前的进水钢管上,当机组检修或机组出现飞逸事故、事故停机过程中剪断销被剪断时,用以切断进入水轮机的水流,以加速机组的停机过程。

主阀的自动控制应能按一个控制指令完成开阀、关阀的自动操作。开启时应按先平压后开启的控制程序进行。主阀的自动控制应作为机组开机、停机控制的一个程序,由正常开停机控制指令联动完成。紧急事故关阀指令应能直接动作关阀。

机组的主阀一般为蝶阀和球阀,以蝶阀为多。在中小型水电站中,蝶阀的操作系统有液压操作系统和电动操作系统两种,液压操作系统较复杂,球阀操作系统以液压操作为主。蝶阀只能用来切断水流,只有全开或全关两种状态,不能用来调节流量。蝶阀的自动控制属于二位控制,多采用终端开关作为位置信号和控制信号,控制系统并不复杂,操作过程也较简单。

7.3.1　液压蝶阀自动控制

图 7-15 为普遍采用的蝶阀自动控制液压机械系统图。主要元件有电磁配压阀 1YDV、2YDV,电磁空气阀 YAV,差动配压阀 DMV,四通滑阀 SV,油阀 OV,压力信号器 1SP、2SP 和压力表等。所有这些元件(除油阀外)都集中装在蝶阀控制柜内,控制柜与蝶阀接力器、旁通阀和锁锭之间用管道连接。图 7-16 为蝶阀自动控制电气接线图,它是按照蝶阀的结构特点和二位控制的要求,并根据其液压机械系统和规定的操作程序设计的。

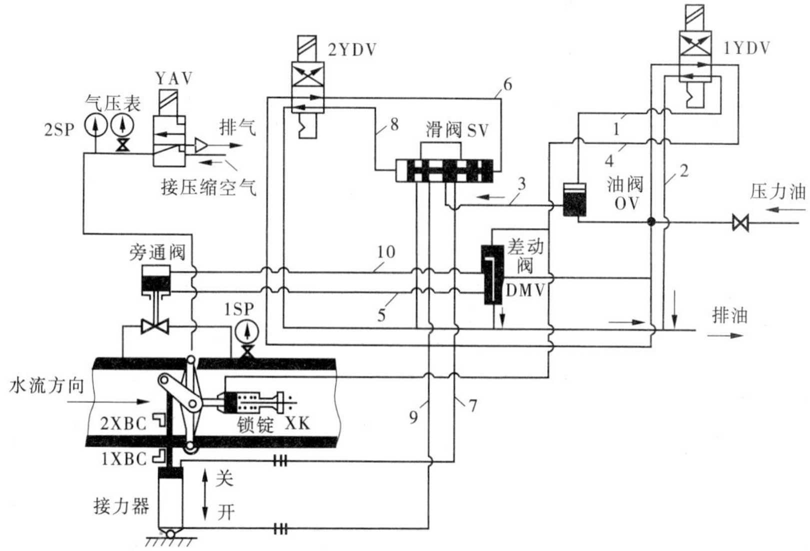

图 7-15　蝶阀自动控制液压机械系统图

7.3.1.1　蝶阀开启自动控制

蝶阀开启应满足下列条件：①水轮机导叶处于全关位置，主令开关接点 XGO_8 闭合；②蝶阀在全关位置，其端接点位置重复继电器的接点 $1K_2$ 闭合；③机组无事故，停机继电器 1KSTP 未动作；④蝶阀关闭继电器 KBC 未动作。

当具备上述条件时，即可发出蝶阀开启命令。此命令由开机继电器 $2KST_8$ 发出，也可由手动操作控制开关 1SA 发出，还可在现场操作启动按钮 1SB。开阀令发出后，蝶阀开启继电器 KBO 动作，并由 KBO_1 闭合而自保持。KBO_2 闭合使电磁配压阀 $1YDV_0$ 动作，切换油路，管道 4 与压力油相通，管道 1 则与排油相通，压力油经 1YDV 和管道 4 进入锁锭 XK，将锁锭拔出；同时，压力油进入差动配压阀 DMV 的上腔，将其差动活塞压至下端位置，使管道 5 与压力油相通、管道 10 与排油相通，从而打开旁通阀对蜗壳进行充水；油阀 OV 在下部油压的作用下开启，压力油进入四通滑阀 SV，为操作蝶阀接力器做好准备。KBO_5 闭合后，若旁通阀已对蜗壳充满水，使蝶阀前后的水压基本平衡，压力信号器 1SP 动作，电磁空气阀 YAV 复归，空气围带排气。当围带排气后，监视围带气压的压力信号器 2SP 返回，使电磁配压阀 2YDV 吸上，切换油路。这样压力油经管道 6 进入到四通滑阀 SV 的右端，而其左端经管道 8 与排油相通，使其活塞被推至左端，切换油路。此时，压力油从管道 7 进入接力器的上腔，而其下腔经管道 9 与排油相通，接力器活塞下移，将蝶阀开至全开。当蝶阀开至全开位置时，其终端开关接点 $1XBC_1$ 动作，蝶阀全开位置指示灯 1RD、2RD 亮。同时，1XBC 打开使 1K 失磁，其触点 $1K_2$ 断开，KBO 复归；KBO_3 闭合，电磁配压阀 $1YDV_c$ 动作，切换油路，使锁锭 XK 在自身弹簧力作用下投入；旁通阀则因差动配压阀 DMV 的活塞上移而被压力油推向关闭位置，油阀 OV 也在差压作用下关闭，开阀过程结束。

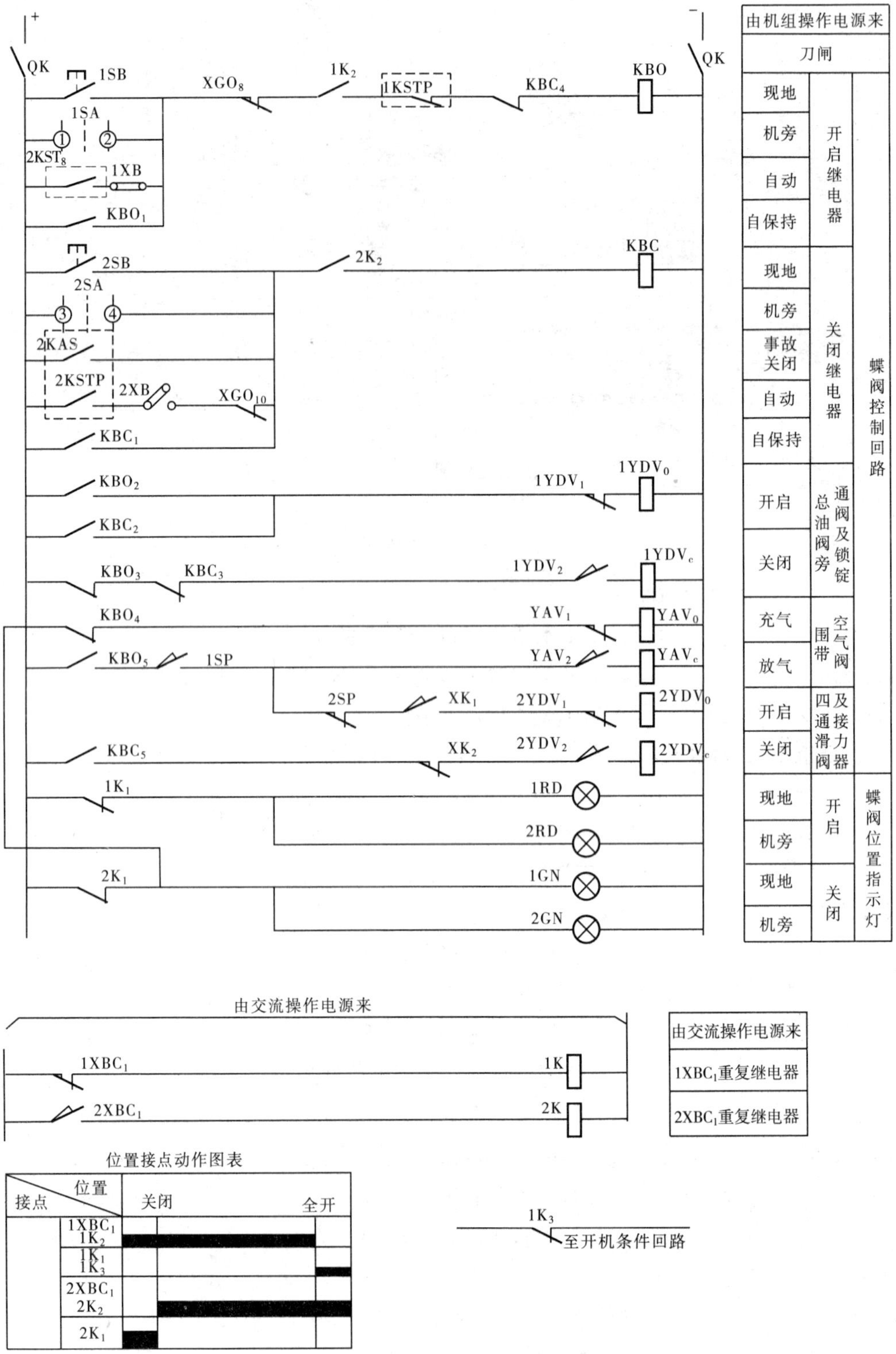

图 7-16　蝶阀自动控制电气接线图

7.3.1.2 蝶阀关闭自动控制

蝶阀关闭命令,可由停机继电器 $2KSTP_5$ 发出,也可由手动操作控制开关 1SA 或关闭按钮 2SB 发出。当机组发生事故,调速系统又失灵时,还可由紧急事故保护引出继电器 2KAS 发出。关阀令发出后,关阀继电器 KBC 动作,并由 KBC_1 闭合而自保持。KBC_2 闭合使电磁配压阀 $1YDV_0$ 动作,切换油路。在压力油作用下锁锭拔出,旁通阀打开,油阀 OV 也打开,这个操作过程与开阀操作相同。KBC_5 闭合后,随着锁锭拔出,XK_2 闭合,使电磁配压阀 $2YDV_c$ 复归,切换油路。此后,在压力油的作用下,四通滑阀 SV 移向右端,压力油进入接力器下腔,使其活塞上移至蝶阀全关位置。当蝶阀关至全关位置时,其终端开关接点 $2XBC_1$ 断开,2K 失磁,蝶阀全关位置指示灯 1GN、2GN 亮。同时,$2K_1$ 和 KBO_4 闭合使电磁空气阀 YAV_c 吸上,对空气围带进行充气,并使关阀继电器 KBC 复归,KBC_3 闭合使电磁配压阀 $1YDV_c$ 复归,锁锭 XK 投入,并关闭旁通阀和切断总油源。这样,整个关阀操作完成。

为了简明、清晰起见,蝶阀的操作过程常用程序框图来表示。图 7-17 为蝶阀开启操作程序框图,图 7-18 为蝶阀关闭操作程序框图。

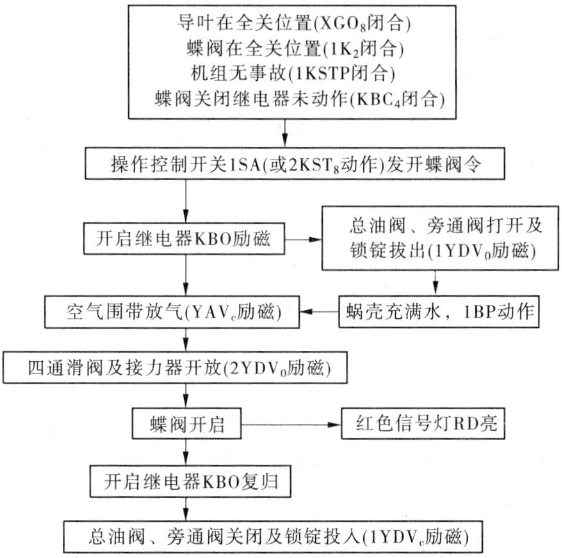

图 7-17 蝶阀开启操作程序框图

7.3.2 电动蝶阀自动控制

电动蝶阀的自动控制系统在小型水电站中应用也较广泛,其电气接线如图 7-19 所示。

7.3.2.1 蝶阀的开启

蝶阀开启前,必须具备下列条件:

(1)蝶阀处于全关位置,其行程开关 SPB 的 SPB_2 闭合;

(2)机组无事故,事故出口继电器 $1KSP_2$ 闭合。

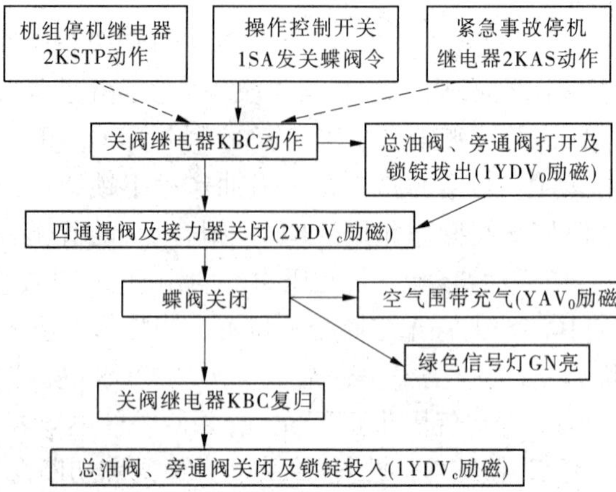

图 7-18　蝶阀关闭操作程序框图

当上述条件具备时，可通过操作控制开关 SAC 或按钮 SBO 发出蝶阀开启命令。开阀命令发出后，开阀继电器 KBO 启动，且由其触点 KBO_1 自保持，并作用于下述电路。

KBO_2 闭合，磁力启动器 1QC 通电，主触头 1QC 闭合，电动机的转子绕组励磁；同时 $1QC_3$ 闭合，电动机 M 的定子绕组励磁，使电动机正转，逐渐开启蝶阀。$1QC_2$ 闭合，时间继电器 KT 启动，待 KT 延时触点闭合时，磁力启动器 3QC 励磁，主触头 3QC 闭合，短接电阻器 R，电动机加速正转，直至全开。

当蝶阀全开后，其行程开关 SPB_2 断开，使 KBO、1QC、KT 及 3QC 相继断电而复归，相应的各触点断开，电动机停转。同时，由于行程开关 SPB_1 闭合，蝶阀开启位置指示灯 HR_1、HR_2 亮。

7.3.2.2　蝶阀的关闭

直接通过操作控制开关 SAC 或按钮 SBC 发出蝶阀关闭命令，或由紧急事故引出继电器 $2KSP_2$ 闭合联动。关闭命令发出后，关阀继电器 KBC 励磁，且由其触点 KBC_1 自保持，并作用于下述电路。

KBC_2 闭合，磁力启动器 2QC 励磁，主触头 2QC 闭合，电动机的转子绕组励磁；同时 $2QC_3$ 闭合，电动机的定子绕组励磁，使电动机反转，逐渐关闭蝶阀。$2QC_2$ 闭合，时间继电器 KT 启动，待 KT 延时触点闭合时，磁力启动器 3QC 励磁，主触头 3QC 闭合，短接电阻 R，电动机加速反转，直至全关。

当蝶阀全关后，其行程开关 SPB_1 断开，使 KBC、2QC、KT 及 3QC 相继断电而复归，相应的各触点断开，电动机停机。

在该电气接线中，还考虑了以下保护和信号监视：

(1)常闭触点 $2QC_1$ 和 $1QC_1$ 接在磁力启动器 1QC 和 2QC 的回路中，起互相闭锁作用，以防止磁力启动器 1QC 和 2QC 同时励磁，其触头将电源短路。

(2)电源消失时，1FU、2FU 或 3FU、4FU 因熔件熔断而使触点 1FU、2FU 或 3FU、4FU 闭合，光字牌 HL 亮。

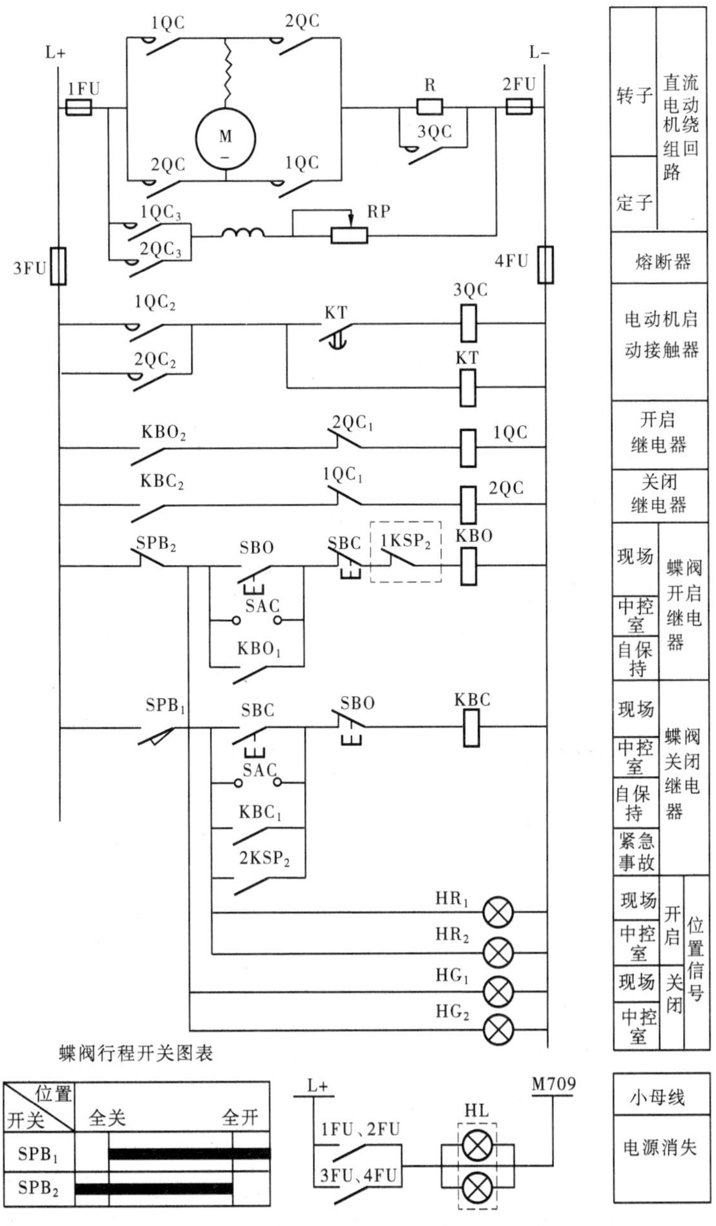

图 7-19　蝶阀电动操作电气接线图

7.4　辅助设备的液位控制系统

水电站的油、气、水系统中，如技术供水、集水井排水、转轮室、油压装置油槽和轴承油槽等，都需要维持其液位在一定范围内。蓄水池水位降到降低水位时，工作水泵向蓄水池供水，若降低到过低时，则应启动备用水泵一起向蓄水池供水。当水位达到正常水位时，工作水泵和备用水泵应停机。同理，集水井水位涨到升高位置时，启动工作水泵排水，若涨到过高位置时，启动备用泵一起排水。当水位降到正常水位时，工作水泵和备用水泵停机。机组由发电转为调相运行时，转轮室水位在上限水位以上，需开启给气阀向转轮室充压缩空气进行压水，直至水位压到转轮室以下位置（下限水位）时，关闭给气阀停止给气。压油槽油位过高时，要开启充气阀，直到油位回到正常油位时，关阀停止充气。轴承油槽的油位过高或过低都要报警，提醒运行人员进行干预。

7.4.1 蓄水池供水装置的自动控制

水电站技术供水系统，除蓄水池供水方式外，还有自流供水和水泵直接供水方式。自流供水和水泵直接供水的自动系统属于机组自动控制系统。

蓄水池供水装置控制的自动化要求是：

（1）自动启动和停止工作水泵和备用水泵，维持蓄水池水位在规定的范围内。

（2）当蓄水池水位降到降低水位时，自动启动工作水泵；当工作水泵故障或供水量过大，蓄水池水位降到过低位置时，应启动备用水泵，同时还应发出信号。

（3）当蓄水池水位达到正常水位时，无论是工作水泵还是备用水泵都应自动停止运行。

蓄水池供水装置的机械系统如图 7-20 所示，有两台离心式水泵，正常时一台工作，一台备用，可以切换，互为备用。水泵从压力钢管（水头过高或过低时则从尾水管）取水，用水泵将水送到高出厂房 15 ~ 20 m 的蓄水池中，通过供水总管引到主厂房，供给机组技术用水。

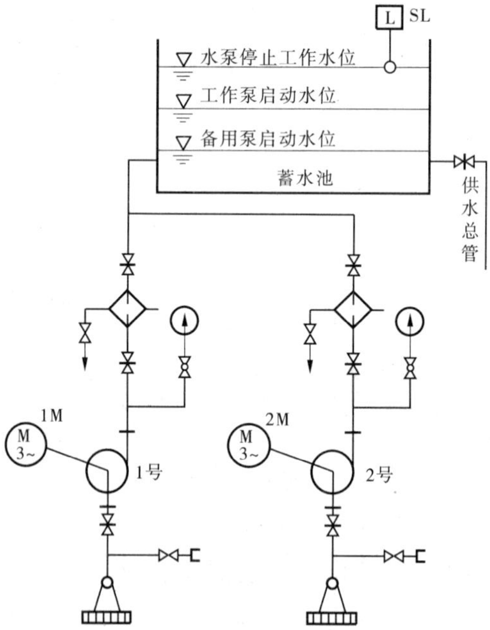

图 7-20 蓄水池供水装置的机械系统图

蓄水池供水装置的电气接线图如图 7-21 所示。水泵的启动与停机可以采用自动、备用和手动方式，都由切换开关 1SH 和 2SH 切换。浮子式液位信号器 SL 是自动控制的信号元件，磁力启动器 1QC、2QC 则为自动控制的执行元件，中间继电器 1KM～3KM 用于增加接点容量和数量。

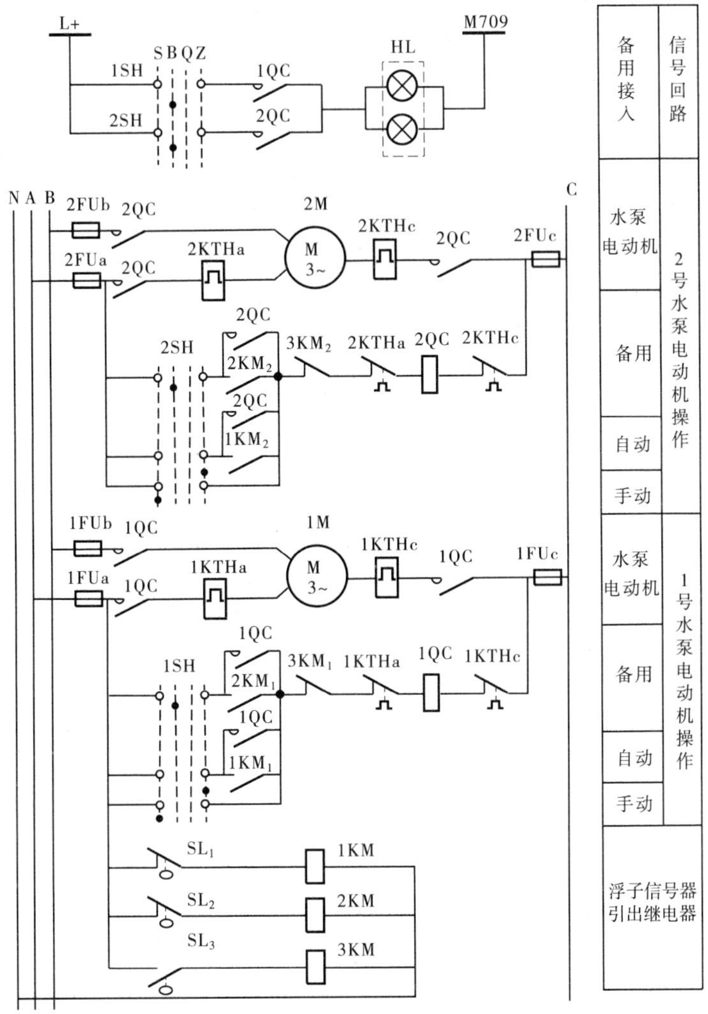

蓄水池供水装置浮子信号器动作图

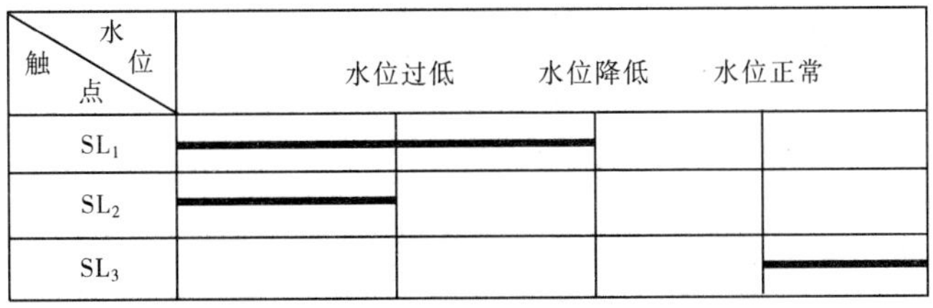

图 7-21　蓄水池供水装置的电气接线图

7.4.1.1　**自动操作**

将切换开关1SH切至自动位置，当蓄水池水位降到降低水位时，SL_1 触点闭合，1KM通电，触点 $1KM_1$ 闭合，接通1QC，1号电动机启动抽水，同时又通过1QC常开触点实现自保持。当蓄水池水位升到正常水位时，SL_3 触点闭合，3KM得电，触点 $3KM_1$ 断开，使1QC断电，1号电动机停机，从而使蓄水池的水位维持在规定的范围内。

7.4.1.2　**备用投入**

将切换开关2SH切至备用位置，当工作水泵发生故障或供水量过大，蓄水池的水位降到过低水位时，SL_2 触点闭合，2KM得电，触点 $2KM_2$ 闭合，使2QC带电，2号电动机启动抽水并发出报警信号(光字牌HL亮)，同时通过2QC常开触点自保持。当蓄水池水位升到正常水位时，浮子信号器触点 SL_3 闭合，3KM得电，触点 $3KM_1$、$3KM_2$ 断开，1QC、2QC断电，1号、2号电动机停机。

7.4.1.3　**手动操作**

将切换开关1SH或2SH切换至手动位置，直接启动1号电动机或2号电动机抽水；若将1SH或2SH切换到断开位置，电动机停机。此时的蓄水池水位不受液位信号器自动监视，而是由运行人员监视。

7.4.2　集水井排水装置的自动化

水电站的集水井排水装置，是用来排除厂房的渗漏水和生产污水的。为了保证运行安全，使全厂房不致被淹和潮湿，集水井排水装置应实行自动控制。

集水井排水装置的自动化要求如下：

(1)自动启动和停止工作水泵，维持集水井水位在规定的范围之内。

(2)当工作水泵发生故障或来水量过大，集水井水位上升到备用泵启动水位时，自动投入备用水泵。

(3)当备用水泵投入时，发出报警信号。

集水井排水装置通常设置两台水泵(离心泵或深水泵)，正常时一台工作，一台备用，可以互相切换，互为备用。图7-22为采用离心式水泵的集水井排水装置的机械系统图，水泵电动机的控制由设置在集水井的电极式水位信号器来实现。

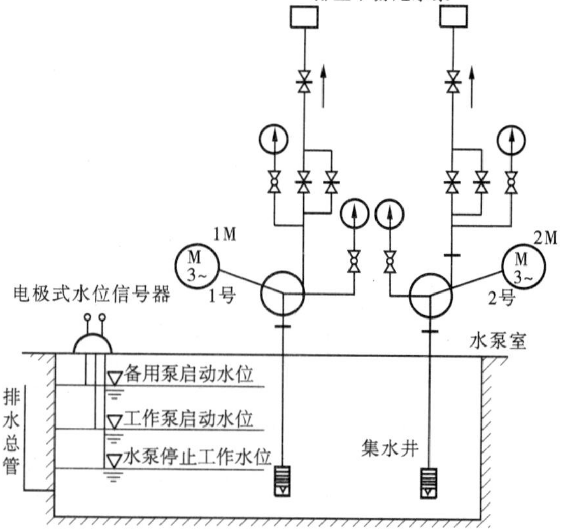

图7-22　**集水井排水装置的机械系统图**

集水井排水装置的自动控制电气接线如图7-23所示。水泵的启动与停机可以采用自动、备用和手动方式，都由切换开关1SH和2SH切换。以1号为工作泵，2号为备用泵，来说明集水井排水装置自动控制过程。若需要改变水泵工作的方式,只要将切换开关转到相应的位置就可以实现。

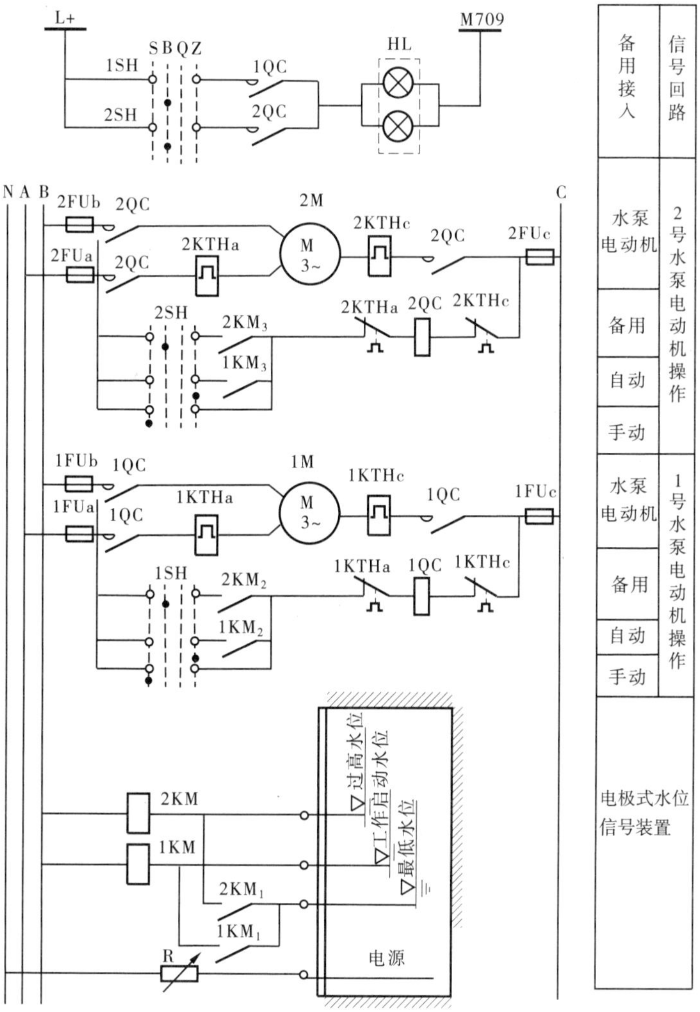

图 7-23 **集水井排水装置的自动控制电气接线图**

7.4.2.1 自动操作

将切换开关 1SH 切至自动位置,当集水井水位上升至工作泵启动水位时,中间继电器 1KM 启动,其触点 $1KM_1$ 闭合并自保持、$1KM_2$ 闭合,1QC 励磁,1 号水泵电动机 1M 启动。当集水井水位下降至水泵停止水位时,1KM 失磁,$1KM_2$ 断开,1QC 失磁,电动机 1M 停止运转。当水位再次上升时,重复上述操作过程,自动维持集水井的水位在规定的范围内。

7.4.2.2 备用投入

将切换开关 2SH 切至备用位置,当工作水泵故障或集水井水量过大,使集水井水位涨至备用泵启动水位时,中间继电器 2KM 启动,其触点 $2KM_1$ 闭合并自保持,$2KM_3$ 闭合,2QC 励磁,2 号水泵电动机 2M 投入,并发出报警信号。当集水井水位下降至正常水位时,1KM、2KM 失磁,使 1M、2M 停止运转。

7.4.2.3 **手动操作**

将切换开关1SH或2SH切至手动位置，即可直接使1QC或2QC励磁，从而使1M或2M启动排水；当水位下降到正常水位时，再将切换开关切至停止位置，使1M或2M停止工作。此时，集水井中的水位变化不是靠水位信号器自动监视，而是由运行人员监视的。

7.5 辅助设备的压力控制系统

7.5.1 油压装置自动化

油压装置在水电站内是重要的水力机械辅助设备，由它制成并储存高压油，以供机组操作用。高压油是机组启动、停机、调整负荷等操作之能源，有时在水轮机前装设的蝶阀或球阀也通常是采用压力油操作的。

油压装置自动化，应满足下列要求：

(1)机组在正常运行或在事故情况下，均能保证有足够的压力油供操作机组及主阀用。特别是在厂用电消失的情况下，应有一定的能源储备。

(2)无论机组是在运行状态还是在停机状态，油压装置都应经常处于准备工作状态。也就是要求油压装置的自动控制是独立进行的，即由压油槽中油压来自动控制。

(3)在机组操作过程中，油压装置的投入应自动地进行，不须值班运行人员参与。

(4)油压装置应设有备用的油泵电动机，当工作油泵发生故障时，备用油泵应能自动投入。

(5)当油压装置发生故障而油压下降至事故低油压时，应作用于停机。

图7-24为YS型油压装置的机械液压系统图。在集油槽上装设了两台油泵电动机1M、2M，一台工作，一台备用，采用定期交替、互为备用的运行方式。在油泵的排油管上装有切换阀，它们根据机械原理自动切换油路，并起安全保护作用。在集油槽上还装有浮子信号器SL，用来监视集油槽的油位。在压油槽上装有压力信号器1SP~4SP，用来监视油槽的油压，并自动控制油泵电动机的启动和停止。

图7-25为油压装置自动控制电气接线图。油压装置电动机可以自动操作，也可手动操作，而自动操作又可分为连续运行、断续运行和备用三种状态。所有操作都是借助于压力信号器1SP~4SP和切换开关1SH、2SH，以及磁力启动器1QC、2QC来实现的。

7.5.1.1 **油压装置的操作**

以1M为工作油泵电动机、2M为备用油泵电动机，来说明油压装置的操作过程。

1.连续运行

将切换开关1SH切至自动位置，连接片1XB接上，即具备了连续运行的条件。当机组启动时，由于调速器的电磁双滑动阀ESS动作，其触点ESS_1闭合，磁力启动器1QC励磁，其辅助常开触点1QC闭合，油泵电动机1M启动，向压油槽打油。

当压油槽的油压达到工作压力上限时，切换阀抬起，油泵吸起的油经过抬起的切换阀排向集油槽，使油泵电动机空载运转。因机组操作或漏油使压油槽油压降低到切换阀的

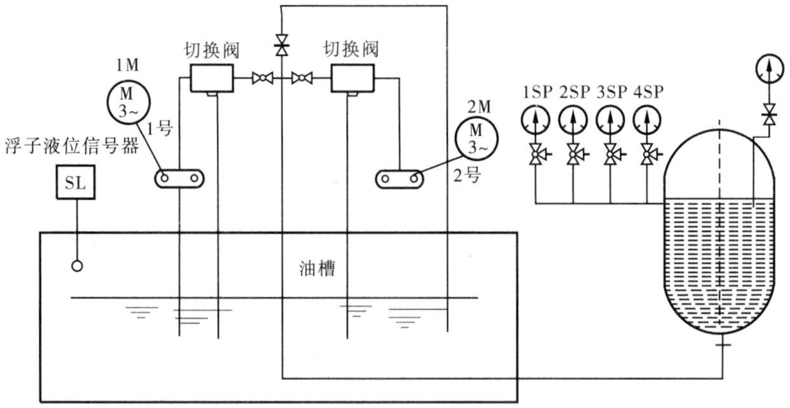

图 7-24　YS 型油压装置的机械液压系统图

额定压力时，切换阀落下，电动机动作情况同前，如此循环，自动维持压油槽的油压在工作压力上限。

当机组停机后，由于 ESS 断开，油泵电动机退出连续运行方式。

2. 断续运行

将连接片 1XB 断开，将切换开关 2SH 切至自动位置。当压油槽油压下降至工作油压下限时，压力信号器 4SP 启动，其触点 4SP 闭合，重复继电器 2KM 启动、$2KM_1$ 触点闭合，使 1QC 励磁，其常开触点 1QC 闭合并保持，而常开主触点 1QC 闭合，油泵电动机投入运转，油泵向压油槽打油，直至恢复工作压力上限，2SP 闭合，1KM 启动，$1KM_1$ 断开，油泵电动机才停止工作。

当油压再次下降到下限值时，4SP 再次闭合，重新启动油泵。这就实现了油泵电动机断续运行的自动控制。

3. 备用投入

备用油泵应在下列情况下投入运行：①当工作油泵电动机操作回路或电动机本身发生故障时；②当工作油泵或切换阀发生故障时；③当机组甩负荷或管路严重漏油使压油槽油压降低到低于工作油压下限时。

在第一、二种情况下，应将故障部分从操作系统中切除并将其启动回路闭锁。第三种情况下，备用油泵投入，与主油泵并列运行。3SP 触点闭合使 3KM 启动，$3KM_2$ 闭合使 2QC 励磁，备用油泵电动机 2M 启动（2SH 处于备用位置）。其动作过程与断续运行的自动控制相似。备用投入时，发出报警信号。

4. 手动操作

压油槽的油压由运行人员监视，当发现油压降到下限值时，运行人员将切换开关 1SH 或 2SH 置于手动位置，使 1QC 或 2QC 励磁，油泵电动机启动，向压油槽打油。当油压达到工作油压上限值时，再将 1SH 或 2SH 处于停止位置，油泵电动机停止工作。

7.5.1.2　油压装置的自动补气

油压装置在一般情况下都需要补气。为提高水电站的自动化程度可以采用油压装置自动补气。自动补气采用油位信号器 $1PS_1$、$1PS_2$、$2PS_1$ 和压力信号器 1SP、2SP 构成，如

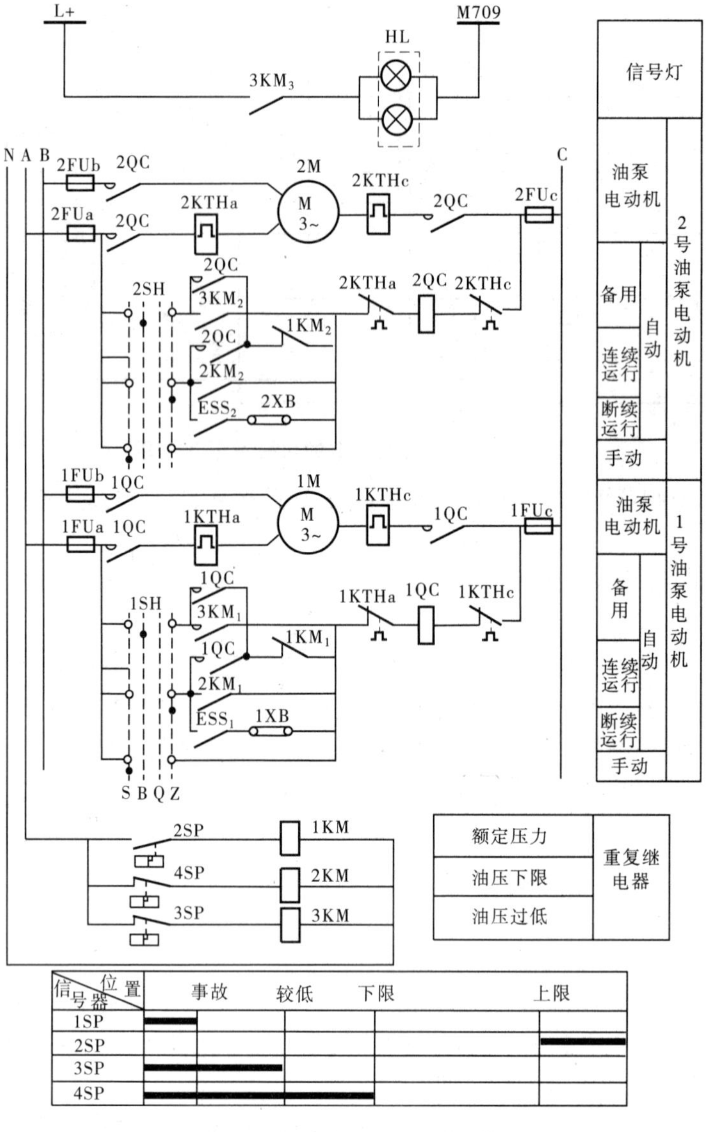

图 7-25　油压装置自动控制电气接线图

图 7-26 所示。当压力油槽油位上升至上限时，油位信号器触点 $1PS_1$ 闭合，上限油位中间继电器 1KM 启动，$1KM_2$ 触点闭合；如果油压低于额定值，则 1SP 闭合，补气电磁阀开启线圈 YEV_0 励磁，打开补气阀向压油槽补气。若油压上升至额定值以上，2SP 闭合，或油位降至下限 $2PS_1$ 闭合，则补气电磁阀关闭线圈 YEV_c 励磁，关闭补气阀，这样压力油槽可保持在额定油压，直到油位恢复到 30% ~35% 的压油槽体积时停止。

7.5.2　空气压缩装置储气罐气压的自动控制

空气压缩装置根据用气设备气压的高低分为低压和高压装置。低压供调相压水及机组制动用气，高压供调速器及主阀用气，高压空气压缩装置与低压空气压缩装置气压自动

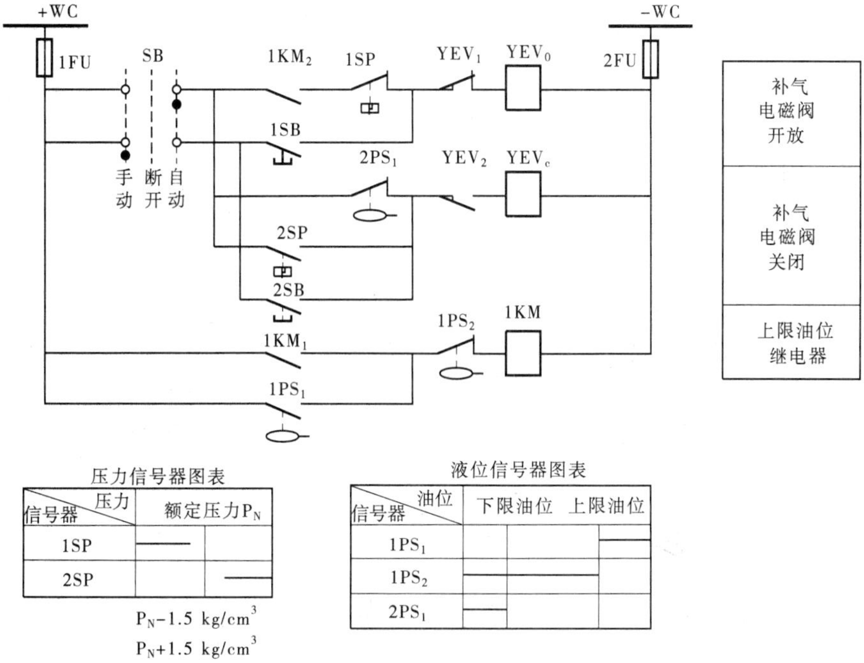

图 7-26　油压装置自动补气控制接线图

控制相类似,下面以低压空气压缩装置为例进行介绍。

空气压缩装置的自动化,必须实现下列操作:

(1)自动向储气筒充气,维持储气筒的气压在规定的工作压力范围内。

(2)在空压机启动或停机过程中,自动关闭或打开空压机的无负荷启动阀;对水冷式空压机,还需供给和停止冷却水。

(3)当储气筒的气压降低至工作压力下限时,备用空压机自动投入,并发出报警信号。

图 7-27 为水电站常用的低压空气压缩装置机械系统图。设置两台水冷式空气压缩机,正常情况下一台工作,一台备用。两只储气筒用于调相压水和其他技术用气,另外一只储气筒用于供给机组制动用气,以保证制动气源的可靠性。为了实现自动控制,装设了

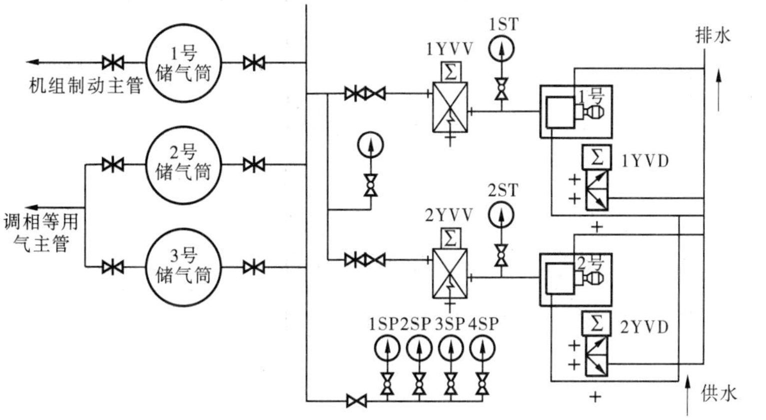

图 7-27　低压空气压缩装置机械系统图

四个压力信号器 1SP～4SP,1YVV、2YVV 为无载启动电磁阀,1YVD、2YVD 作为冷却水开启、关闭的电磁阀。

图 7-28 为空气压缩装置自动控制电气接线图,是根据自动化要求和机械系统图设计的。从图中可知,所有操作都是借助于压力信号器 1SP～4SP、中间继电器 1KM、2KM 和切换开关 1SH、2SH,以及磁力启动器 1QC、2QC 来实现的,可以自动、备用和手动操作。

现以 1M 为工作空压机的电动机、2M 为备用空压机的电动机为例,说明其操作过程。

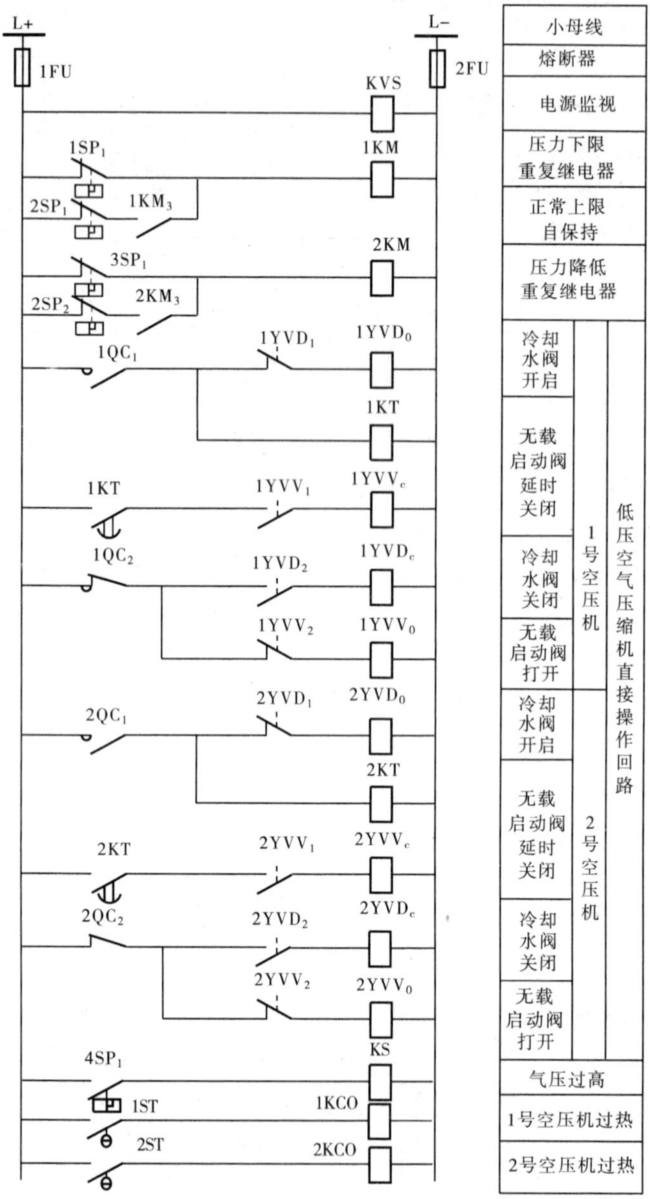

图 7-28　低压空气压缩装置自动控制接线图

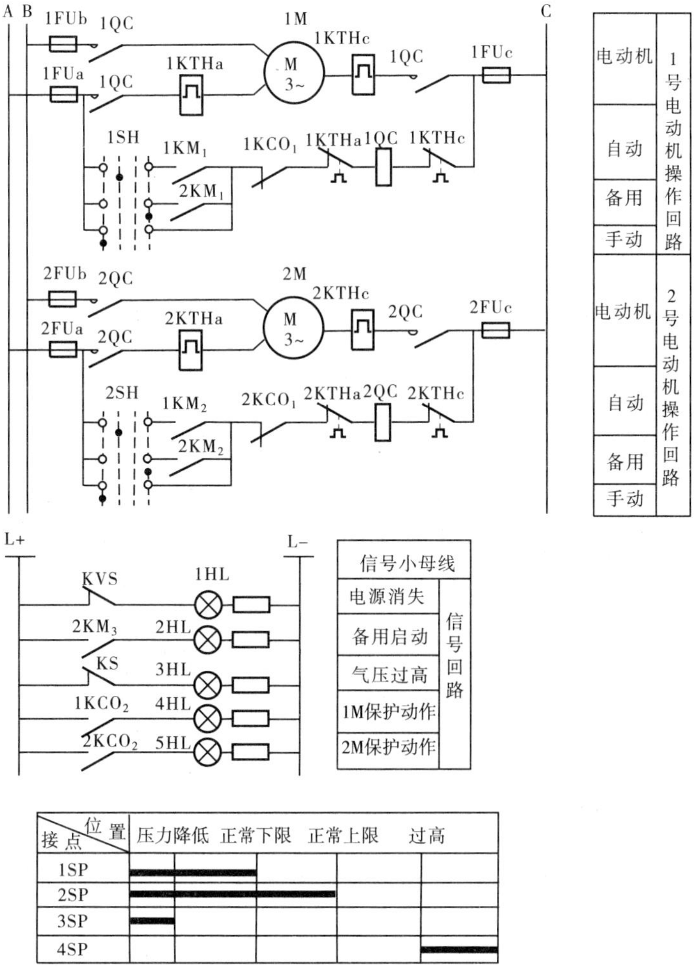

续图 7-28

7.5.2.1 自动操作

将 1SH 置于自动位置。当储气筒气压降低到工作空压机启动压力值时，压力信号器 1SP 动作，$1SP_1$ 触点闭合，重复继电器 1KM 启动，其触点 IKM_3 闭合并自保持，$1KM_1$ 触点闭合使磁力启动器 1QC 励磁，其触点闭合，工作空压机的电动机 1M 启动。$1QC_1$ 闭合，$1YVD_0$ 励磁，打开冷却水电磁阀，同时 1KT 启动，其触点 1KT 延时闭合，使无载启动阀关闭线圈 $1YVV_c$ 励磁，1YVV 关闭，空压机向储气筒供气。当储气筒气压上升到额定值时，压力信号器 2SP 动作，$2SP_1$ 断开，1KM 失磁，$1KM_1$ 触点断开，1QC 失磁，1M 停止工作。$1QC_2$ 闭合，使无载启动阀开启线圈 $1YVV_0$ 励磁，打开 1YVV，为下次启动创造条件，并排除汽水分离器中的凝结水。同时，$1YVD_c$ 励磁，冷却水电磁阀关闭。

7.5.2.2 备用投入

当储气筒气压降低至备用空压机启动压力时，由于 $3SP_1$ 闭合使 2KM 启动，$2KM_2$ 触点闭合，备用空压机的电动机 2M 启动。其启动和停止的控制过程与上述相似。

7.5.2.3 手动操作

采用手动操作时,空压机的启动与停止不是由压力信号器控制的,而是由运行人员根据压力表的指示,人工进行操作的。当储气筒气压降低至空压机启动压力值时,运行人员手动将切换开关 1SH 或 2SH 切至手动位置,使 1QC 或 2QC 励磁,启动 1M 或 2M,其动作过程与自动操作相同。

在自动控制系统中,还考虑了各种保护和信号监视,包括:

(1)当备用空压机投入时,光字牌 2HL 信号灯亮;

(2)当空压机排气管温度及油温过高时,由温度信号器 1ST 或 2ST 接通保护回路,保护出口继电器 1KCO 或 2KCO 励磁,其触点 $1KCO_1$ 或 $2KCO_1$ 断开,1M 或 2M 停机,同时使 $1KCO_2$ 或 $2KCO_2$ 闭合,光字牌 4HL 或 5HL 亮;

(3)当储气筒压力过高时,4SP 动作使信号继电器 KS 励磁,其触点 KS 闭合,光字牌 3HL 亮;

(4)当电源消失时,操作电源监视继电器 KVS 动作,使其触点闭合,光字牌 1HL 亮。

水电厂内高压空气压缩装置的自动控制与低压空气压缩装置相类似。

7.6 微机单元自动控制装置

7.6.1 概　述

为了提高水电站计算机控制系统的可靠性和灵活性,大中型水电站中倾向于采用分布处理计算机控制系统。单元自动控制装置是分布处理计算机控制系统的一个智能终端,又称为现地控制单元。它直接处理和控制受控对象,通过通信接口与调度端计算机进行信息交换,接收调度端计算机的命令来完成某种自动化功能,同时将运行设备的运行情况经过加工处理及时告诉调度端计算机。分布处理控制时,调度端计算机与生产过程只有弱的联系,它集中于全站性运行情况分析和操作指导,把实现自动化功能的任务分配到单元自动控制装置。单元自动控制装置直接联系它所控制的设备,是分布处理系统的基础,对受控设备的生产过程进行直接监视控制。

单元自动控制装置是控制系统的远方终端设备 RTU。RTU 首先要具有对终端受控对象数据的采集、运行监视和控制操作的功能,并要求具有实时性和可靠性。以水轮发电机组为受控对象的单元控制装置主要的功能有:

(1)控制功能:①发电机组的手动、自动启动和停机;②机组运行状态的手动与自动转换。

(2)调节功能:①有功功率自动调节,有功功率手动给定或由调度端自动给定;②无功功率自动调节,无功功率手动给定或由调度端自动给定。

(3)水轮发电机组的自动同期并列:自动同期并列可由全站共用的同期装置来实现,也可在微机单元自动控制上开发实现。

(4)数据采集和处理:模拟量数据的采集和处理,运行状态量的采集和处理。

7.6.2 单元自动控制装置的软件设置

以水力发电机组启动、停机以及实时数据处理中有关程序编制方法为例分别加以讨论。

7.6.2.1 响应上级计算机的主控命令

单元自动控制装置接收到主控命令后立即引起中断响应,执行一段分析命令性质的判断程序,确定任务的内容并转向执行该任务的程序。当任务执行完毕后返回、退出中断响应程序。主控命令响应程序流程图见图 7-29。

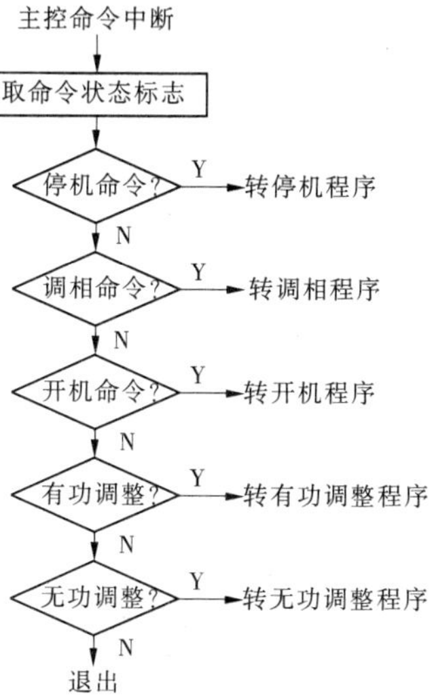

图 7-29 主控命令响应程序流程图

7.6.2.2 机组启动

以混流式水轮发电机组为例。当水轮发电机接收到开机命令后,开机程序由中断响应任务管理调用。首先检查开机条件是否满足。开机条件包括进水闸门和尾水闸门已提起,油压装置、顶盖排水装置处于自动位置,制动闸处于无压状态,发电机断路器和励磁开关未投入,事故电磁阀和事故配压阀已复归,油压正常。若上述条件任何一项不满足,将给出开机失败信号并退出开机程序。开机条件满足后立即启动辅助设备,当冷却水、润滑水已给上,接力器锁定已拔出后,投入功率调整装置。然后将调速器开度限制机构和导水机构切到空载位置。当转速达到 90% 额定转速时,投入励磁开关。当发电机电压达到正常时投入同期装置。如果不是调相命令,则将开度限制机构切到全开位置,准备带上负荷,开机结束。开机流程如图 7-30 所示。

7.6.2.3 机组停机

机组停机分正常停机和紧急停机两种。正常停机是在负荷减至空载的情况下将断路器断开并同时关闭导水机构,退出功率调整装置,断开励磁开关。当转速低于额定转速 30% 时,启动制动闸作用于制动,停止辅助设备。

紧急停机是指在停机命令发出后首先要执行断开发电机断路器,同时启动事故停机

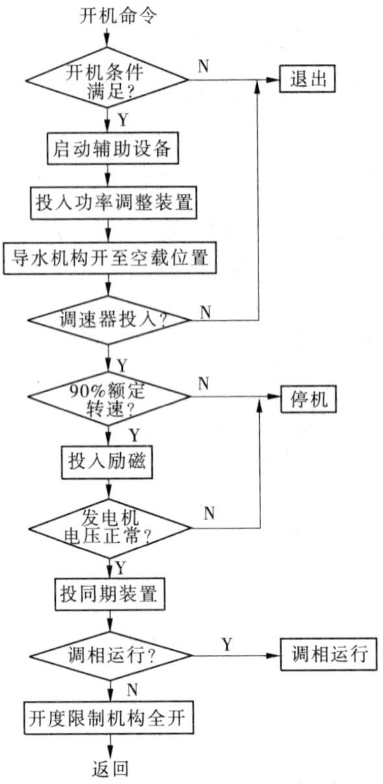

图 7-30　开机流程图

电磁阀,有时还要关闭进水闸门。然后执行与正常停机相同的程序。停机流程如图 7-31 所示。

7.6.2.4　事件记录

水电站生产过程的状态量数量较多,需对状态量进行编组,由计算机根据程序设定采集。程序采集的方式有两种:一种方式是状态变化必须立即由计算机取入,登记事件发生的时间和异变前后的状态,常采用外部状态异变中断的方法。发生事件即引起中断请求,同时外部硬件把发生事件的一组信号寄存在中断寄存器中,计算机立即响应,记录事件发生的时间,随即读取中断字,由中断字提取异变字,并检出异变信号。图 7-32 所示为由中断方式进行事件记录的程序。另一种方式是由计算机查询状态变化,记录在这一时段中发生状态异变的对象。

状态的异变用一条异或指令就可判定。如果某组开关原状态为 11100111(若定义"1"为合闸状态,则"0"为断开状态),并存放在指定的寄存器中,现时刻采集的该组状态为 11110011,将原状态与现状态异或运算,则有

$$\begin{array}{rl} 11100111 & \text{异变前状态} \\ \otimes\underline{11110011} & \text{异变后状态} \\ 00010100 & \text{变位判定} \end{array}$$

于是可以得到 D_2 代表的开关变位,由合闸状态断开;而 D_5 代表的开关变位,由断开状态闭合。

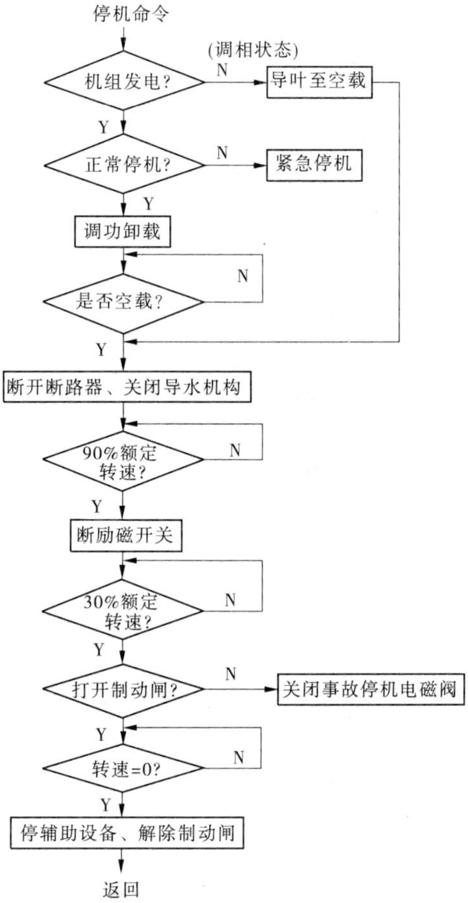

图 7-31　停机流程图

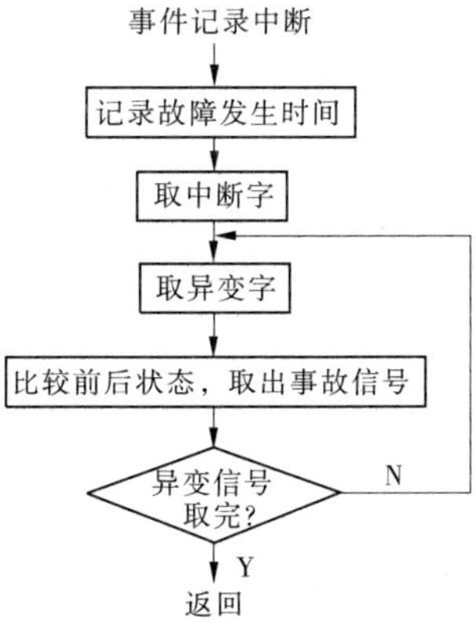

图 7-32　中断方式事件记录程序示意图

7.6.2.5　模拟量数据采集和处理

数据采集由任务管理调用。首先对各模拟量采样,存入相应的存储单元。为了保证数据的正确性,一般都必须采取数字滤波。对于需要监视的物理量,滤波后进行标度变换将所得参数送变送器；判断是否越限，如果越限，则转向越限处理程序，如图 7-33 所示。

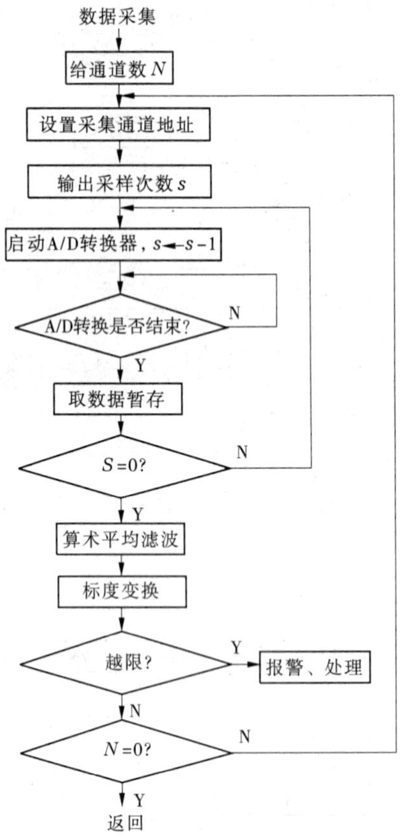

图 7-33　模拟量采集流程框图

1. 数字滤波

数字滤波是通过一定的计算程序对采样信号进行平滑加工，消除或减少各种干扰和噪声，提高其有用信号。通过软件数字滤波的常用方法有程序判断滤波、算术平均滤波、加权平均滤波和一阶滞后滤波。

2. 标度变换

生产过程中存在各种各样的物理量，如温度、压力、流量、电流、电压等，它们有着不同的数值和量纲，因此必须将所有待测的参数经过变送器转换成 A/D 转换器所能接受的标准电压，如统一变换为 0 ~ 5 V 直流电压（把它称为标度变换），再由 A/D 转换器转换成数字量。实际物理参数由线性转换器（或一次仪表）输出呈线性关系时，从模拟量变为数字量的关系如图 7-34 所示，变换式为

$$\frac{A_x - A_0}{A_m - A_0} = \frac{N_x - N_0}{N_m - N_0} \tag{7-1}$$

式中　A_0——一次测量仪表的下限；

A_m——一次测量仪表的上限；

A_x——实际物理参数量；

N_0——仪表下限所对应的数字量；

N_m——仪表上限所对应的数字量；

N_x——实际物理参数值所对应的数字量。

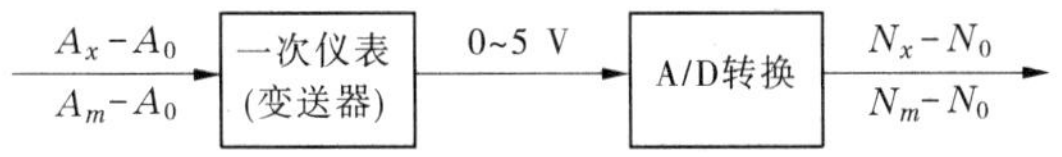

图 7-34　标度变换示意图

A_0、A_m、N_0、N_m 对于某一待测参数来说，其值是常数。当 A_0 和 N_0 设定为0时，数字量 N_x 转换为对应实际物理参数 A_x，此时式(7-1)可写成：

$$A_x = \frac{A_m}{N_m}N_x \tag{7-2}$$

式(7-2)为线性转换关系条件下的标度算式，当具体参数的一次仪表量程已知时，A_m/N_m 为一常数，称为标度系数。

当实际仪表输出与实际参数量是非线性关系时，则其标度公式应根据具体问题确定。例如水轮机的过流量用蜗壳断面测流法来测取，当已知蜗壳测流系数 K 时，可按式(7-3)计算水轮机流量：

$$Q = K\sqrt{\Delta P} \tag{7-3}$$

式中　ΔP——断面测点压差。

当计算机测得断面压差 ΔP 的数字量为 N_x，考虑下限值 $Q_0=0$ 及 $N_0=0$ 时，则流量的标度变换式为

$$Q_x = \frac{Q_m}{\sqrt{N_m}}\sqrt{N_x} \tag{7-4}$$

式中　Q_m——对应压差上限 ΔP_m 的流量上限。

3. 越限报警处理

为了保证水电站生产安全可靠，对重要的参数一般都设有上、下限检查和报警系统。当处于非正常状态时，提醒运行人员注意或采取紧急措施。

采样参数经滤波和标度变换后与该参数的上、下限给定值进行比较，作出判断。当越限时程序转向报警，并作用于声光信号。对于转速飞逸、冷却水中断等物理参数，若连续 N 次报警，说明系统存在故障，应转向处理程序，或作用于紧急停机，或作用于备用设备，或指示人工干预。

小　结

水轮发电机组的自动化元件分为信号元件和执行元件两大类。介绍了转速信号器、温度信号器、液流信号器、液位信号器、剪断销信号器等信号元件的作用、类型、构成原理；介绍了电磁阀、液压操作阀的结构原理。分析了蝶阀的开启操作程序、关闭操作程序，蝶阀的自动控制电气接线原理。分析了辅助设备的技术供水系统、集水井排水系统、油压装置、空气压缩装置的自动控制电气接线图，介绍了微机单元自动控制装置的功能、软件设置等。

习 题

一、问答题

1. 水轮发电机组的发信元件有________________。

2. 温度信号器的作用是________________。

3. 在水电站中,压力信号器主要用于________________。

4. 在水电站中,液位信号器主要用于________________。

5. 在水电站中,液流信号器主要用于________________。

6. 在水电站中,电极式水位信号器一般用于________________。

7. 水轮机装设剪断销保护的作用是________________。

8. 在水电站运行中,正常停机时发生剪断销被剪断,则作用于________________;事故停机时发生剪断销被剪断,则作用于________________。

9. 水电站中,为了对油、气、水系统进行自动控制,应装设的阀门主要有________、________________、________________等三种。

10. 在________________和________________事故情况下,应进行紧急停机并作用于关机前主阀。

11. 油压装置故障时,应发________________;在事故性压力降低时,应作用于________并发________。

12. 机组由发电转为调相时,先将有功负荷________,后将导水叶________,但机组不与系统________,由电网带动机组旋转,转子继续________,向系统发出无功功率。

二、判断题

1. 当闸门处于关闭或充水以下开度位置和水轮机导水叶在全关位置时才能将闸门开启。(　　)

2. 在水力机械自动化中,电磁配压阀一般要与液压阀、油阀组合使用。(　　)

3. 电极式水位信号器一般用于机组调相压水、监视和控制转轮室以下尾水管水位。(　　)

4. 水力机械自动化是指对主阀、水轮发电机组及辅助设备、附属设备的操作实现按程序自动控制。(　　)

5. 电制动可以完全代替气制动。(　　)

6. 水轮发电机组各部温度与负荷变化无关。(　　)

7. 水轮发电机组转为调相运行时,将转轮室内水压出去是为了减少水流的阻力。(　　)

8. 水轮发电机组调相压水运行功率损失较小,带水运行时功率损失较大。(　　)

9. 电制动时施加在转子上的电流与原励磁电流方向相同。(　　)

10. 运行中打开发电机热风口，也可降低定子线圈温度。(　　)

三、选择题

1. 发电机在开机时必须__________冷却水，而在停机时__________冷却水。

(A)打开，打开　(B)打开，关闭　(C)关闭，打开　(D)关闭，关闭

2. 水轮发电机组在正常运行时发生剪断销被剪断，应作用于(　　)。

(A)发故障信号　(B)事故停机

(C)不发信号　(D)紧急事故停机并关主阀

3. 机组停机过程中，一般采用合金推力轴承的机组必须在机组转速下降至(　　)额定转速时才能投入制动。

(A)85%　(B)50%　(C)35%　(D)20% ~25%

4. 在(　　)情况下需要关闭主阀。

(A)机组过速 140% n_e　(B)事故停机过程中导水叶剪断销被剪断

(C)机组检修　(D)A、B、C

5. 水电厂自动化元件按其所担负的任务不同可分为(　　)。

(A)电磁元件和晶体管元件　(B)压力元件、温度元件和转速元件

(C)信号元件和执行元件　(D)电气元件和机械元件

6. 水轮发电机组的各种油槽油面异常时，应动作于(　　)。

(A)发故障信号　(B)事故停机

(C)不发信号　(D)紧急事故停机并关主阀

四、问答题

1. 在什么情况下需要关闭蝶阀？
2. 蝶阀开启的操作程序如何？
3. 蝶阀关闭的操作程序如何？
4. 油压装置自动化的要求是什么？
5. 低压空气压缩装置自动化的要求是什么？
6. 技术供水系统自动化的要求是什么？
7. 集水井排水系统自动化的要求是什么？
8. 发电机制动系统自动化的要求是什么？
9. 机组辅助设备和公用设备工作与备用的电动机，是如何实现自动启动和自动停止的？
10. 机组的制动系统的作用是什么？在什么条件下才允许制动？
11. 机组开机的操作程序如何？
12. 水力机械有哪些事故需要作用于停机？
13. 水力机械有哪些故障需要作用于发信号？
14. 机组正常停机操作程序如何？

参 考 文 献

[1] 甘齐顺,陈金星. 电力系统自动装置[M]. 郑州:黄河水利出版社,2008.
[2] 陈金星. 电气二次部分[M]. 郑州:黄河水利出版社,2013.
[3] 许正亚. 电力系统安全自动装置[M]. 北京:中国水利水电出版社,2006.
[4] 丁书文. 电力系统自动装置[M]. 北京:中国电力出版社,2007.
[5] 孙国凯,田有文. 电力网继电保护原理[M]. 北京:中国电力出版社,2008.
[6] 国家电网公司人力资源部组. 二次回路[M]. 北京:中国电力出版社,2010.
[7] 许正亚. 变压器及中低压网络数字式保护[M]. 北京:中国水利水电出版社,2004.
[8] 黄栋,吴轶群. 发电厂及变电所二次回路[M]. 北京:中国水利水电出版社,2004.
[9] 刘忠源,徐睦书. 水电站自动化[M]. 3 版. 北京:中国水利电力出版社,1998.
[10] 楼永仁,黄声先,李植鑫. 水电站自动化[M]. 北京:中国水利电力出版社,1995.
[11] 谢云敏. 水轮发电机组辅助设备及自动化运行与维修[M]. 北京:中国水利电力出版社,2005.
[12] 崔明. 变电站与水电站综合自动化[M]. 北京:中国水利水电出版社,2005.
[13] 许建安. 水电站自动化技术[M]. 北京:中国水利水电出版社,2006.
[14] 周双喜,李丹. 同步发电机数字式励磁调节器[M]. 北京:中国电力出版社,1998.
[15] A. A. 尤尔甘诺夫[俄]. 同步发电机的励磁调节[M]. 北京:中国电力出版社,2000.